Untersuchungen

über

Niedere Pilze

aus dem

Pflanzenphysiologischen Institut in München

von

Prof. C. v. Nägeli.

München und **Leipzig.**
Druck und Verlag von R. Oldenbourg.
1882.

Inhalt.

Ernährung der niederen Pilze durch Kohlenstoff- und Stickstoffverbindungen.[1])

Von

C. v. Nägeli.

Den Pilzen mangelt bekanntlich die den grünen Pflanzen zukommende Fähigkeit, Kohlensäure zu assimiliren. Sie müssen, ähnlich wie die Thiere, den Kohlenstoffbedarf aus höheren Kohlenstoffverbindungen sich aneignen. Man glaubte früher allgemein, der Autorität Liebig's folgend, dass bloss eiweissartige Stoffe ihnen als Nahrung dienen könnten.

Indessen hat Pasteur schon vor längerer Zeit gezeigt, dass die Sprossbefenpilze durch weinsaures Ammoniak und Zucker (1858), Penicillium durch weinsaures Ammoniak allein ernährt werden kann (1860). Die Richtigkeit dieser Thatsachen ist, entgegen dem anfänglich erhobenen Widerspruche, von allen späteren versuchskundigen Beobachtern bestätigt worden. Sie war übrigens bereits nach den ersten Angaben Pasteur's unzweifelhaft, welcher nicht nur das Verschwinden des weinsauren Ammoniaks und die gleichzeitige Zunahme der Pilzsubstanz beobachtete, sondern auch nachwies, dass bei Anwendung von Traubensäure allmählich die rechtsdrehende Weinsäure von den Pilzen aufgenommen wird, während die linksdrehende noch in der Flüssigkeit zurückbleibt.

Seitdem sind von verschiedenen Beobachtern einzelne Thatsachen über die Ernährung der Pilze durch Kohlenstoff- und Stickstoffverbindungen festgestellt worden. Es schien mir besonders wünschenswerth, möglichst verschiedene Verbindungen bezüglich

---

1) Sitzungsberichte d. math.-phys. Classe d. k. b. Akad. d. Wiss. zu München vom 5. Juli 1879.

ihrer Ernährungstüchtigkeit zu prüfen, um zu ermitteln, welche chemische und physikalische Beschaffenheit sie dazu geeignet oder ungeeignet macht. Zu diesem Zwecke habe ich schon in den Jahren 1868 und 1869, dann gemeinschaftlich mit meinem Sohn, Dr. Walter Nägeli, in den Jahren 1870/71 und 1875/76 eine grössere Anzahl von Versuchen ausgeführt, und in neuerer Zeit wurde dieselbe noch von Dr. O. Löw ergänzt.

Die gestellte Frage ist also: Aus welchen Verbindungen vermögen die Pilze die Elemente C, H, O, N zu entnehmen, um ihre Substanz zu vermehren? Wir können dabei die Elemente H und O ausser Acht lassen, weil dieselben entweder in den Kohlenstoff- und Stickstoffverbindungen enthalten sind oder dem Wasser und dem freien Sauerstoff entnommen werden. Es handelt sich also nur um C und N.

Zwei allgemeine Bemerkungen betreffend die Löslichkeit und die Giftigkeit der Verbindungen will ich vorausschicken. Selbstverständlich können solche Verbindungen, die in Wasser bei gewöhnlicher Temperatur unlöslich sind, nicht ernähren. Dies gilt aber auch von schwerlöslichen Stoffen. Die Schwerlöslichkeit deutet zwar an, dass das Wasser nur eine geringe Verwandtschaft zu ihnen hat, und somit ist anzunehmen, dass von den kleinen Mengen, die in Lösung gehen, die lebende Pilzsubstanz immer einen Theil aufzunehmen und zu assimiliren vermag. Aber da die Pilzzellen durch Oxydation und Ausscheidung stets einen grossen Gewichtsverlust erleiden, so reicht die langsame Assimilation in sehr verdünnten Lösungen nicht aus, um denselben zu decken. Wenn daher eine schwerlösliche Substanz nicht zu ernähren vermag, so muss die Ursache nicht etwa nothwendig in ihrer chemischen Constitution gesucht werden.

Bezüglich der Giftigkeit der Verbindungen, so ist dieselbe bekanntlich eine durchaus relative Eigenschaft, indem die schädliche Wirkung bei einer bestimmten Verdünnung aufhört. Demgemäss gibt es Gifte oder antiseptische Substanzen, welche in einer gewissen Concentration die beste Nährlösung zur Ernährung untauglich machen, während sie in viel geringerer Concentration selbst als Nahrung dienen. Damit ist jedoch nicht gesagt, dass jede giftige C- und N-Verbindung, die ihrer chemischen Constitution nach assimilationsfähig wäre, auch wirklich das Wachsthum der Pilzzellen unterhalten kann. Lösliche Substanzen, die den höchsten Grad der Schädlichkeit erreichen, werden erst bei so weitgehender Verdünnung unschädlich, dass sie nicht mehr ernähren können. Und zwar tritt die Ernährungsunfähigkeit schon früher ein als bei den schwerlöslichen unschädlichen Verbindungen, weil eine leichter lösliche Substanz bei gleich grosser Verdünnung von dem Wasser fester zurückgehalten und daher von den Pilzzellen demselben weniger leicht entzogen wird.

Was nun zuerst den Stickstoff betrifft, so vermag derselbe aus allen Verbindungen angeeignet zu werden, die man als Amide und Amine bezeichnet. Dabei ist es gleichgültig, ob der Kohlenstoff der Verbindung zur Ernährung verwendet werden kann oder nicht. Während Acetamid, Methylamin, Aethylamin, Propylamin, Asparagin, Leucin zugleich als C- und als N-Nahrung dienen, kann aus Oxamid und Harnstoff bloss N (nicht C) entnommen werden. Als Stickstoffquelle können die Pilze ferner alle Ammoniaksalze und die einen derselben auch die salpetersauren Salze verwenden.

Bezüglich der einfachsten der genannten Verbindungen ist zu bemerken, dass es von der Art und Weise, wie ein Versuch angestellt wird, abhängt, ob derselbe eine Vermehrung der Pilze zeigt oder nicht. Man darf sich daher durch negative Resultate nicht irre führen lassen. Besonders kann schon eine geringe Concentration der Lösung sich als zu hoch gegriffen und demnach als nachtheilig erweisen. In dem später unter Nr. 35 angeführten Versuch haben sich die Spaltpilze in einer 0,5 proc. Lösung von salzsaurem Methylamin ziemlich reichlich, in den unter Nr. 59 und 60 angeführten Versuchen in einer 1 und 1,25 proc. Lösung gar nicht vermehrt.

Dagegen kann der freie Stickstoff nicht assimilirt werden, ebenso nicht der Stickstoff aus Cyan und aus allen Verbindungen, in denen er nur als Cyan enthalten ist (Versuch 62a). Wenn solche Verbindungen zuweilen als Stickstoffquelle zu dienen scheinen, so geschieht es wohl nur deswegen, weil aus dem Cyan vorher unter Wasseraufnahme Ammoniak abgespalten wird, was durch die

Gärwirkung der Spaltpilze verursacht werden kann. Möglicherweise war Letzteres bei den Versuchen 62a und b der Fall, wo weder Schimmel- noch Sprosspilze, sondern nur Spaltpilze wachsthumsfähig waren.

Uebrigens hat man sich bei spärlichen Pilzvegetationen immer die Frage vorzulegen, ob dieselben ihren Stickstoffbedarf nicht etwa aus Verunreinigungen der andern Nährstoffe (z. B. des Zuckers) decken konnten, und wenn die Versuche lange dauern, ob nicht das aus der Luft von der Nährlösung aufgenommene Ammoniak den Stickstoff geliefert habe.

Vergleichen wir Ammoniak und Salpetersäure mit einander, so ist bemerkenswerth, dass, während die Schimmelpilze und die Spaltpilze die Salpetersäure assimiliren können, die Sprosspilze wohl durch Ammoniak, aber nicht durch Salpetersäure ernährt werden. Auf die letzteren wirkt die Anwesenheit der Salpetersäure kaum günstiger, als wenn gar keine Stickstoffquelle vorhanden wäre, indem die eine Zeit lang vegetirende und sich fortpflanzende Sprosshefe zwar durch Bildung von Cellulose und Fett ihr Gesammtgewicht etwas vermehrt, den gesammten Stickstoffgehalt aber bedeutend vermindert (Versuch 55 b, c, d).

Die Resultate bei der Cultur der Schimmelpilze sind noch zweifelhaft. In einem Falle schien salpetersaures Ammoniak sich besonders günstig zu verhalten (vgl. Versuch 15 mit 13), während andere Male dasselbe keine grössere Ernte ergab als essigsaures Ammoniak (Versuch 14 u. 16) oder als salpetersaures Kali (Versuch 58 b u. c). Eine bessere Stickstoffquelle als Ammoniaksalze und Nitrate scheint der Harnstoff zu sein (Versuch 18. 19. 20. 58 d). — Was die Spaltpilze betrifft, so können manche von Salpetersäure wohl leben, zeigen aber mit Ammoniak ein entschieden besseres Gedeihen.

Es ist übrigens zu bemerken, dass die Salpetersäure nicht als solche assimilirt, sondern vorher in Ammoniak umgewandelt wird, und dass es somit wesentlich von dem Reductionsvermögen der Pilze abhängt, ob sie dieselben ernähren kann oder nicht (Versuch 57. 58).

Suchen wir einen allgemeinen Ausdruck für die Ernährungstüchtigkeit der Stickstoffverbindungen, so können wir wohl sagen, dass der Stickstoff am leichtesten assimilirt wird, wenn er als NH_2 vorhanden ist, weniger leicht, wenn er nur mit einem Wasserstoffatom verbunden ist (als NH), noch weniger leicht, wenn er als NO (ohne H) vorkommt, und dass er gar nicht assimilirt zu werden vermag, wenn er mit anderen Elementen als mit H und O verbunden ist. Dabei muss aber berücksichtigt werden, dass in einer solchen Verbindung durch die oxydirende Wirkung der Pilze selbst zuerst die Gruppe NO und aus derselben dann durch Reduction NH_2 entstehen kann. Dies ist wohl der Fall mit Trimethylamin und Triäthylamin.

Was die Quellen des Kohlenstoffs betrifft, so kann derselbe aus einer grossen Menge von organischen Verbindungen aufgenommen werden, wobei zu bemerken ist, dass für Schimmelvegetation die Lösungen beträchtlich sauer, für Spaltpilzvegetation ziemlich alkalisch sein dürfen. Es ernähren bei Zutritt von Sauerstoff fast alle Kohlenstoffverbindungen, mögen sie sauer, indifferent oder alkalisch sein, sofern sie in Wasser löslich und nicht allzu giftig sind. Die allzu sauren oder alkalischen Eigenschaften müssen durch (unorganische) Basen oder Säuren abgestumpft werden. Die Unlöslichkeit oder Schwerlöslichkeit ist schuld, warum die an Kohlenstoff und Wasserstoff reichen, an Sauerstoff armen Verbindungen nicht nähren. Die Humussubstanzen können für Schimmel- und Spaltpilze als Kohlenstoffquelle dienen, insofern sie löslich sind. Das aus Zucker künstlich dargestellte Humin zeigte sich ernährungsuntüchtig, ohne Zweifel wegen seiner Unlöslichkeit. Von nährenden schwächer antiseptischen Stoffen nenne ich beispielsweise Aethylalkohol (Versuch 34), Essigsäure (Versuch 2—6), von stärker antiseptischen Stoffen Phenol (Carbolsäure), Salicylsäure, Benzoësäure (Versuch 30. 31).

Es gibt aber einige Verbindungen, aus denen trotz ihrer nahen chemischen Verwandtschaft mit nährenden Substanzen die Pilze den Kohlenstoff nicht zu assimiliren vermögen. Dahin gehören, ausser den unorganischen Verbindungen Kohlensäure und Cyan, die sog. organischen: Harnstoff, Ameisensäure, Oxalsäure, Oxamid (Versuch 17. 29. 26. 27. 37).

Versuchen wir den allgemeinen Charakter der assimilirbaren Kohlenstoffverbindungen festzustellen, so besteht die Bedingung wohl darin, dass sie die Gruppe CH_2 oder bloss CH enthalten. Vielleicht ist aber die Beschränkung beizufügen, dass die letztere Gruppe CH nur dann ernährt, wenn 2 oder mehrere C-Atome, an welchen H hängt, unmittelbar mit einander verbunden sind. Es ernährt nämlich einerseits Methylamin (mit 1 C und 3 H), andrerseits Benzoësäure (eine Kette von C-Atomen, jedes mit 1 H) sicher, während Ameisensäure, in welcher an 1 C nur H und OH haften, und ebenso Methylalkohol nicht assimilirt werden, was indessen auch auf Rechnung ihrer antiseptischen Eigenschaften in Verbindung mit der ziemlich schweren Zersetzbarkeit kommen kann [1]).

Dagegen kann der Kohlenstoff nicht assimilirt werden, wenn er unmittelbar nicht mit H, sondern nur mit andern Elementen zusammenhängt, wie dies in der Cyangruppe, ferner beim Harnstoff und der Oxalsäure nebst deren Abkömmlingen (Oxamid) der Fall ist. In diesen Verbindungen sind an C bloss N-, O- und C-Atome befestigt.

Es besteht eine grosse Verschiedenheit in der Ernährungstüchtigkeit der verschiedenen Kohlenstoffverbindungen. Vom Standpunkte der morphologischen oder Constitutionschemie aus werden wir wohl annehmen dürfen, dass Verbindungen am leichtesten assimilirt werden, welche bereits eine Atomgruppe besitzen, wie sie die zu bildende Substanz bedarf, und dass eine Verbindung um so weniger ernährt, je unvollständiger sie diese Gruppe enthält. Wir kennen nun zwar das erste Assimilationsproduct der Pilzvegetation nicht und dürfen auch den Vorgang in den Pflanzengeweben, in welchen bei Anwesenheit des Chlorophylls Kohlensäure assimilirt wird, nicht etwa als Analogie benutzen. Wenn wir aber die Ergebnisse der Ernährungsversuche bei Pilzen für eine Theorie verwenden wollen, so können wir vielleicht sagen, dass jene in dem ersten Assimilationsproduct enthaltene Atomgruppe aus 2 oder eher 3 unmittelbar mit einander in einer Kette zusammenhängenden C-Atomen, an denen unmittelbar sowohl H- als O-Atome befestigt sind, bestehen muss, und dass durch Verdoppelung daraus zunächst

1) Die Ernährungsuntüchtigkeit von Verbindungen wie Chloral, Pikrinsäure, Chinin, Strychnin (Versuch 64) mag theils auf den antiseptischen Eigenschaften der Verbindungen oder der bei der Assimilation freiwerdenden Reste, theils auf dem Umstande beruhen, dass noch nicht die günstigste Zusammensetzung der Nährlösung gefunden wurde.

eine (4 oder) 6 C-Atome enthaltende Gruppe sich bildet. Findet dies wirklich statt, so begreifen wir die aus den Versuchen sich ergebenden Resultate, dass unter übrigens gleichen Umständen Verbindungen mit 1 C-Atom am schwierigsten (Methylamin) oder gar nicht (Ameisensäure, Chloral) assimilirt werden, dass mit der steigenden Zahl der unmittelbar zusammenhängenden C-Atome die Assimilation besser von statten geht (Leucin mit 6 C ernährt besser als Asparagin mit 4 C), dass es ferner günstiger ist, wenn an den C-Atomen nicht bloss H-Atome, sondern auch O oder OH befestigt sind (die Gruppe CH_2OH verhält sich unter übrigens gleichen Umständen günstiger als CH_3, ebenso CH_2-CHO günstiger als CH_2-CH_3), und dass Verbindungen mit mehreren C-Atomen oder C-Gruppen, die durch N oder O verbunden sind, nicht besser ernähren als solche, in denen die Gruppe nur einmal vorhanden ist (Trimethylamin nicht besser als Methylamin).

Auf die Constitution der in dem ersten Assimilationsproduct enthaltenen Atomgruppe lässt sich aus der Beschaffenheit der nährenden Verbindungen kein Schluss ziehen, weil in den letzteren die entscheidende Gruppe offenbar ungleich constituirt ist und weil desnahen Wanderungen der an der Kohlenstoffkette hängenden H- und O-Atome bei der Assimilation angenommen werden müssen.

Ausser der chemischen Constitution der Nährverbindungen spielt aber jedenfalls noch ein anderer Umstand eine wesentliche Rolle bei der Assimilation. Die lebende Zelle wird unter übrigens gleichen Umständen diejenigen Substanzen am leichtesten zur Ernährung benutzen, für deren Assimilation sie die geringste Kraft aufwenden muss, — also diejenigen Substanzen, die von verschiedenen chemischen Mitteln am ehesten angegriffen und umgesetzt werden. Doch ist natürlich nur ganz im Allgemeinen ein Vergleich möglich, da ja die chemischen Verbindungen zu den verschiedenen Arten der Zersetzung sich nicht gleich verhalten, und da die Assimilation nichts Anderes ist als eine besondere Art der Zersetzung, die mit den übrigen Zersetzungen bis zu einer bestimmten Grenze übereinstimmt, während sie im Einzelnen sich im Gegensatze zu ihnen befindet.

Doch macht uns dieser Gesichtspunkt manche Thatsache begreiflich, so z. B. warum Benzoësäure und Salicylsäure besser ernähren als Phenol (Carbolsäure), warum Ameisensäure schwer oder gar nicht assimilirt wird, warum die Fettsäuren überhaupt ungünstig und die Essigsäure günstiger ist als die höheren Glieder, warum die Glycosen sich als die vorzüglichsten Kohlenstoffquellen erweisen.

Wie durch das Zusammenwirken der chemischen Constitution und der chemischen Widerstandsfähigkeit eine bestimmte Assimilationsfähigkeit bedingt wird, lässt sich einigermassen erkennen, wenn man die Kohlenstoffquellen nach dem Grade ihres Nährwerthes in eine Reihe ordnet. Wir können etwa folgende Stufen unterscheiden, wobei die günstigen Wirkungen der Gärthätigkeit der Pilzzellen und die ungünstigen der Giftigkeit der Verbindungen ausgeschlossen sind:

1. Die Zuckerarten.
2. Mannit; Glycerin; die Kohlenstoffgruppe im Leucin.
3. Weinsäure; Citronensäure; Bernsteinsäure; die Kohlenstoffgruppe im Asparagin.
4. Essigsäure; Aethylalkohol; Chinasäure.
5. Benzoësäure; Salicylsäure; die Kohlenstoffgruppe im Propylamin.
6. Die Kohlenstoffgruppe im Methylamin; Phenol.

Diese Stufenreihe hat nur bedingte Gültigkeit. Es gibt verschiedene Ursachen, welche die Ernährungsversuche mit Pilzen rücksichtlich ihrer Vergleichung unter einander erschweren. Ich werde nachher noch auf dieselben zu sprechen kommen. Bei der vorliegenden Frage tritt ein specifischer Umstand in den Vordergrund. Die verschiedenen Nährverbindungen können als Kohlenstoffquelle nur dann in strengem Sinne vergleichend geprüft werden, wenn die Stickstoffquelle die nämliche ist, und ebenso als Stickstoffquelle nur dann, wenn die Kohlenstoffquelle sich gleich verhält. Oft aber sind beide verschieden. Wenn z. B. eine Nährlösung weinsaures Ammoniak, die andere Zucker und Methylamin enthält, so ist es zweifelhaft, wie viel jede der stickstoff- und kohlenstoffhaltigen Verbindungen zu dem Versuchsresultat beigetragen hat. Man kann zwar noch zwei andere Nährlösungen herstellen, von denen die eine Methylamin und Weinsäure mit einer unorganischen Basis, die andere Zucker und Ammoniak mit einer unorganischen Säure enthält. Man hat dann zwei Versuche mit der gleichen Stickstoffquelle und mit ungleichen Kohlenstoffquellen und zwei mit der gleichen Kohlenstoffquelle und mit ungleichen Stickstoffquellen. Eine strenge Vergleichbarkeit ist aber damit doch nicht erreicht, denn einmal bleibt es fraglich, ob das Ammoniak in Verbindung mit Zucker die nämliche Assimilationsfähigkeit besitze wie mit Weinsäure, und der nämliche Zweifel besteht für die Wirksamkeit jeder der übrigen Verbindungen, — und ferner sind nicht bloss die Stickstoff- und Kohlenstoffquellen in den Versuchen vertauscht, sondern es sind auch die unorganischen Bestandtheile der Nährlösungen verändert worden, weil die Weinsäure und das Ammoniak neutralisirt werden mussten; die Wirksamkeit der organischen Verbindungen kann aber nur verglichen werden, wenn die unorganischen gleich sind. Ueberdem kann man bei Substanzen, die zugleich die Stickstoffquellen und die Kohlenstoffquellen enthalten, besonders wenn die Constitution, wie bei den Albuminaten, unbekannt ist, auf dem Wege des Versuchs auch nicht annähernd die Wirkung der einen und andern bestimmen.

Es ist daher von wissenschaftlichem Interesse, die Assimilationsfähigkeit der vereinigten Stickstoff- und Kohlenstoffquellen zu kennen. Der praktische Nutzen, den die Kenntniss der Ernährungstüchtigkeit ganzer Nährlösungen gewährt, ist ohnehin selbstverständlich. Ich kann hierüber aber nicht viel mehr sagen, als was schon früher in dem Aufsatz über Fettbildung bei niederen Pilzen[1]) angegeben wurde. Wenn wir nur die Assimilation ohne Gärthätigkeit und ferner nur diejenigen Stoffe berücksichtigen, welche in grösserer Menge löslich sind, ohne giftig zu wirken, so können wir als eine von den besser zu den schlechter nährenden Substanzen fortschreitende Stufenreihe folgende anführen:

1. Eiweiss (Pepton) und Zucker,
2. Leucin und Zucker,
3. weinsaures Ammoniak oder Salmiak und Zucker,
4. Eiweiss (Pepton),
5. Leucin,
6. weinsaures Ammoniak, bernsteinsaures Ammoniak, Asparagin,
7. essigsaures Ammoniak.

1) Sitzungsberichte d. math.-phys. Classe d. k. b. Akad. d. Wiss. zu München vom 3. Mai 1879.

Diese Stufenfolge für die Assimilationsfähigkeit wurde an einer Versuchsreihe mit Schimmelpilzen (Penicillium) gewonnen. Viele andere kleinere Versuchsreihen sowohl mit Schimmelpilzen als mit Spross- und Spaltpilzen stimmen damit im Allgemeinen überein. Die Vereinigung Pepton und Glycose, in welche Verbindungen Eiweiss und Rohrzucker oder Milchzucker zunächst umgewandelt werden, bildet mit einer nachher zu erörternden Beschränkung, mag Gärung stattfinden oder nicht, das beste Nährmaterial. So ergab beispielsweise die 1 proc. Zuckerlösung mit 1% Pepton eine 4 mal so grosse Zunahme der Sprosshefe als mit 1% weinsaurem Ammoniak, obgleich die vorhandene Gärthätigkeit ausgleichend wirkte (Versuch 54). Daraus ist es zu erklären, dass Flüssigkeiten aus Pflanzen und Thieren und Absude von pflanzlichen und thierischen Geweben meistens eine so lebhafte Vegetation niederer Pilze hervorbringen.

Bemerkenswerth und einigermassen überraschend ist die ausserordentlich günstige Wirkung der Beigabe von Zucker. Sie kann ja leicht erklärt werden, wenn Gärung stattfindet, weil Zucker in grösserer Menge zerlegt wird und dabei eine grössere Menge von Spannkraft frei werden lässt, als es bei anderem Gärmaterial der Fall ist. Aber der Zucker scheint seine günstige Wirkung auch zu äussern, wenn er, wie bei Schimmelpilzculturen nicht vergärt. Allerdings sind die in dem Aufsatz über Fettbildung angeführten Versuche noch nicht ganz entscheidend, da sie zu anderem Zwecke angestellt nicht gleiche Mengenverhältnisse in den Nährlösungen sich vorsetzten. Wenn in der Versuchsreihe mit Schimmelpilzen, welche in jenem Aufsatz beschrieben ist, 0,8% Salmiak und 4,8% Zucker in 34 Tagen 1,5 g Ernte gaben, dagegen 1% Albumin in 52 Tagen nur 0,86 g Ernte, — wenn ferner 1% weinsaures Ammoniak, 1% Weinsäure und 3% Zucker 2,3 g Ernte, dagegen 1% Albumin oder 1% Pepton bloss 0,5 g Ernte lieferten, so hatte jedenfalls der mit der Zuckerzugabe verbundene bedeutend grössere Procentgehalt der Nährlösung einigen Einfluss auf das grössere Erntegewicht. Es ist aber doch fraglich, ob er dasselbe vollständig zu erklären vermöge und ob nicht ausserdem noch eine specifische, vorerst nicht zu erklärende günstige Wirkung der Glycose auf die Assimilation anzunehmen sei. Weitere Versuche, die speciell zu diesem Behufe anzustellen sind, müssen darüber Aufschluss geben.

Ich habe bereits auf die Schwierigkeit hingewiesen, auf welche die Vergleichung der Kohlenstoffquellen unter sich oder der Stickstoffquellen unter sich stösst. Diese Schwierigkeit fällt nun allerdings hinweg, wenn man die ganzen Nährlösungen bezüglich ihrer Ernährungstüchtigkeit vergleicht, und man könnte desnahen meinen, dass eine Reihe richtig angestellter Versuche uns unschwierig darüber Aufschluss geben sollte. Eine genauere Ueberlegung zeigt uns aber, dass, auch wenn alle experimentellen Bedingungen, die in unserer Macht liegen, erfüllt sind, noch mehrere störende Umstände zurückbleiben, die wir nicht beseitigen können.

Zu den Versuchsbedingungen, die sich mit gehöriger Vorsicht herstellen lassen, gehört vor allem, dass nur gleiche Pilze mit einander verglichen werden, weil verschiedene Gattungen und selbst die nächst verwandten Formen sich ungleich verhalten können. So vermögen Schimmelpilze und gewisse Spaltpilze die Salpetersäure zu assimiliren, andere Spaltpilze und die Pilze der Wein- und Bierhefe dagegen nicht. So wachsen nach den Beobachtungen von Dr. Hans Buchner die Heubacterien in Asparagin- und Leucinlösungen, indess die von denselben abstammenden (also nur varietätlich von denselben verschiedenen) Milzbrandbacterien nicht durch Asparagin und Leucin und überhaupt nur durch Eiweiss und Eiweisspeptone ernährt werden.

Bei vielen Versuchen ist eine strenge Reincultur nicht erforderlich; es genügt, dass eine Pilzform in weit überwiegender Menge sich entwickele. Will man eine Schimmelvegetation mit Ausschluss der Spaltpilze erhalten, so muss die Nährlösung hinreichend sauer gemacht werden, wozu in Flüssigkeiten mit Ammoniaksalzen oder mit wenig Zucker, mit wenig Eiweiss etc. 0,5% Phosphorsäure und weniger genügen, in reicheren Nährflüssigkeiten dagegen bis 1% erforderlich ist. Sollen aber nur Spaltpilze wachsen und die Schimmelpilze ausgeschlossen werden, so reicht die neutrale Reaction dazu in der Regel hin; nöthigenfalls kann sie schwach alkalisch gemacht werden. Dabei ist noch zu bemerken, dass die Sprosspilze sich im Allgemeinen verhalten wie die Schimmelpilze und sehr häufig zugleich mit denselben auftreten, dass sie aber wegen ihrer viel geringeren Menge das Resultat meistens nicht stören.

Soll bei einer Versuchsreihe nur eine einzige bestimmte Pilzform wachsen, so dürfen in hinreichend ausgekochte pilzfreie Nährflüssigkeiten bloss Keime dieser Form gebracht werden. Um dies zu bewerkstelligen, bedarf es besonderer Vorsichtsmaassregeln, die bis jetzt von den Beobachtern fast ausnahmslos vernachlässigt oder wenigstens nicht in vollkommen befriedigender Weise angewendet wurden.

Um eine ausschliessliche Schimmelvegetation zu erhalten, genügt es nicht, Schimmelsporen in das pilzfreie Glas einzutragen, denn mit denselben kommen immer auch Spaltpilze und zuweilen selbst Sprosspilze hinein. Ueberhaupt ist es äusserst schwer, die winzigen Spaltpilze auszuschliessen, und es gibt wohl kaum ein anderes sicheres Mittel als folgendes, welches ich früher (1868) mehrfach anwendete, um zu zeigen, dass aus Schimmelpilzen sich weder Spaltpilze noch Saccharomyces entwickeln. Ein mit Blase zugebundenes Glas, welches die Nährflüssigkeit enthält, wird durch Erhitzen auf 120° C. pilzfrei gemacht, die Blase dann mit Schimmelsporen bestreut und nur so lange durch Bedeckung mit einer Glasglocke feucht gehalten, bis die Schimmelfäden durch die Blase hindurch und längs der Glaswandung in die Flüssigkeit hinunter gewachsen sind. Statt der Blase kann auch ein Baumwollpfropf als Verschluss dienen. Auf diese Weise erhält man eine reine Schimmelvegetation, ohne eine Spur von Spaltpilzen oder Saccharomyceszellen. — Mehrere in dieser Weise behandelte Gläser blieben 5 Jahre lang stehen, bis die Flüssigkeit vertrocknet war. Sie enthielten keine andern Organismen als Schimmelpilze. Andere Gläser, die schimmelfrei eintrockneten, waren ebenfalls nach 5 Jahren ganz frei von Pilzen und enthielten die unveränderten Nährstoffe.

Wenn eine bestimmte Art von mikroskopischen Pilzen ausschliesslich cultivirt werden soll, so lässt sich dies nur selten dadurch erreichen, dass man alle übrigen Formen bis auf die eine tödtet, z. B. durch Hitze. Gewöhnlich muss man auf einem andern Wege zu einer Reincultur zu gelangen suchen und dann aus dieser die zu prüfenden Nährlösungen inficiren. Ich habe mir in den Jahren 1870 und 1871, theils um den Nichtübergang von Saccharomyces in Spaltpilze und umgekehrt darzuthun, theils um bei kleineren Versuchen mit Luftabschluss bloss eine einzige Pilzform zu haben,

Reinculturen auf zweierlei Art verschafft, und ich kenne auch jetzt noch kein anderes Mittel, um sie sicher zu erhalten.

Das eine Verfahren beruht auf der Thatsache, dass die Gärthätigkeit eines Pilzes sein eigenes Wachsthum sehr befördert, dagegen die Ernährung und die Vermehrung der übrigen Pilze benachtheiligt. Mit Benutzung dieser Thatsache kann man im Laufe einiger auf einander folgender Züchtungen durch Verdrängung der Mitbewerber leicht eine vollkommen reine Sprosshefe, weniger leicht einige reine Spaltpilzformen erlangen. Ich verweise hierüber auf das in der „Theorie der Gärung" Gesagte[1]).

Das andere Verfahren besteht darin, in eine pilzfreie Nährlösung womöglich einen einzigen Pilzkeim zu bringen, so dass die erwachsende Pilzvegetation bloss aus den Nachkommen desselben besteht. Zu diesem Zwecke muss eine pilzführende Flüssigkeit, welche die gewollte Form in überwiegender Menge enthält, durch Wasser auf eine hinreichende Verdünnung gebracht werden. Das Verfahren wird am besten durch die Mittheilung eines bestimmten Versuches (1871) deutlich werden. Aus faulem Harn, in welchem sich ausser Micrococcus auch Stäbchen (Bacterien) befanden, sollte ersterer rein erhalten werden. Ein Tropfen, welcher etwa 0,03 ^{ccm} fasste und 500000 Pilze enthielt, wurde in 30^{ccm} pilzfreies Wasser gegeben. Aus dieser 1000fach verdünnten Flüssigkeit wurde, nachdem sie durch Schütteln wohl gemischt war, abermals ein Tropfen in 30^{ccm} Wasser eingetragen und somit eine millionfache Verdünnung hergestellt, in welcher je der zweite Tropfen (von 0,03^{ccm}) durchschnittlich einen Pilz enthalten musste. Von 10 pilzfreien Gläsern, von denen jedes mit einem Tropfen inficirt wurde, blieben 4 ohne Vegetation, in einem bildeten sich Bacterien und in 5 die gewünschten Micrococcuszellen.

Eine zweite Bedingung für vergleichbare Versuche ist die, dass jede Gärthätigkeit ausgeschlossen sei. Da diese das Wachsthum so ausserordentlich befördert, so wird die Vergleichung der Assimilationsfähigkeit zweier Nährsubstanzen, von denen die eine gärfähig ist, die andere nicht, unmöglich. Wenn man Schimmelpilze einerseits mit Zucker und andrerseits mit Glycerin ernährt, so erhält

1) 1879. Müuchen, Verlag von R. Oldenbourg. S. 76.

man Resultate, welche genau dem Nährwerth der beiden Verbindungen entsprechen. Bringt man dagegen Sprosspilze (Saccharomyces) in die nämlichen zwei Nährlösungen, so wachsen dieselben in der Zuckerlösung unvergleichlich viel besser, weil sie darin Gärung verursachen. Das Glycerin ernährt sie nach dem seiner Constitution zukommenden Werthe, der Zucker dagegen ernährt sie nicht bloss nach Maassgabe seiner Constitution, sondern überdem noch vermöge der Spannkraft, welche bei der Gärung frei und auf das lebende Plasma übertragen wird. — Die Spaltpilze können verschiedene Gärungen bewirken, und sie schöpfen aus jeder derselben eine andere Kraftmenge. Man hat sich daher bei vergleichenden Ernährungsversuchen, die man mit Spross- und mit Spaltpilzen anstellt, immer die Frage vorzulegen, ob bei dem einen oder andern Versuch Gärung stattgefunden und um wie viel dieselbe wohl das Wachsthum begünstigt habe.

Zu den Umständen, welche bei Ernährungsversuchen mit verschiedenen Verbindungen nicht gleich gemacht werden können und daher störend sind, gehört die specifische Wirkung, welche die Verbindungen, abgesehen von ihrer Assimilationsfähigkeit, auf die lebende Zelle ausüben. Ich habe bereits oben bei einer verwandten Frage von dieser Wirkung gesprochen. Sie besteht darin, dass jede Verbindung bei einer gewissen Concentration der Lösung die Lebensenergie herunterstimmt. Diese schädliche Concentration ist für jede Verbindung eine andere; für jede Verbindung ist daher auch das Optimum der Concentration, bei welcher sie einen bestimmten Pilz am besten ernährt, ein anderes. Da nun bei vergleichenden Versuchen die Flüssigkeiten äquivalente Mengen von Nährstoffen enthalten müssen, so sind die Lösungen ungleich weit von ihrem Optimum entfernt, und man läuft überdem Gefahr, dass die eine oder andere Lösung einen geradezu schädlichen Concentrationsgrad erreicht habe. Es kann dieser Punkt nicht genug berücksichtigt werden, wenn man die Beziehung zwischen chemischer Constitution und Assimilationsfähigkeit beurtheilen will. Gibt es doch Verbindungen, welche an und für sich gut ernähren würden, wenn nicht ihre giftigen Eigenschaften sie schon in sehr verdünnter Lösung dazu untauglich machten.

Ein zweiter Umstand, welcher die Vergleichung der Versuche beeinträchtigt und nicht beseitigt werden kann, ist die ungleiche Fähigkeit der Nährverbindungen zu diosmiren. Derselbe macht sich besonders fühlbar beim Zusammenhalte der Albuminate und der ihnen nahestehenden Stoffe mit den krystallisirenden Nährsubstanzen. Die Pilzzellen müssen die Albuminate, um sie aufnehmen zu können, zuerst in eine diosmirende Form umwandeln. Von Peptonen gibt es bekanntlich verschiedene Modificationen: solche, die den Albuminaten näher stehen und weniger gut diosmiren, und solche, die mehr verändert sind und besser durch Membranen hindurchgehen. Die Pilze müssen daher auch, wenn sie mit schwer diosmirenden Peptonen ernährt werden, zuerst durch ein ausgeschiedenes Ferment die Peptonisirung vollenden.

Dieser Process verläuft nicht nur bei verschiedenen Pilzen ungleich rasch, indem die meisten Spaltpilze sehr energisch, die Schimmelpilze weniger gut und die Sprosspilze fast gar nicht zu peptonisiren vermögen; sondern es übt auch die Beschaffenheit der Nährlösung, namentlich die Reaction derselben, einen entscheidenden Einfluss aus. Viele Spaltpilze peptonisiren das Eiweis in neutralen und in ziemlich stark alkalischen Lösungen sehr gut; die Schimmelpilze peptonisiren es noch in schwach sauren Flüssigkeiten, z. B. in $^1/_2$proc. Phosphorsäurelösung ziemlich rasch, dagegen sehr langsam in 1 proc. Phosphorsäurelösung.

Wenn es sich also um Vergleichung von Albuminaten mit anderen Nährsubstanzen handelt, so ist zu berücksichtigen, welche Wahrscheinlichkeit der Peptonisirung unter den vorliegenden Umständen gegeben sei, und wenn Peptone verglichen werden sollen, so ist die Frage, welche Beschaffenheit und besonders welche Fähigkeit zu diosmiren dieselben schon besitzen und ob sie von den Pilzzellen noch verändert werden müssen. Man darf nicht etwa sagen, die Albuminate seien, weil sie von den Zellen nicht aufgenommen werden, überhaupt ernährungsuntüchtig. Dies trifft allerdings für gewisse Pilze und gewisse Umstände zu, während für andere Pilze und andere Umstände die Eiweissstoffe zu den allerbesten Nährsubstanzen gehören.

Andere störende Umstände sind die ungleiche Löslichkeit der Verbindungen und die damit zusammenhängende ungleiche Anziehung zu Wasser, — ferner ihre ungleiche Oxydationsfähigkeit, die bei Pilzculturen eine so wichtige Rolle spielt, — ihr ungleiches Verhalten zur Temperatur, indem für jede Verbindung und einen bestimmten Pilz ein anderer Wärmegrad als Optimum erscheint, — dann der Luftzutritt, welcher bezüglich seiner grösseren oder geringeren Ausgiebigkeit einen so entscheidenden Einfluss auf das Wachsthum der Pilze ausübt und der doch mit Sicherheit fast nie in ganz gleicher Weise hergestellt werden kann. Ich will nicht näher auf diese Umstände eintreten. In manchen Fällen sind sie ohne Bedeutung; in andern aber können sie das Culturergebniss wesentlich beeinflussen, weshalb sie nie ausser Acht gelassen werden dürfen[1]).

Endlich gibt es einen Umstand, der bei allen Ernährungsversuchen mitspielt und jedesmal das Resultat in eigenthümlicher, nicht genau zu schätzender Weise mitbedingt. Er besteht darin, dass die Nährlösung durch die Pilzvegetation verändert wird, wodurch sie für die nämlichen oder für andere Pilze bald günstiger, bald ungünstiger ausfällt. Wie schon längst bekannt ist, hört bei der Milchsäuregärung das Wachsthum der Spaltpilze nach einiger Zeit auf, wenn nicht die Säure durch Kalk neutralisirt wird. In diesem Falle haben wir es zwar mit einer Gärwirkung zu thun, welche die Flüssigkeit immer saurer und für das Gedeihen der Spaltpilze schädlicher macht. Aber die Ernährung selbst, wenn auch alle Gärwirkung mangelt, führt ebenfalls, zwar langsamere,

1) Was den Luftzutritt betrifft, so muss wenigstens als Bedingung festgehalten werden, dass die Pilze der zu vergleichenden Culturen sämmtlich entweder an der Oberfläche der Nährlösungen oder untergetaucht in denselben leben. Viele Pilze (Schimmel-, Spross- oder Spaltpilze) können entweder als Decke auf der Flüssigkeit oder als Flocken in derselben wachsen, und zwar lässt sich, wenn die Gärthätigkeit ausgeschlossen ist, der eine oder andere Zustand beliebig hervorbringen, indem die Deckenbildung dem lebhafteren, die Bildung untergetauchter Flocken dem trägeren Wachsthum entspricht Man kann beispielsweise einen deckenbildenden Pilz in einen untergetauchten verwandeln, indem man ihn in eine verdünntere Nährlösung oder in die nämliche Nährlösung, die eine antiseptische Verbindung enthält, umzüchtet.

doch oft sehr bemerkenswerthe Modificationen herbei. Besteht die Nährsubstanz z. B. in essigsaurem Ammoniak, so wird die Flüssigkeit durch kohlensaures Ammoniak alkalisch, indem schon bei der blossen Eiweisbildung auf 6 Moleküle essigsaures Ammoniak, ohne Berücksichtigung der Oxydation, 3 Ammoniak frei werden. Der Vorgang bei dieser Assimilation wird durch folgende Gleichung deutlich:

$$\text{36 essigsaures Ammoniak } C_{72}H_{252}N_{36}O_{72} = \begin{cases} \text{1 Albumin} & C_{72}H_{112}N_{18}O_{22} \\ \text{18 Ammoniak} & H_{54}\ N_{18} \\ \text{43 Wasser} & H_{86}\ O_{43} \\ \text{7 At. Sauerstoff} & O_{7} \end{cases}$$

$$\overline{C_{72}H_{252}N_{36}O_{72}}$$

Das essigsaure Ammoniak ernährt nicht, wenn nicht die Luft zutritt und reichliche Oxydation veranlasst. Es dient somit nicht bloss der bei der Assimilation freiwerdende Sauerstoff, sondern auch noch eine gewisse Menge von aus der Luft aufgenommenem Sauerstoff zur Verbrennung von Essigsäure, so dass bedeutend mehr als die Hälfte des in dem Nährsalz enthaltenen Ammoniaks frei werden muss, damit sich Albuminate bilden.

Die Pilzzelle erzeugt ferner nicht bloss Eiweissstoffe, sondern auch Kohlenhydrate und Fett. Berechnen wir die stickstofflosen Verbindungen als eine mit den Albuminaten gleich grosse Cellulosemenge, so müssen bei der Entstehung der Pilzzellen, ohne die Oxydation durch den freien Sauerstoff zu berücksichtigen, von je 7 Ammoniumgruppen des essigsauren Ammoniaks 5 als Ammoniak frei werden. — Bei der Assimilation von neutralem weinsaurem Ammoniak kann auf je 6 Ammoniumgruppen nur 1 verwendet werden; 5 gehen als Ammoniak in die Flüssigkeit.

Der nämliche Process wie der eben erörterte findet immer statt, wenn man das Ammoniaksalz einer organischen Säure als Nahrung verwendet. Die Nährlösung wird alkalisch und zuerst für Schimmel- und Sprosspilze, nachher auch für Spaltpilze ungünstiger. Enthält die angewendete Flüssigkeit freie Säure, so wird sie nach und nach neutral und dann alkalisch; die Schimmel- und Sprosspilze, die anfänglich begünstigt waren, werden nachher von den Spaltpilzen verdrängt. Ist eine Nährlösung so sehr alkalisch geworden, dass alles Pilzwachsthum darin aufhört, so vermindert sich bei längerem Stehen die alkalische Beschaffenheit durch Entweichen von Ammoniak und die Pilze können wieder wachsen.

Auch bei der Anwendung von manchen organischen Verbindungen, die zugleich Kohlenstoff und Stickstoff enthalten (wie Asparagin, Kreatin, Harnsäure etc.), wird die Nährflüssigkeit bei der Assimilation durch Freiwerden von Ammoniak alkalisch. Doch kann, da die Pilze ein grösseres oder geringeres Oxydationsvermögen besitzen, unter Umständen der Fall eintreten, dass ein Theil des entstehenden Ammoniaks zu Salpetersäure oder salpetriger Säure oxydirt wird, welche sich mit dem übrigen Ammoniak verbindet.

Dieser Vorgang fand bei dem später unter Nr. 36 erwähnten Versuch statt. Die aus Acetamid bestehende Nährlösung behielt während der Pilzbildung ihre ganz schwach saure Reaction, und es bildete sich unter Sauerstoffaufnahme viel salpetrigsaures Ammoniak, worüber, wenn wir bloss die Albuminbildung berücksichtigen, folgende Gleichung Aufschluss geben kann:

36 Acetamid	$C_{72}H_{180}N_{36}O_{36}$	=	1 Albumin	$C_{72}H_{112}N_{18}O_{22}$
10 Mol. Sauerstoff	O_{20}		9 salpetrigsaures Ammoniak	$H_{36}N_{18}O_{18}$
			16 Wasser	$H_{32}O_{16}$
	$C_{72}H_{180}N_{36}O_{56}$			$C_{72}H_{180}N_{36}O_{56}$

Wird ausser dem Albumin eine demselben gleiche Gewichtsmenge Cellulose erzeugt, so vermehrt sich die Menge des salpetrigsauren Ammoniaks um 15 Moleküle.

Ich führe noch einige Beispiele anderer Veränderungen der Nährlösung an. Eine neutrale Lösung von salzsaurem Methylamin (Versuch 35) wurde, indem sich eine Vegetation von Spaltpilzen bildete, schwach sauer. Sie enthielt wenig freie Salzsäure und viel Salmiak. Der Assimilationsvorgang bezüglich der Albuminate kann durch folgende Gleichung erklärt werden:

72 salzsaures Methylamin	$C_{72}H_{432}N_{72}Cl_{72}$	=	1 Albumin	$C_{72}H_{112}N_{18}O_{22}$
22 Wasser	$H_{44}O_{22}$		54 Salmiak	$H_{216}N_{54}Cl_{54}$
32½ Mol. Sauerstoff	O_{65}		18 Salzsäure	$H_{18}Cl_{18}$
			65 Wasser	$H_{130}O_{65}$
	$C_{72}H_{476}N_{72}O_{87}Cl_{72}$			$C_{72}H_{476}N_{72}O_{87}Cl_{72}$

Noch grössere Mengen von Salmiak und Salzsäure als bei der Bildung von Albumin müssen entstehen, wenn gleich grosse Gewichtsmengen von stickstofffreien Verbindungen assimilirt werden. — Die geringe Menge der in der Lösung zuletzt vorgefundenen freien Salzsäure mag theils dadurch erklärt werden, dass während der langen Versuchsdauer ein Theil der Salzsäure durch Verdunstung fortging, theils dadurch, dass ein Theil derselben sich mit Zersetzungsproducten der Pilzsubstanz verbunden hatte.

Eine Nährlösung, welche Harnstoff- und Aethylalkohol enthielt (Versuch 34), wurde im Brütkasten (36° C.) mit der Bildung von Spaltpilzen sauer, indem diese einen Theil des Alkohols zu Essigsäure oxydirten. Die nämliche Nährflüssigkeit wurde bei Zimmertemperatur ebenfalls mit Erzeugung von Spaltpilzen schwach alkalisch, indem hier die Essigbildung entweder mangelte, oder wenigstens nicht ausreichte, um das aus dem Harnstoff gebildete kohlensaure Ammoniak zu neutralisiren. Die saure Reaction beim ersten Versuch war die Ursache, warum sich nur eine mässige Spaltpilzvegetation entwickelte und nach 14 Tagen durch reichliche Schimmelpilze abgelöst wurde, während beim zweiten Versuch die Spaltpilze sich stark vermehrten und die Schimmelpilze auch nach 6 Wochen noch ausblieben.

Wenn, wie dies in den soeben angeführten Beispielen der Fall war, die neuen Verbindungen bei der Assimilation in grösserer Menge entstehen, so haben dieselben auf die Vegetation der Pilze und auf die Ernte einen merklichen Einfluss. Es bilden sich aber ausserdem auch neue Verbindungen in so geringer Menge, dass sie bei der Vergleichung verschiedener Nährsubstanzen vernachlässigt werden können. Die chemische Analyse weist einige solcher Verbindungen nach. Ich will hier nur von einer Erscheinung sprechen, die zwar schon beobachtet wurde, aber nicht die richtige Beurtheilung gefunden hat; es ist die Bildung eines gelösten Farbstoffes von gelbgrünem bis blaugrünem Ton bei der Cultur von Spaltpilzen.

Diese Färbung der Nährflüssigkeit wurde bei einer Menge unserer Culturen beobachtet, vorzüglich wenn ein Ammoniaksalz oder eine andere einfach zusammengesetzte Nährsubstanz (z. B. Harnstoff mit Weingeist oder Asparagin) zur Anwendung kam. Dass das Wasser selbst gefärbt war, ergab sich deutlich in denjenigen Fällen, wo es die unveränderte Farbe behielt, während die Pilze sich als farbloser Niederschlag absetzten. Wie es scheint, tritt die Färbung nur bei alkalischer Reaction auf, wobei die Flüssigkeit nach Ammoniak riecht. Sie ist ferner Folge einer Oxydation. Denn sie beginnt an der Oberfläche und schreitet nach unten hin fort; — man beobachtet dies indess nur, wenn keine Bewegung (auch nicht von schwärmenden Spaltpilzen) in der Flüssigkeit vorhanden ist. Diese zeigt sich dann in einem früheren Stadium oben intensiv gefärbt, unten farblos. Bei Luftabschluss bleibt die Färbung ganz aus. Die Lösung fluorescirt zuweilen sehr deutlich, indem sie im auffallenden Lichte grün, im durchfallenden Lichte gelb aussieht und einer Lösung von Fluorescein vollkommen gleicht.

Von den später angeführten Versuchen war beispielsweise die Flüssigkeit mit weinsaurem Ammoniak grünlich, diejenige mit milchsaurem Ammoniak gelblich, diejenige mit essigsaurem Ammoniak blaugrünlich (Versuch 24 a, b, c), diejenige mit salicylsaurem Ammoniak (Versuch 31) stark grün, diejenige mit Asparagin (Versuch 21) hellgrün, diejenige mit Harnstoff und Weingeist (Versuch 34, das Glas in Zimmertemperatur) stark grün und fluorescirend[1]).

---

1) Die besprochene Erscheinung ist ganz anderer Natur als die bekannten (namentlich rothen) Färbungen, welche die Spaltpilze selbst zuweilen zeigen, und daher nicht mit denselben zu vermengen. Auch ist die Entstehung sowohl der einen als der andern Färbung nicht ein Speciesmerkmal, wie Schroeter und Cohn irrthümlich angenommen haben, und beschränkt sich gleichfalls nicht auf Micrococcusformen.

Was den gelösten Farbstoff von grünlichem Ton betrifft, so entsteht derselbe erst nachträglich durch Oxydation aus einer noch unbekannten, bei der Assimilation frei werdenden farblosen Verbindung. — Was die Färbung der Spaltpilze selbst betrifft, so hat dieselbe ohne allen Zweifel ihren Sitz in den weichen Zellmembranen und ist eine analoge Erscheinung wie die Färbung der Zellhäute vieler Nostochinen, die mit den Spaltpilzen in so naher morphologischer Beziehung stehen. Dass sie nicht zur specifischen Unterscheidung benutzt werden darf, geht deutlich aus Culturversuchen hervor. Ein Spirillum, welches intensiv rothe Decken auf Sumpfwasser bildete, gab bei der Cultur in verschiedenen Nährflüssigkeiten nur selten wieder roth gefärbte Spirillen; meistens wurden die Pilze farblos und verloren mehr oder weniger ihre schraubenförmige Gestalt, indem sie sich zu schwach gebogenen oder auch ganz geraden Stäbchen streckten.

Eine grosse Zahl von vergleichenden Beobachtungen über die Ernährung des Bierhefenpilzes war schon 1869 von A. Mayer (Untersuchungen über die alkoholische Gärung) angestellt worden. Derselbe kam aber in dieser ersten Arbeit zu einem Resultat, welches im Gegensatze zu den oben ausgesprochenen Regeln steht. Es sollten nämlich in einer Zuckerlösung „diejenigen stickstoffhaltigen organischen Körper, welche die complicirteste Zusammensetzung haben und verhältnissmässig sauerstoffarm sind" (nämlich die Albuminate) fast gar nicht ernähren, „diejenigen stickstoffhaltigen organischen Körper, die verhältnissmässig hoch oxydirt sind und den Ammoniakverbindungen näher stehen," sollten besser und die Ammoniaksalze am besten ernähren. Bei einer spätern Untersuchung (Nobbe's Landwirthschaftliche Versuchsstationen 1871) wurden diese Aussprüche dahin modificirt und ergänzt, dass die Ernährungstüchtigkeit einer stickstoffhaltigen Verbindung vorzüglich von ihrem Vermögen, durch Membranen zu diosmiren, abhängig und dass zu den bestnährenden auch Pepsin und die peptonartigen Stoffe zu zählen seien.

Die Untersuchungsmethode war folgende. Kleine Glasfläschchen wurden mit 20 ccm Nährlösung versehen, eine Spur Bierhefe zugesetzt, aus dem Gewichtsverlust die entwichene Kohlensäure Tag für Tag bestimmt und daraus auf die Intensität der Gärung, sowie aus dieser auf das Wachsthum der Hefe geschlossen. Vom chemischen Gesichtspunkte sind die getroffenen Vorsichtsmaassregeln wohl als ausreichend zu betrachten, — und die Folgerungen, die aus den zahlreichen Versuchen nicht bloss rücksichtlich der Assimilationsfähigkeit der stickstoffhaltigen Verbindungen, sondern auch rücksichtlich der Wirksamkeit der Mineralstoffe (Aschenbestandtheile) gezogen wurden, wären ebenfalls nicht zu beanstanden, wenn die dabei obwaltende Voraussetzung zuträfe, dass in den verschiedenen Nährlösungen wenigstens in ganz überwiegendem Maasse die gleichen morphologischen und physiologischen Vorgänge, nämlich Bildung von Alkoholhefe und geistige Gärung, stattgefunden haben. Diese Voraussetzung konnte zur Zeit, als die Versuche angestellt wurden, nach dem, was damals bekannt war, von dem Chemiker unbedenklich gemacht werden. Sie hat sich aber durch die seitherige Erfahrung als irrthümlich erwiesen. Es gibt zwei Gründe, warum die fraglichen Versuche als unbrauchbar zu betrachten sind.

Der erste Grund besteht darin, dass die Culturen nicht rein waren. Es gibt keine Bierhefe, die nicht eine grössere oder geringere Anzahl von Spaltpilzen enthielte. Besonders unrein ist aber die Presshefe; in derselben befinden sich nicht nur grosse Mengen von Spaltpilzen, sondern auch Schimmelsporen (besonders von Penicillium) und wohl auch Sprosshefezellen, die keine oder nur geringe Gärung verursachen. A. Mayer verwendete zu seinen Versuchen Presshefe, wie unzweifelhaft daraus sich ergibt, dass es „käufliche Hefe“ war, in welcher „immer Stärkmehl gefunden“ wurde. Durch Schlämmen lassen sich wohl die Stärkekörner, nicht aber die andern Pilze und Pilzkeime entfernen, da diese nahezu das gleiche specifische Gewicht besitzen wie die Sprosshefezellen. Wenn man Presshefe zur Aussaat benutzt, so säet man nach den verschiedenen Proben, die ich davon untersucht habe, zwar ein viel grösseres Gewicht von Sprosspilzen, aber häufig eine gleiche oder grössere Individuenzahl von Spaltpilzen aus. Wären aber auch die Sprosspilze in stark überwiegender Anzahl vorhanden, so wäre dadurch bloss bei Aussaat von beträchtlichen Mengen ihre fast ausschliessliche Vermehrung gesichert, wie ich anderswo nachgewiesen habe (Theorie der Gärung).

Werden bloss Spuren in die pilzfreie Nährflüssigkeit ausgesäet, wie dies bei den fraglichen Versuchen der Fall war, so entscheidet nicht mehr die relative Menge, in welcher ein Pilz in dieser Spur enthalten ist, darüber, ob er gegenüber den andern Pilzen sich zu behaupten vermöge. Sondern es hängt nun von der Beschaffenheit der Nährflüssigkeit, von der Temperatur, von dem Zutritte der Luft und von anderen noch unbekannten Ursachen ab, welche Pilze zur Entwickelung gelangen und die anderen mehr oder weniger verdrängen. Bei sehr zahlreichen Versuchen, welche ich vor Jahren mit verschiedenen neutralen Nährlösungen bei Aussaat kleiner Mengen von Bierhefe anstellte, erhielt ich fast nie eine nur einigermassen reine Vegetation derselben, sondern damit gemengt geringere oder grössere Mengen von Spaltpilzen mit Milchsäure- und Buttersäuregärung oder Schleimbildung oder Mannitbildung;

oft auch wurde die Bierhefe durch die Spaltpilze ganz verdrängt[1]).

In den Fläschchen von A. Mayer musste das Nämliche eintreten; — und dass es wirklich der Fall gewesen ist, geht auch aus den beiläufigen Bemerkungen über die beobachteten Organismen hervor (eine genaue und erschöpfende mikroskopische Untersuchung der Ernten, um die verschiedenen Pilze und ihre relativen Mengen festzustellen, wurde nicht vorgenommen). In manchen Fällen wurde nämlich eine schleimige Haut an der Oberfläche, ohne Zweifel aus Spaltpilzen bestehend, in anderen „Mycoderma vini", in noch anderen Schimmelpilze, selbst fructificirend, wahrgenommen.

Alle Pilze entwickeln Kohlensäure; bei Gärungen durch Spaltpilze (Mannit-, Milchsäure-, Buttersäurebildung) wird dieselbe in grösseren Mengen entwickelt. Nach den neueren Beobachtungen ist es auch ausser Zweifel gestellt, dass Alkohol durch Spaltpilze gebildet wird. Die entweichende Kohlensäure und der in der Flüssigkeit vorgefundene Alkohol kann also in keinem Falle, wie es von A. Mayer versucht wurde, als Maassstab für das Wachsthum der Sprosshefe benutzt werden. Dass Milchsäuregärung in manchem seiner Versuche, in denen sie nicht beobachtet wurde, stattgefunden habe, dafür spricht das Auftreten von Schimmelpilzen. Denn diese stellen sich nicht leicht in der unveränderten Nährlösung, noch in einer Flüssigkeit, die reich an Alkohol- oder Essigsäure ist, ein, wohl aber folgen sie mit Vorliebe auf Milchsäurebildung. — Die Kohlensäureentwickelung nebst Alkoholbildung ist aber nicht bloss ungeeignet, über die Ernährung der Sprosshefe Auskunft zu geben; sie kann auch nicht als Anhalt für die Ernährung der Pilze überhaupt dienen. Es wäre selbst möglich, dass ein Versuch mit den besten Nährsubstanzen die grösste Menge von Pilzsubstanz, aber die geringste Menge von Kohlensäure und Alkohol erzeugte.

Ein anderer, ebenso schwer wiegender Grund, warum Versuche wie die in Frage stehenden als unbrauchbar zu erklären sind, be-

1) In Folge dieser Erfahrungen wurde die Methode der Aussaat minimaler Mengen von Sprosshefe ganz aufgegeben, insofern nicht vorher durch besondere Versuche eine Reinzucht hergestellt werden konnte, oder in der hinreichend sauren Beschaffenheit der Flüssigkeit die Gewähr für die Existenzfähigkeit der Sprosspilze gegeben war.

steht in dem mit denselben nothwendig verbundenen ungleichen Zutritt von Sauerstoff. Das Gedeihen der verschiedenen Pilze ist wesentlich von dem Grade der Oxydation abhängig, welche der Genuss des freien Sauerstoffs ihnen gestattet. Jeder Pilz zeigt in der nämlichen Nährflüssigkeit bei vollständigem Abschluss der Luft das geringste Wachsthum (resp. vollständigen Mangel an Wachsthum), und mit der allmählichen Zunahme des Luftzutrittes ein stetig zunehmendes Wachsthum. Die erste Regel für alle vergleichenden Untersuchungen über Ernährung der Pilze verlangt daher für alle eine gleich grosse Betheiligung des freien Sauerstoffs. Dies kann dadurch geschehen, dass man denselben ganz ausschliesst, oder dadurch, dass man in offenen flachen Gefässen von gleicher Form ungehinderten Luftzutritt gestattet, oder endlich dadurch, dass man gleich grosse Mengen von Luft in Blasen von gleicher Grösse und in gleicher Zeit durch die sonst abgeschlossene Flüssigkeit durchstreichen lässt. Die Versuche von A. Mayer waren aber so angestellt, dass der Luftzutritt ganz ungleich ausfallen musste. An den Fläschchen befanden sich nämlich luftdicht befestigte Chlorcalciumröhrchen, die am Ende mit einem Kautschukventil verschlossen waren. Bei hinreichender Kohlensäureentwickelung konnte kein Sauerstoff eintreten; bei sehr schwacher oder mangelnder Kohlensäurebildung dagegen drang Sauerstoff ein, wie dies deutlich aus dem Umstande hervorgeht, dass in manchen Fläschchen schon nach wenigen Tagen eine Gewichtszunahme, bei einigen abwechselnd Zunahme und Abnahme, in einzelnen Fällen selbst eine rasche Zunahme des Gewichtes beobachtet wurde. Es ist möglich, dass die Sauerstoffaufnahme nur in ganz wenigen Fällen, vielleicht auch in keinem einzigen vollständig gemangelt hat. Immerhin kann die jeden Tag beobachtete Gewichtsveränderung nur als die Differenz der entwichenen Kohlensäure und des eingedrungenen Sauerstoffs gelten. Sie ist daher theils aus diesem Grunde, theils deswegen, weil der in ungleicher Menge aufgenommene Sauerstoff die Vegetation in ungleichem Grade beeinflusste, kein Maass für die Assimilationsfähigkeit der Nährflüssigkeit.

Nach dem jetzigen Stande der Wissenschaft gibt es, wie ich glaube, keine andere auch nur einigermassen genügende Methode für die vergleichende Untersuchung der Ernährungstüchtigkeit verschiedener Nährstoffe, als Gleichhaltung aller äusseren Umstände (namentlich auch des Luftzutrittes), Sicherstellung, dass die nämlichen Pilzvegetationen in den verschiedenen Versuchen auftreten, und quantitative Bestimmung des Ernteergebnisses, wenigstens der gesammten Gewichtszunahme und der Stickstoffzunahme.

Bezüglich der Ausführung meiner Versuche bemerke ich Folgendes. Im Jahr 1868/69 verwendete ich als mineralische Nährstoffe ausgeglühte Asche von Fichtenholz, von jungen Trieben der Rosskastanie und von Erbsen, die durch Phosphorsäure neutralisirt war, ferner ausgeglühte Asche von Bierhefe, — und zwar jeweilen 0,1 g auf 100 ccm Flüssigkeit. Für Spaltpilzculturen wurden neutrale Nährlösungen benutzt, für Schimmelculturen wurden dieselben mit der auf Assimilationsfähigkeit zu untersuchenden organischen Säure oder mit Phosphorsäure stark angesäuert. Für Controlversuche dienten immer die nämlichen Nährlösungen mit Ausschluss der zu prüfenden organischen Verbindung oder der Asche. Die Versuche beschränkten sich meistens darauf, festzustellen, ob eine Lösung ernähre oder nicht.

Ich führe einige der 1868/69 angestellten Versuche an. Die Nährflüssigkeit betrug jedesmal 300 ccm.

1. Phosphorsaures Ammoniak 0,2 %, Citronensäure 1,4 %. — Sehr reichliche Schimmel- und Sprosspilze.

1b. Der Controlversuch, in welchem nur das phosphorsaure Ammoniak fehlte, gab beide Pilze sehr spärlich; ebenso der andere Controlversuch (1c), in welchem bloss die Citronensäure mangelte.

2. Essigsaures Ammoniak 0,4 %, essigsaures Natron 1 %. — Anfänglich kleine Schimmelrasen an der Oberfläche. Dann zahllose Spaltpilze, die Flüssigkeit trübend und eine Decke bildend.

2b. Der Controlversuch, in welchem das essigsaure Ammoniak weggelassen war, gab nur ein äusserst dünnes Häutchen aus winzigen Spaltpilzen (Micrococcus) und spärlichen Monaden bestehend.

2c. Der Controlversuch, in welchem bloss die Asche weggelassen war, gab einige untergetauchte Schimmelrasen, dann eine sehr dünne Schimmeldecke (Mucor).

3. Essigsaures Ammoniak 0,4 %, essigsaures Natron 1 %; mit Phosphorsäure angesäuert, also von Nr. 2 durch die saure Reaction unterschieden. — Ziemlich reichliche Schimmel- und Sprosspilze. Später, als die Reaction neutral und alkalisch wurde, Spaltpilze, eine dünne Decke bildend und die Flüssigkeit trübend.

4. Essigsaures Ammoniak 0,4 %, essigsaures Natron 1 %, Essigsäure 1 %. — Nach einiger Zeit starke Schimmeldecke.

5. Salpetersaures Kali 0,4 %, essigsaures Natron 1 %. — Ziemlich reichliche Spaltpilze, die Flüssigkeit trübend und eine dünne Decke bildend.

6. Salpetersaures Kali 0,4 %, essigsaures Natron 1 %, Essigsäure 1 %. — Nach längerer Zeit starke Schimmeldecke.

7. Phosphorsaures Ammoniak 0,23 %, reinster Rohrzucker des Handels (derselbe enthielt 0,06 % Stickstoff) 10 %. — Reichliche Spaltpilze, die Flüssigkeit stark trübend und eine dünne Decke bildend, in welcher ziemlich viele Monaden sich befanden. Dann trat ziemliche Gasentwickelung auf, die Flüssigkeit wurde sauer (Milchsäure) und es bildete sich eine dünne Schimmeldecke.

8. Phosphorsaures Ammoniak 0,23 %, reinster Rohrzucker 10 %, Phosphorsäure (P_2O_5) 0,1 %, also von Nr. 7 nur durch die saure Reaction unterschieden. — Da die Flüssigkeit nicht sauer genug war (es wurden neben Schimmelpilzen auch ziemlich zahlreiche Spaltpilze beobachtet), so wurde nach einigen Tagen noch einmal die gleiche Menge Phosphorsäure zugesetzt, worauf die Spaltpilze verschwanden und eine starke Schimmeldecke sich einstellte.

Die Versuche 7 und 8 waren mit Holzasche (durch Phosphorsäure neutralisirt) angestellt. Mit Hefenasche gaben sie etwas schwächere Vegetationen.

9. Salpetersaures Kali 0,4 %, reinster Rohrzucker 10 %. — Reichliche Spaltpilze, die Flüssigkeit trübend und eine dünne Decke bildend, in welcher sich zahlreiche Monaden befanden. Dann wurde die Flüssigkeit sauer (Milchsäure) ohne sichtbare Gasentwickelung und es bildete sich eine Schimmeldecke. — Nach zwei Jahren waren die Schimmelpilze abgestorben, die Flüssigkeit roth und das Gewicht der bei 105° C. getrockneten Ernte (von 300^{ccm} Flüssigkeit) betrug 1,549^{g}.

10. Salpetersaures Kali 0,4%, reinster Rohrzucker 10%, Phosphorsäure (P_2O_5) 0,13%, also von Nr. 9 nur durch die saure Reaction verschieden. — Sehr starke Schimmeldecke. — Nach zwei Jahren waren die Schimmelpilze abgestorben, die 30g Zucker vollständig verschwunden, grösstentheils durch Oxydation. Das Destillat enthielt geringe Mengen Weingeist, ein Beweis, dass sich auch etwas Sprosshefe gebildet hatte. Das Trockengewicht der Ernte betrug 3,7g; darin befanden sich wenigstens 0,045g Stickstoff, entsprechend 0,281g Albumin, während die 30g Colonialzucker 0,018g Stickstoff (0,06%) enthalten hatten. In Aether lösten sich 29,1% der Trockensubstanz, welche grösstentheils Fett sein mussten.

10b. Bei einem Controlversuch zu Nr. 7, 8, 9 und 10, in welchem sich 10% des nämlichen Zuckers nebst Asche befanden, also die Stickstoffquellen (Ammoniak oder Salpetersäure) mangelten und in welchem die Flüssigkeit neutral war, trat ein sehr dünnes Häutchen von Spaltpilzen mit zahlreichen Monaden und, nachdem die Flüssigkeit sauer geworden, etwas Schimmelbildung auf. — Nach zwei Jahren ergab die zugleich mit Nr. 9 und 10 vorgenommene Untersuchung nur geringe Abnahme des Zuckergehaltes und bloss 0,070g Trockensubstanz, also 1/22 der Ernte des Versuches Nr. 9, welcher salpetersaures Kali enthielt.

10c. Ein Controlversuch zu Nr. 7, bei welchem die Asche weggelassen wurde, der also in neutraler Flüssigkeit phosphorsaures Ammoniak und Zucker enthielt, lieferte zwar eine deutlich geringere Ernte als Nr. 7, aber zugleich eine bedeutend beträchtlichere Ernte als der vorhin angeführte Controlversuch, bei welchem sich die Aschenbestandtheile, aber keine Stickstoffverbindungen befanden, so dass es scheinen könnte, als ob unter Umständen der Stickstoff die Mineralstoffe zu vertreten vermöge, was ja auch schon behauptet wurde, aber um mit Grund angenommen zu werden doch noch weiterer genauer Untersuchungen bedürfte.

10d. Ein Controlversuch zu Nr. 7, 8, 9 und 10, bei welchem sowohl die Stickstoffquellen (Ammoniak oder Salpetersäure) als die Aschenbestandtheile mangelten, der also nur Zucker enthielt, ergab eine äusserst schwache Vegetation zuerst von Spaltpilzen und Monaden und dann von Schimmelfäden in der sauer gewordenen Flüssigkeit. Die Vegetation war noch schwächer als in 10b.

11. Phosphorsaures Ammoniak 0,11%, Oxalsäure 0,12%, welche dazu dienten, um die bei diesem Versuche unverändert zugesetzte Holzasche zu neutralisiren. — Die Flüssigkeit blieb unverändert.

12. Phosphorsaures Ammoniak 0,13%, aus Zucker dargestelltes Humin, welches vorher mit Ammoniak bis zu schwach alkalischer Reaction versetzt worden war, 0,66%. — Die Flüssigkeit blieb unverändert. Das Humin war unlöslich.

Bei den Versuchen, welche ich im Jahr 1870/71 gemeinschaftlich mit Dr. Walter Nägeli anstellte, wurden die mineralischen Stoffe ebenfalls als Asche zugesetzt. Da der Hauptzweck dieser Versuche dahin ging, die Wirkung der Anwesenheit und des Mangels von freiem Sauerstoff zu prüfen, so wurden zum Theil wieder die nämlichen, zum Theil andere Nährstoffe verwendet, indem je einige Gläser mit Luftabschluss und einige zur Controle mit Luftzutritt behandelt wurden. Ich will hier bloss von den letzteren sprechen, und zwar nur insofern sie von den bereits angeführten verschieden sind.

13. Essigsaures Ammoniak 0,7%, reinster Rohrzucker 11%. — Reichliche Spaltpilze, die Flüssigkeit trübend, und nachdem die Flüssigkeit durch Milchsäurebildung sauer geworden, Sprosshefen- und Schimmelbildung oder nur die letztere.

14. Essigsaures Ammoniak 0,8%, reinster Rohrzucker 11%, Phosphorsäure (P_2O_5) 0,2%. — Sprosshefe und Gärung, dann Schimmelbildung. Die Ernte war etwas geringer als bei Nr. 13.

14b. Ebenso, aber 0,4% P_2O_5. — Wie Nr. 14, aber Gärung weniger lebhaft, Schimmelbildung fast gleich.

15. Salpetersaures Ammoniak 0,4%, reinster Rohrzucker 11%. — Spaltpilz- und Milchsäurebildung mässig, aber äusserst reichliche Schimmelbildung, wohl 20mal reichlicher als bei Nr. 14 und 13.

16. Salpetersaures Ammoniak 0,4%, reinster Rohrzucker 11%, Phosphorsäure (P_2O_5) 0,2%. — Sprosshefenbildung und Gärung ziemlich lebhaft, dann Schimmelbildung. Ernte ziemlich wie Nr. 14, aber mehr als 20mal geringer als bei Nr. 15.

17. Harnstoff 1 %, 2 % und 4 %. — Keine Pilze.

18. Harnstoff 1 %, Citronensäure 2 %. — Reichliche Schimmelbildung.

19. Harnstoff 1 %, reinster Rohrzucker 9 %, Phosphorsäure (P_2O_5) 0,2 %. — Sprosshefe und Gärung, dann reichliche Schimmelbildung.

20. Harnstoff 1 %, Glycerin 9 %, Phosphorsäure (P_2O_5) 0,2 %. — Reichliche Schimmelbildung.

21. Asparagin 1 %. — Die Nährflüssigkeit wird trüb und alkalisch, mit starkem ammoniakalischem Geruch und mit zahllosen kurzen stäbchenförmigen Spaltpilzen in Schwärmbewegung.

22. Asparagin 1 %, Phosphorsäure (P_2O_5) 0,3 %. — Sehr geringe Schimmelbildung.

23. Asparagin 1 %, Citronensäure 1 %. — Reichliche Sprosspilzbildung. Die Schimmelpilze waren durch die Versuchsanordnung ausgeschlossen.

Die Versuche, welche im Jahr 1875/76 gemeinschaftlich mit Dr. W. Nägeli ausgeführt wurden, hatten gleichfalls den Zweck, die Wirksamkeit der An- und Abwesenheit von freiem Sauerstoff zu untersuchen. Die Mineralsubstanzen wurden wieder als Asche von Hefe, Erbsen, Holz, Tabak, die durch Phosphorsäure neutralisirt war, zugesetzt, in vielen Fällen aber auch als Salzlösungen, nämlich phosphorsaures Kali, schwefelsaure Magnesia und Chlorcalcium in den entsprechenden Mengen. Von den zur Controle angestellten Versuchen mit Luftzutritt mögen folgende, die nicht bereits früher angeführt sind, erwähnt werden.

24. Milchsaures Ammoniak 0,4 %, mineralische Nährsalze. — Reichliche Spaltpilzbildung. Ein bemerkenswerther Unterschied in der Erntemenge gegenüber gleichzeitig angestellten und in jeder Beziehung gleich behandelten Versuchen mit Lösungen b) von weinsaurem Ammoniak und c) essigsaurem Ammoniak[1]) war nicht zu beobachten.

---

1) Bei anderen Versuchen stand das essigsaure Ammoniak an Ernährungstüchtigkeit entschieden dem weinsauren und milchsauren Ammoniak nach.

25. Bernsteinsaures Ammoniak 0,5 %, mineralische Nährsalze. — Reichliche Spaltpilzbildung.

26. Oxalsaures Ammoniak 0,3 %, mineralische Nährsalze. — Keine Pilzbildung.

27. Oxalsaures Ammoniak 1 %, Oxalsäure 1 %, mineralische Nährsalze. — Keine Pilzbildung.

28. Oxalsaures Ammoniak 1 %, Oxalsäure 1 %, reinster Rohrzucker 13 %, mineralische Nährsalze. — Sehr reichliche Schimmelvegetation.

29. Ameisensaures Ammoniak 0,1 %, mineralische Nährsalze. — Unverändert, sowohl im Brütkasten als bei Zimmertemperatur.

30. Phenol (Carbolsäure) 0,08 %, Ammoniak etwa 0,2 %, mineralische Nährsalze. Die Reaction der Nährflüssigkeit war fast neutral (ganz schwach alkalisch). — Ein Glas, das in den Brütkasten gestellt wurde, blieb unverändert. Die zwei in Zimmertemperatur befindlichen Gläser trübten sich und zeigten ziemlich zahlreiche Spaltpilze (eine winzige Micrococcusform), das eine überdem spärliche, das andere viele Sprosspilze.

31. Salicylsaures Ammoniak 0,1 %, mineralische Nährsalze. — Sehr reichliche Vegetation von Spaltpilzen (Micrococcus und Bacterium), welche die Flüssigkeit trübten, stark grün färbten und einen etwas fauligen Geruch verursachten, — dies in zwei Gläsern bei Zimmertemperatur. Ein im Brütkasten befindliches Glas blieb anfänglich unverändert; nach zwei Monaten bildeten sich ein paar Schimmelrasen an der Oberfläche; keine Spaltpilze.

32. Phosphorsaures Ammoniak 0,5 %, Glycerin 5 %, Asche, Kreide. — Aeusserst reichliche Spaltpilzbildung und später auf der sauren Flüssigkeit eine Schimmeldecke.

33. Die Versuche über Ernährungstüchtigkeit der Humussubstanzen wurden mit Torf angestellt. Derselbe wurde in der Kälte oder in der Wärme mit Wasser, das 0,5 % kohlensaures Ammoniak enthielt, ausgelaugt und die Lösung zu den Versuchen benutzt. Oder es wurden die Gläser zur Hälfte mit Torf und dann zu 3/4 mit Wasser gefüllt, welches entweder keinen Zusatz erhielt, oder mit 0,2 bis 0,5 % kohlensaurem Ammoniak, mit 0,2 % Ammoniak, mit 0,1 % Kali versetzt war. Die Gläser erfuhren entweder keine

weitere Behandlung, oder sie wurden zunächst während längerer Zeit (20 Stunden) einer Temperatur von 90 bis 92° C. ausgesetzt. Die Lösungen, welche einen Zusatz von kohlensaurem Ammoniak, von Ammoniak oder von Kali erhalten hatten, reagirten schwach alkalisch, oder sie waren beinahe neutral; diejenigen ohne Zusatz zeigten äusserst schwach saure Reaction.

Die Culturresultate waren sehr verschiedene. Einige Male bildete sich in den Lösungen bald eine mehr spärliche, bald eine reichliche Vegetation von Spaltpilzen (Micrococcus und Spirillum, seltener Bacterien), in welcher sich dann auch Monaden einstellten. Einmal blieb jede Pilzbildung aus, wie dies auch bei Anwendung von künstlichem Humus der Fall gewesen (Versuch 12). Ich setze den negativen Erfolg auf Rechnung der Unlöslichkeit der Humussubstanzen, nicht etwa, wie man allenfalls vermuthen könnte, auf den Mangel an mineralischen Nährsalzen, an denen mancher Torf sehr arm ist. Denn es stellte sich eine ziemlich reichliche Algenvegetation ein.

34. Harnstoff 0,5 %, Aethylalkohol 2,3%, mineralische Nährsalze. — Ein Glas im Brütkasten zeigte mässige Spaltpilzbildung mit saurer Reaction, nachher eine dicke Schimmeldecke. Ein anderes Glas bei Zimmertemperatur ergab eine sehr reichliche Spaltpilzvegetation mit schwach alkalischer Reaction. Ueber den chemischen Befund habe ich bereits oben gesprochen.

34 b. Controlversuche, bei denen der Harnstoff mangelte, zeigten im Brütkasten eine äusserst spärliche Spaltpilzvegetation, bei Zimmertemperatur gar keine Veränderung.

35. Salzsaures Methylamin 0,5 %, mineralische Nährsalze. — Ziemlich reichliche Spaltpilzbildung. Das Auftreten von Salmiak und freier Salzsäure bei diesem Versuche wurde bereits erwähnt.

36. Acetamid 0,5 %, mineralische Nährsalze. — Reichliche Spaltpilzbildung. Von dem dabei entstehenden salpetrigsauren Ammoniak wurde oben gesprochen.

37. Oxamid 0,5 %, mineralische Nährsalze. — Nach zwei Jahren war die Flüssigkeit noch unverändert.

Ich halte es für überflüssig, anderer Versuche, die kein sicheres Resultat gegeben haben, wie z. B. mit buttersaurem Ammoniak, baldriansaurem Ammoniak, Glycocoll, Acetanilid, Tannin, Salicin, besonders zu erwähnen. Wenn Pilzbildung ausbleibt, so ist ja immer die Frage, ob die angewendeten Verbindungen ernährungsuntüchtig sind oder ob in anderen Verhältnissen die Ursache zu suchen ist. Tritt nur spärliche Vegetation auf, so können die angewendeten Verbindungen schwer assimilirbar, oder die Ernährung kann durch verunreinigende Stoffe bewirkt sein. — Ebenso spreche ich nicht von allen andern Versuchen, wo das Resultat selbstverständlich ist, wo z. B. Zucker- oder Glycerinlösungen mit den verschiedensten stickstoffhaltigen Verbindungen als Nahrung dienten.

Wie bereits erwähnt wurde, habe ich in der bisherigen Aufzählung nur diejenigen Versuche berücksichtigt, bei denen der Luftzutritt gestattet war. Wird die Nährflüssigkeit unter Luftabschluss gehalten, so besteht, wie ich dies in der „Theorie der Gärung" angegeben, ausser der Assimilationsfähigkeit der organischen Verbindungen noch die fernere Bedingung für das Wachsthum der Pilzzellen, dass dieselben eine Gärthätigkeit von einem bestimmten Intensitätsgrad ausüben. Die Ernährung und Vermehrung der Pilze unterbleibt vollständig, wenn das Gärvermögen jenen Grad nicht erreicht, und ist um so lebhafter, je mehr es ihn überschreitet.

Die meisten Versuche, die ich über die Einwirkung des freien Sauerstoffs angestellt habe, betreffen die Spaltpilze. Bei diesen sind die Verhältnisse, wegen der verschiedenartigen Gärungen, die sie verursachen können, sehr mannigfaltig und verwickelt. Um dennoch hier eine Vorstellung zu geben, wie die Assimilationstüchtigkeit der Pilze durch die Gärthätigkeit beeinflusst wird, will ich kurz die Ergebnisse der weniger zahlreichen Versuche mit Sprosspilzen mittheilen, bei denen sich die Sache, da sie nur Zucker zu vergären vermögen, viel einfacher gestaltet. Zur übersichtlicheren Darstellung fasse ich ganze Gruppen von Versuchen unter Nummern zusammen. Ich bemerke dazu, dass die Versuche zu verschiedenen Zeiten (in den Jahren 1868—1876) und mit verschiedenen Nebenabsichten angestellt wurden. Daraus erklärt sich, dass die Mengenverhältnisse der angewendeten Nährstoffe oft ungleich ausfielen, was unerklärlich wäre, wenn sie mit Rücksicht auf einander angeordnet worden wären. Der Luftabschluss wurde immer durch Quecksilber bewirkt.

38. Es ist bekannt, dass der Traubenmost ohne Zutritt von Luft vergären kann. Richtig angestellte Versuche zeigen nun, dass die Gärung in dem nämlichen Most um so rascher eintritt, je länger derselbe vor dem Abschluss die Einwirkung der Luft erfahren hat und ebenso, je grösser bei gleicher Lufteinwirkung die Zahl der darin enthaltenen Keime ist, — dass es aber für die Menge der sich bildenden Hefe ohne Belang ist, ob der Traubensaft mit der Luft gar nicht in Berührung kommt, indem er unter Quecksilber ausgepresst wird, oder ob er bloss einige Minuten, einige Stunden oder 1½ Tage mit der Luft in Berührung war, ob die Gläser, in die er gefüllt wird, ausgekocht und von der verdichteten Luftschicht an ihrer Oberfläche befreit waren oder nicht, ob bloss klarer Traubensaft benutzt oder ob demselben eine beliebige Menge Traubenfleisch mit oder ohne Schalen beigemengt wird (die Zugabe von Traubenschalen beschleunigt die Hefenbildung, weil dieselben eine grössere Menge von Keimen in die Flüssigkeit bringen). Der nämliche Traubenmost, der bei Zutritt von Luft in 20 bis 30 Tagen vergärt, bedarf dazu unter Abschluss von Luft 4 bis 7 Monate; — und von dem nämlichen Most bedürfen beispielsweise diejenigen Partieen, die sogleich nach dem Auspressen luftdicht abgeschlossen wurden, 15 bis 20 Wochen, diejenigen Partieen dagegen, die vor dem Luftabschluss während 18 Stunden in flachen Tellern der Lufteinwirkung ausgesetzt waren, 6 bis 9 Wochen zur vollständigen Vergärung.

Wenn man dem Traubenmost Zucker, Glycerin, Weingeist, ein Salz oder eine Säure zusetzt, so verläuft bei Luftzutritt die Gärung um so langsamer, je grösser der Zusatz ist; es vergärt auch nicht mehr aller Zucker und bei einer bestimmten Zusatzmenge tritt überhaupt keine Gärung mehr ein, während die Hefe sich zwar noch, aber sehr langsam und nur an der Oberfläche, wo sie in Berührung mit Luft ist, vermehrt. Bei Luftabschluss beobachtet man die gleichen Folgen schon bei viel geringeren Zusatzmengen, mit dem Unterschied jedoch, dass eine Vermehrung der Hefenzellen ohne Gärung nicht stattfindet, und dass somit die gleiche Zusatzmenge die Gärwirkung und die Assimilation aufhebt.

39. Gekochter Traubenmost, dem man geringste Mengen von Hefe zusetzt, verhält sich ganz wie der unveränderte. Die Versuche mit demselben gewähren den Vortheil, dass man bei hinreichender Vorsicht eine grössere Gewissheit erlangt, es beginne die Vegetation in mehreren zu vergleichenden Gläsern mit Hefenzellen von ungefähr gleicher Zahl und Beschaffenheit.

40. Kalte Auszüge oder Abkochungen von getrockneten Weinbeeren (Rosinen) verhalten sich nicht anders als Traubenmost mit der einzigen Ausnahme, dass der Zucker gegenüber den stickstoffhaltigen Nährstoffen in grösserem und daher weniger günstigem Verhältniss vorhanden ist. Werden die Rosinen wiederholt gekocht und fügt man dem nicht mehr süss, sondern bloss etwas herb schmeckenden Kochwasser Zucker und Säure (Wein- oder Citronensäure) bei, so ernährt dasselbe bei Abschluss der Luft die Hefenzellen ähnlich wie Traubenmost.

41. Abkochungen von Pflanzentheilen, die mehr oder weniger Zucker enthalten (Mohrrüben, Kartoffeln). Bei Luftabschluss findet Vermehrung der Sprosshefe statt, sicherer, wenn bis 1% Wein- oder Citronensäure zugesetzt wird (wegen des Ausschlusses der Spaltpilze), aber lebhafter ohne Säurezusatz.

42. Malzauszug verhält sich wie Nr. 41.

43. Abkochung von Bierhefe oder kalter Auszug derselben mit Zusatz von 0,5 bis 1% Citronensäure oder 0,4 bis 0,6% Phosphorsäure (P_2O_5) ernährt die Sprosshefe bei Zutritt von Luft; aber bei Abschluss derselben wird entweder gar keine oder nur eine minimale Menge von Zellen gebildet. Letzteres ohne Zweifel in Folge der äusserst geringen Menge von Zucker, die das Hefenwasser enthält.

Wird der Hefenabsud (welcher 1% feste Substanz enthält) mit 1% Glycerin oder 1% Mannit und überdem (zur Verhinderung der Spaltpilzbildung) mit 0,4% Phosphorsäure versetzt, so ist der Erfolg ganz derselbe, nämlich reichliche Hefenbildung mit Sauerstoff, und so gut wie keine Hefenbildung, wenn die Luft ausgeschlossen ist.

Erhält dagegen der Hefenabsud einen Zusatz von 1 bis 10 % Zucker[1]) und von 0,4 bis 1 % Citronensäure oder 0,4 % Phosphorsäure, so vermehrt sich die Sprosshefe ohne freien Sauerstoff und vergärt den Zucker fast vollständig.

44. Fleischextractlösung verhält sich wie Hefenwasser, nur dass wegen vollständigen Mangels an Zucker auch die minimale Hefenbildung ausbleibt, wenn keine Luft zutritt oder kein Zucker zugesetzt wird, wie sich aus folgenden Versuchen, die je mehrfach angestellt wurden, ergibt:

a) Wasser mit 1 % Liebig'schem Fleischextract ohne Luft. — Keine Sprosshefenbildung.

b) 1 proc. Fleischextractlösung mit 0,4 bis 0,6 % Citronensäure, mit Luft. — Reichliche Sprosshefe.

c) Ebenso, ohne Luft. — Keine Hefe.

d) Fleischextract 1 %, Phosphorsäure (P_2O_5) 0,1 bis 6,2 %, mit Luft. — Hefe.

e) Ebenso, ohne Luft. — Keine Hefe.

f) Fleischextract 1 %, Glycerin 4,5 oder 9 % mit Luft. — Sprosshefe, die aber leicht von Spaltpilzen verdrängt wird.

g) Fleischextract 1 %, Glycerin 4,5 oder 9 %, Citronensäure 0,5 %, mit Luft. — Reichliche Sprosshefe.

h) Ebenso, ohne Luft. — Keine Hefe.

i) Fleischextract 0,5 %, Glycerin 4 %, Phosphorsäure (P_2O_5) 1 %, mit Luft. — Reichliche Hefe.

k) Ebenso, ohne Luft. — Keine Hefe.

l) Fleischextract 0,5 %, Zucker 4,5 %, oder Beides verdoppelt, ohne Luft. — Sehr reichliche Sprosshefe, wenn dieselbe nicht von Spaltpilzen verdrängt wird, und zwar zeigte sich die weniger concentrirte Lösung unter übrigens gleichen Umständen günstiger für die Sprosshefe.

m) Fleischextract 0,33 bis 1 %, Zucker 9 bis 13 %, Citronensäure 0,4 bis 0,8 %, ohne Luft. — Sehr reichliche Sprosshefe ohne Spaltpilze. Bei 2 Versuchen mit 0,33 % Fleischextract, 13 %

---

1) Der hier sowie bei den folgenden Versuchen zugesetzte Zucker war Rohrzucker.

Zucker und 0,7 % Citronensäure fand vollständige weingeistige Vergärung statt. Bei 2 Versuchen mit 2 % Fleischextract, 9 % Zucker und 0,3 % Citronensäure fand neben der geistigen Gärung etwas Spaltpilzbildung und Milchsäuregärung statt. Bei 3 Versuchen mit 1 % Fleischextract, 20 % Zucker und 0,8 % Citronensäure trat nur geringe Vermehrung der Sprosshefenzellen und fast keine Alkoholbildung ein.

n) Fleischextract 0,4 bis 0,6 %, Zucker 9 %, Phosphorsäure (P_2O_5) 0,3 bis 0,5 %, ohne Luft. — Sehr reichliche Sprosshefe ohne Spaltpilze.

o) Fleischextract 0,5 %, Zucker 9 %, Weingeist (absolut.) 4,2 %, ohne Luft. — Reichliche Sprosshefe, die aber nicht allen Zucker zu vergären vermag.

p) Fleischextract 0,4 %, Zucker 9 %, schwefelsaures Chinin 0,012 oder 0,0225 %, ohne Luft. — Reichliche Sprosshefe.

q) Fleischextract 0,5 %, Zucker 9 %, Alkohol (absolut.) 2 %, schwefelsaures Chinin 0,0066 %, ohne Luft. — Ziemlich viel Sprosshefe mit einer noch grösseren Menge von Spaltpilzen.

r) Fleischextract 0,5 %, Mannit 4,5 %, Phosphorsäure (P_2O_5) 0,2 %, mit Luft. — Sehr reichliche Sprosshefe.

s) Fleischextract 1 %, Mannit 1 %, Citronensäure 0,5 %, ohne Luft. — Reichliche Sprosshefe und Spaltpilze. Da der Mannit bei Ausschluss von Luft sonst nicht den Zucker ersetzen und die Sprosspilze ernähren kann, so hat ohne Zweifel bei diesem Versuch eine Umwandlung des Mannits in eine Glycoseform durch die Spaltpilze stattgefunden. Eine solche Umwandlung ist ja auch bereits früher von Berthelot nachgewiesen worden, und für den vorliegenden Versuch wird sie durch die beobachtete Entwicklung von Wasserstoffgas sehr nahe gelegt.

t) Fleischextract 1 %, Salicin 0,3 %, Citronensäure 0,5 %, ohne Luft. — Sprosshefe mit einer noch grösseren Menge von Spaltpilzen, welche wahrscheinlich die Zuckerbildung aus dem Salicin bewirkten.

u) Fleischextract 1 %, Amygdalin 0,3 %, Citronensäure 0,5 %, ohne Luft. — Reichliche Sprosshefe, dabei Spaltpilze, denen wohl die Zuckerbildung aus dem Amygdalin zuzuschreiben ist.

45. Fleischauszug (aus gehacktem Fleisch mit der doppelten Menge destillirten Wassers, dem auf 125 ccm 1 Tropfen concentrirte Salzsäure und 0,6 g Kochsalz zugesetzt war, während 6 Stunden bei Zimmertemperatur bereitet) verhält sich ganz wie Fleischextract. Mit 0,2 bis 0,5 % Phosphorsäure versetzt, ernährt derselbe bei Ausschluss der Luft wohl noch spärlich die Spaltpilze, aber nicht die Sprosshefenzellen.

46. Harn ernährt bei Luftabschluss die Sprosspilze nicht, man mag ihn mit Säure versetzen oder nicht. Bei Luftzutritt vermag er ziemlich reichliche Sprosshefe zu bilden, wenn man ihm zur Abhaltung der Spaltpilze 0,5 bis 1 % Weinsäure oder Citronensäure zufügt. — Bei Zusatz von Glycerin (4,5 bis 9 %) vermehren sich die Sprosspilze, wenn die Luft abgehalten wird, ebenfalls nicht; dagegen begünstigt das Glycerin ihre Vermehrung bei Luftzutritt sehr beträchtlich.

Wird der Harn mit Zucker (9 %) und Säure (0,5 oder 1 % Citronensäure) versetzt, so findet bei Luftabschluss reichliche Sprosshefenbildung, dann aber auch Spaltpilzbildung statt, was wohl so zu erklären ist, dass der Harnstoff in kohlensaures Ammoniak übergeht, wodurch die Säure neutralisirt wird. — Enthält der Harn 9 % Zucker und 4,5 % Alkohol (absolut.), so bleibt bei Abschluss von Luft die Vermehrung der Spross- und Spaltpilze aus; während bei Luftzutritt zuerst die Spaltpilze sich vermehren und Milchsäure erzeugen, worauf die Sprosspilze zu wachsen beginnen.

47. Eiweiss und Eigelb von Hühnereiern mit oder ohne Säurezusatz kann bei Ausschluss von Luft die Sprosspilze nicht ernähren, wohl aber die Spaltpilze. Eine Nährlösung enthielt beispielsweise 33 % Eiweiss oder Eigelb und 1 % Citronensäure; in andern waren die Mengen von Eiweiss und Eigelb geringer.

48. Blutalbumin (4 %) und Phosphorsäure (0,5 %) mit etwas neutralisirter Erbsenasche ernähren die Sprosshefenzellen nicht, wenn die Luft abgehalten wird, — wohl aber bei Zutritt derselben.

49. Asparagin 1 %, Phosphorsäure (P_2O_5) 0,3 %, Hefenasche, ohne Luft. — Keine Sprosshefe.

b) Ebenso mit Luft. — Mässige Sprosshefenbildung.

50. Harnstoff 1%, Citronensäure 2%, mit Phosphorsäure neutralisirte Erbsenasche, ohne Luft. — Keine Sprosshefe.

b) Ebenso, mit Luft. — Mässige Sprosshefenbildung.

c) Harnstoff 1%, Glycerin (von 1,2 spec. Gewicht) 9%, Phosphorsäure (P_2O_5) 0,2%, neutralisirte Erbsenasche, ohne Luft. — Keine Sprosshefe.

d) Ebenso, mit Luft. — Reichliche Sprosspilze und Spaltpilze.

e) Harnstoff 1%, Zucker 9%, Phosphorsäure (P_2O_5) 0,2%, neutralisirte Erbsenasche, ohne Luft. — Reichliche Sprosspilze und Spaltpilze.

51. Ammoniaksalze (z. B. der Weinsäure, Essigsäure) allein vermögen, wiewohl ziemlich kümmerlich, die Sprosspilze bei Zutritt von Luft zu ernähren, zu welchem Zwecke die Spaltpilze durch freie Säure und die Schimmelpilze durch Reincultur auszuschliessen sind. Bei Abhaltung der Luft findet keine Ernährung statt.

Wenn die Nährlösung ausser dem Ammoniaksalz noch Glycerin enthält, so ist der Erfolg bezüglich der Sprosspilze der nämliche, nur dass das Wachsthum unter dem Einfluss des freien Sauerstoffs viel lebhafter wird, während es ohne denselben gleichfalls ausbleibt.

Aeusserst lebhaft ist das Wachsthum der Sprosspilze, wenn statt des Glycerins sich Zucker in der Flüssigkeit befindet und wenn reichlicher Sauerstoff zutritt. Doch wird bei dieser Nahrung die Hefe geschwächt und stirbt zuletzt ab. Enthält beispielsweise die Nährlösung 9% Zucker, 1 oder 0,5% neutrales weinsaures Ammoniak und etwas mit Phosphorsäure neutralisirte Erbsen- oder Hefenasche, und wird diese Lösung je nach 2 Tagen erneuert, so kann während der ersten 4 Tage die Hefe sich auf das 4fache Gewicht vermehren, wenn die Trockensubstanz der jedesmal zur Aussaat benutzten Hefenmenge 3 bis 4% der Nährflüssigkeit ausmacht. Aber das Wachsthum ist am Ende dieser kurzen Zeit schon viel träger geworden und es hört bei Fortsetzung des Versuches bald ganz auf, wobei die Spaltpilze die Oberhand gewinnen. Durch Erhöhung der Temperatur auf Brütwärme, durch reichliche Luftzufuhr, durch Zusatz einer grösseren Menge von Kaliphosphat und durch Anwendung von Nährsalzen statt der Asche wird zwar die Vegetation im Allgemeinen sehr befördert und durch etwas

Säure werden die Sprosspilze gegenüber den Spaltpilzen begünstigt. Doch erleiden selbst unter den allergünstigsten Bedingungen die Sprosspilze, die den Stickstoff bloss in Form von Ammoniak erhalten, eine zunehmende Schwächung und gehen ihrem sicheren Untergang entgegen. Es lässt sich das Gewicht der Bierhefe mit Zucker und weinsaurem Ammoniak unter Durchleitung von Luft im Brütkasten während 64 Stunden auf das 12fache vermehren. Aber die Hefezellen sind dann viel fettreicher und stickstoffärmer geworden und sie sind in ihrer Lebensenergie geschwächt, indem sie an Gärtüchtigkeit eingebüsst haben und viel leichter der Concurrenz der Spaltpilze erliegen (vgl. auch Nr. 52. 53).

Wird der Zutritt der Luft verhindert, so vermögen Ammoniaksalze mit Zucker die Sprosspilze zwar noch durch viele Generationen zu ernähren, aber die Vermehrung ist jetzt eine viel geringere und hört in Folge von Erschöpfung nach viel weniger Generationen auf als bei Zutritt von Sauerstoff.

Das Gesagte gilt für alle Ammoniaksalze, wobei indessen zu bemerken ist, dass, wenn dieselben für sich allein die Sprosspilze ernähren sollen, das weinsaure, citronensaure, bernsteinsaure Salz günstiger wirkt als das essigsaure, und dieses günstiger als das salicylsaure und benzoesaure Ammoniak. Befindet sich aber Glycerin oder Zucker in der Nährflüssigkeit, so verhalten sich die verschiedenen Ammoniaksalze fast gleich, insoferne sie nicht antiseptisch wirken; auch das salpetersaure Ammoniak gibt keine ungünstigeren Resultate als die übrigen. Dabei muss jedoch beachtet werden, dass bei Abschluss von Luft die Sprosspilze (wie alle Pilze) viel empfindlicher sind und daher ein allfälliger Säurezusatz sehr vorsichtig zu bemessen ist. So erweisen sich beispielsweise 0,8 % Citronensäure in einer 9 proc. Zuckerlösung, welche 0,5 % neutrales citronensaures Ammoniak und etwas Hefenasche enthält, entschieden als zu viel. Die Vermehrung der Sprosshefenzellen ist in diesem Falle äusserst träge; sie dauerte in mehreren Versuchen nach 2 Jahren noch fort; es hatte sich in dieser langen Zeit äusserst wenig Hefe gebildet und es war fast kein Zucker durch Gärung verschwunden. — Schädlicher als Citronensäure und Weinsäure wirken freie Essigsäure und freie Salpetersäure. Gänzlicher Mangel an freier Säure gewährt zwar die günstigen Bedingungen für das Wachsthum der Sprosspilze, aber auch die grösste Gefahr, dass sie durch die Spaltpilze verdrängt werden.

Die nachfolgenden Versuche sind von Dr. O. Löw ausgeführt und beschrieben worden.

52. Ernährung der Sprosshefe durch weinsaures Ammoniak und Zucker unter dem Einfluss von Luft und Wärme (Oct. 1877).

Es ist eine seit lange gemachte Erfahrung, dass Luftzutritt und mässige Erwärmung das Wachsthum der Sprosshefe begünstigen, allein über den relativen Einfluss dieser Factoren sind noch keine näheren quantitativen Angaben bekannt und wurden deshalb folgende Versuche angestellt:

Vier Flaschen a, b, c, d erhielten gleiche Mengen Bierhefe, nämlich je 2,652^{g} Trockensubstanz entsprechend, und je einen Liter Nährflüssigkeit von folgender Zusammensetzung:

Zucker[1]	10 %
Ammontartrat . . .	0,5
Dikaliumphosphat . .	0,035
Magnesiumsulfat . . .	0,006
Calciumchlorid . . .	0,0015
Ammonsulfat	0,0061

Die Flaschen a und c wurden in den Brütkasten (28—32° C.) gestellt, b und d hatten Zimmertemperatur (15—19°); mit continuirlichem Luftstrom wurden a und b behandelt.

Nachdem so viel Zucker verschwunden war, dass man einen süssen Geschmack kaum mehr wahrnehmen konnte, wurde die überstehende Flüssigkeit von der Hefe abgegossen und neue Nährlösung zur Hefe gegeben. Aus der abgegossenen Flüssigkeit setzte sich nach längerem Stehen an einem kühlen Orte stets noch etwas Hefe ab, welche dann in die betreffenden Flaschen zurückgegeben wurde. Mit der fortschreitenden Gärung trat eine zunehmende saure Reaction[2]) auf, welche durch titrirte Ammoniakflüssigkeit neutralisirt wurde, um dem Hefenwachsthum keine ungünstigen Be-

1) Unter Zucker ist hier stets der Colonialzucker des Handels zu verstehen.

2) Auf eintretender Milchsäuregärung beruhend.

dingungen erwachsen zu lassen. Bei a und c, also da, wo höhere Temperatur einwirkte, erwies sich die Säurebildung am stärksten.

Am 10. Tage wurden die Versuche unterbrochen, die Ernten gewaschen und in Cylindergläschen absetzen gelassen, um das Volum mit dem Gewichte vergleichen zu können, dann $^{1}/_{10}$ zur Trockensubstanzbestimmung verwendet.

Das Resultat war folgendes:

	Verbrauchte Liter Nährlösung	Ernte-gewicht	Ernte-volum in ccm	Ernte im Vielfachen der Aussaat	Gewicht eines ccm Hefe nach dem Trocknen	Verbrauchte Menge Ammoniak
a	7	7,72g	43,7	2,91	0,176g	6,32g
b	4	6,04	36,7	2,27	0,164	3,75
c	6	4,29	26,5	1,62	0,162	5,81
d	5	2,81	18,1	1,06	0,155	4,20

Gleichzeitiger Einfluss von Luft und Wärme begünstigte also in dem verhältnissmässig kurze Zeit dauernden Versuche das Resultat ungemein; denn in a wurde nicht nur das grösste Erntegewicht, sondern auch die bestgenährte Hefe erhalten, was aus dem Vergleich der specifischen Gewichte sich ergibt.

Aus dem Resultat bei d ergibt sich aber, dass die angewandte Nährlösung bei mangelhaftem Luftzutritt und gewöhnlicher Temperatur keine günstige Ernährung herbeiführte.

Die Stickstoffbestimmungen in den Ernten ergaben folgendes Resultat:

	Absolute Menge Stickstoff	Stickstoff in Procenten
a	0,529	6,85
b	0,347	6,18
c	0,299	6,97
d	0,197	7,03
Aussaat	0,238	9,00

Es geht daraus hervor, dass während bei gleichzeitiger Anwendung von Luft und Wärme die Eiweisssubstanzen um mehr als das Doppelte zunahmen, bei Abwesenheit dieser Factoren sogar eine Verminderung (durch Ausscheidung) eintrat.

53. (März 1879.) Bei einem andern Versuche mit Bierhefe wurde bei gleichem Zuckergehalt der Lösung die Menge des Ammon-

tartrats auf 1%, und die des Dikaliumphosphats ebenfalls auf 1% erhöht; die Menge des Magnesiumsulfats betrug 0,01%, des Chlorcalciums: 0,0025%. Ammonsulfat wurde weggelassen. Das Gewicht der Trockensubstanz der angewandten Hefe[1]) betrug = 0,769g; die angewandte Nährlösung anfangs 200 ccm; sie wurde 3 mal erneuert und das letzte Mal auf 400 ccm erhöht. Da es sich hier nur darum handelte, den Einfluss eines constanten Luftstroms näher zu bemessen, so wurden die Flaschen keiner höheren Temperatur ausgesetzt; es ergab sich nun für die Ernte

bei constant durchgeleitetem Luftstrom: 2,093g
ohne Luftstrom: 1,478g;

im ersten Falle also das 2,72 fache, im letzten nur das 1,92 fache der Aussaat.

54. (März 1879.) Vergleichung von Pepton und Ammontartrat bei Ernährung der Sprosshefe. Da Pepton einerseits dem Eiweiss ausserordentlich nahe steht[2]), andrerseits im Gegensatz zu letzterem in einem gewissen Grad der Diosmose fähig ist, so lag es nahe, zu vermuthen, dass es in Verbindung mit dem Cellulose liefernden Zucker die beste Nährmischung für Pilze abgeben müsse. In der That haben schon unsere Versuche mit Schimmel dieses Resultat voraussehen lassen (vgl. den Aufsatz über Fettbildung, Sitzungsber. vom 3. Mai).

Die beiden Nährlösungen enthielten a) 1% Ammontartrat, b) 1% Pepton; im Uebrigen war die Zusammensetzung wie die soeben beschriebene (auf 100 Wasser 10 Zucker, 1 Dikaliumphosphat etc.)

Angewandt wurde eine 0,773g Trockensubstanz entsprechende Hefemenge[3]) und 200 ccm Nährlösung, welch letztere nach erfolgter Vergärung erneuert und auf 400 ccm erhöht wurde. Die Temperatur des Gärraumes betrug 30 bis 32° C.; ein Luftstrom wurde nicht durchgeleitet. Das Erntegewicht betrug

---

1) Sie wurde unmittelbar nach Entnahme aus dem Bier-Gärbottich verwendet, nachdem sie einmal mit Wasser gewaschen war.

2) Nach den neueren Untersuchungen von Maly ist es als depolymerisirtes Eiweiss zu betrachten.

3) Diese Bierhefe wurde nach zweitägigem Stehen an einem kühlen Orte verwendet.

bei a = 0,966 g; Zunahme = 0,193 g = 24,97%,
bei b = 1,611 g; „ = 0,838 g = 108,42%.

Die Zunahme ist also bei Peptonnahrung unter den gegebenen Umständen mehr als viermal so gross als bei Ammontartrat.

Es ist möglich, dass die Behandlung mit einem continuirlichen Luftstrom dieses Resultat im günstigen Sinne für Ammontartrat verändern würde. Ein Versuch in dieser Richtung musste wegen übermässiger Schaumbildung bei der Peptonnährlösung und des in Folge dessen eintretenden Verlustes unterbrochen werden. Ein weiterer Versuch, wobei beide Nährlösungen im Brütkasten standen und nur die mit Ammontartrat mit einem Luftstrom behandelt wurde, ergab bei letzterer eine mehr als doppelt so hohe Ernte als bei der Peptonlösung. Doch lässt sich hieraus wegen der ungleichen Behandlungsweise kein Schluss ziehen.

55. Vergleich der Stickstoffernährung mit Ammoniak und Salpetersäure bei Sprosshefe (December 1877). Der Umstand, dass sowohl Schimmel- als Spaltpilze den Stickstoff aus der Salpetersäure zu assimiliren vermögen, die Sprosspilze aber hierzu unfähig sind, bildet eine zu auffallende Thatsache, als dass man sich nicht nochmals davon hätte überzeugen wollen. Die folgenden Versuche bestätigen diese Beobachtung vollständig.

Vier Flaschen wurden mit je 0,732 g Trockensubstanz entsprechender Menge Hefe [1]) und einer 9 proc. Zuckerlösung, deren Volum anfangs 200 ccm betrug und mit der Hefezunahme auf 400, zuletzt auf 800 ccm erhöht wurde, beschickt. Die Gärtemperatur betrug von 25 bis 30°. Von den Nährsalzen wurde auf 100 Wasser: 0,035 Dikaliumphosphat, 0,006 Magnesiumsulfat und 0,0015 Calciumchlorid angewandt.

Die Flasche a erhielt nun 0,47% Ammontartrat und 0,005% Ammonsulfat.

Die Flasche b diente zum Controlversuch und mangelte hier jede Stickstoffquelle.

Bei c wurde als N-Quelle eine dem Ammontartrat äquivalente Menge Natronsalpeter, und bei d Calciumnitrat zugefügt.

---

1) Diese Hefe enthielt nach dem Trocknen bei 100° 9,29% N und 4,77% Asche.

Bei a verlief die Gärung am schnellsten und da stets die Erneuerung der Nährlösung nach fast vollendeter Gärung stattfand, so kam es, dass schliesslich, bei Beendigung des Versuches, nach 10 Tagen, a 2400 ccm, b, c und d aber nur 1200 ccm Nährlösung verbraucht hatten.

Das Erntegewicht betrug bei:

	Zunahme:
a = 2,836 g	2,104 g
b = 0,856	0,124
c = 0,880	0,148
d = 0,970	0,238

Die Stickstoff- und Aschebestimmungen gaben folgende Werthe:

	a	b	c	d	Ursprüngliche Hefe
Asche in Procenten	4,94	4,14	6,66	5,84	4,77
Stickstoff in Procenten	7,09	4,09	4,92	5,23	9,29
Absolute Menge Stickstoff in Gramm	0,2011	0,0348	0,0377	0,0516	0,0680

Es geht also hieraus deutlich hervor, dass die geringe Gewichtsvermehrung bei b, c und d lediglich die Cellulose betraf, und eine Zunahme an Eiweisskörpern nur bei a, wo der Stickstoff in Form von Ammoniak dargeboten wurde, stattfand.

56. (Sommer 1879.) Ein ähnlicher Versuch, bei welchem ausser der Temperatur des Brütkastens noch ein continuirlicher Luftstrom angewendet wurde, lieferte kein günstigeres Resultat.

Der Zuckergehalt der Nährlösung betrug 10%, die Menge des Dikaliumphosphats 1%, die angewandte Hefemenge = 1,280 g (Trockensubstanz), und die Nährlösung = 200 ccm, welche 5 mal erneuert wurde. Es ergab sich bei a ohne jeden Zusatz eines N-haltigen Körpers als Ernte: 2,493 g; bei b mit Zusatz von 1% NO_3K: 2,368 g. Der Zusatz von Salpeter hatte also kein besseres Resultat herbeigeführt als Zucker allein und die erhaltene Vermehrung ist hier wohl fast ausschliesslich auf Kosten der Cellulosebildung zu setzen; da aber auch der reinste Zucker des Handels noch immer sehr geringe Mengen N-haltiger Materien enthält, so können diese wohl unter sonst günstigen Umständen bei der Hefe Verwendung finden und bei der Vermehrung mitgewirkt haben.

57. Assimilation der Salpetersäure durch Spaltpilze (Sommer 1879). Während Nitrate durch Sprosshefe nicht verändert werden, erfahren sie durch Spaltpilze bekanntlich verhältnissmässig rasch eine Reduction zu Nitriten und schliesslich zu Ammoniak. Durch folgenden Versuch konnte diese Reduction leicht dargethan werden:

Eine Nährlösung von der Zusammensetzung:

Wasser	200g
Dikaliumtartrat	5
Natriumnitrat	2
$MgSO_4$	0,08
$CaCl_2$	0,02
K_2HPO_4	1,0

wurde in einen 5—600 ccm fassenden Kolben gebracht, dieser mit doppelt durchbohrten Kautschukpropfen versehen und von Zeit zu Zeit Luft durch den Kolben gesaugt, welche concentrirte Schwefelsäure passirt hatte. Eine Aussaat von Spaltpilzen wurde nicht gemacht, diese entwickelten sich bald aus den aus der Luft ursprünglich in die Lösung gelangten Keimen und vermehrten sich anfangs ziemlich rasch. Die Reaction wurde bald entschieden alkalisch und schon nach 2 Wochen wurde eine nicht unbeträchtliche Reaction auf salpetrige Säure mit Jodkaliumstärkekleister nach dem Ansäuern erhalten. Nach 8 Wochen wurde die gebildete Pilzmasse abfiltrirt, sie wog 0,113g. Allein trotz dieser verhältnissmässig geringen Masse war doch der grösste Theil des Tartrats zu Carbonat von den Pilzen oxydirt worden, während andrerseits die Salpetersäure theils zu salpetriger Säure, theils zu Ammoniak reducirt worden war, welch letzteres sich als Carbonat in der Flüssigkeit vorfand.

58. Assimilation der Salpetersäure durch Schimmelpilze (Sommer 1879). Salpetersäure wird zwar von den Schimmelpilzen assimilirt und sicherlich also zu Ammoniak hierbei reducirt, doch salpetrige Säure lässt sich als Zwischenproduct nicht nachweisen. Dieses mag darin begründet sein, dass wir bei Schimmelculturen stets für saure Reaction sorgten, um die Spaltpilzentwicklung zu verhindern; es ist aber auch möglich, dass jedes Molekül des aufgenommenen Nitrats

direct in Ammoniak verwandelt wird, ehe das intermediär wahrscheinlich gebildete Nitrit ausgeschieden werden kann.

Gleichzeitig mit dem Versuch mit Natriumnitrat wurden Nährlösungen mit Ammonnitrat und Harnstoff angestellt. Die Nährlösung besass folgende Zusammensetzung:

Wasser	400g
Glycerin	30
K_2HPO_4	0,80
$MgSO_4$	0,06
$CaCl_2$	0,02

Zwei Flaschen, a und b, erhielten je 0,8% Ammonnitrat, a blieb ohne Säurezusatz, b erhielt noch 0,25% Essigsäure, c erhielt die äquivalente Menge Natriumnitrat, d die äquivalente Menge Harnstoff; c und d wurden wie b mit 0,25% Essigsäure angesäuert. Bei a entwickelten sich in Folge der mangelnden Ansäuerung bald Spaltpilze, welche das Glycerin in Gärung versetzten, wodurch rasch eine saure Reaction auftrat. Letztere hatte nun die Entwicklung einer Schimmelvegetation zur Folge, welche die gebildete Säure oxydirte, in Folge dessen die Reaction schliesslich wieder schwach alkalisch wurde. Salpetersäure war zum Theil jetzt noch als solche vorhanden, salpetrige Säure aber liess sich nicht nachweisen. Die Ernte betrug 0,735g. Bei b, c und d waren in Folge anfänglicher Ansäuerung keine Spaltpilze aufgetreten, die anfangs zugesetzte Essigsäure war fast völlig oxydirt worden, die Reaction der Lösungen nur noch sehr schwach sauer. Der Schimmel entwickelte sich zuerst am lebhaftesten auf c, später bei d. Der oberflächlichen Ausbreitung nach schien bei a die Schimmeldecke am bedeutendsten. Bei b war die Sporenbildung am stärksten. Die Ernten betrugen bei:

b = 1,655g
c = 1,770
d = 3,519

59. Verhalten von Methylamin und Aethylamin mit und ohne Zucker (Mai 1879). Da bei einem früheren Versuche eine Nährlösung von salzsaurem Methylamin, welche 2 Jahre sich überlassen worden war (Versuch 35), Spaltpilze ernährt hatte, so wurde

der Versuch mit Methylamin und Aethylamin bei Schimmelpilzen wiederholt. Hierzu dienten folgende Nährlösungen:

a		b
Wasser	200 g	Erhielt statt Methylamin Aethylamin.
Salzsaures Methylamin .	2,5	
Dikaliumphosphat . . .	0,25	
$MgSO_4$	0,08	
$CaCl_2$	0,02	
Phosphorsäure	1,25	

Die ausgesäten Sporen trieben kurze Fäden und starben dann ab. Als man sich nach mehreren Wochen für überzeugt halten konnte, dass auf dieser Nährlösung keine Pilzentwickelung möglich sei, wurden zu a noch 12 g Zucker gesetzt, worauf eine äusserst energische Schimmelentwicklung erfolgte; die Ernte betrug nach 41 Tagen 3,230 g (bei 100° getrocknet).

Was b betrifft, so wurde diese Lösung in 2 Hälften getheilt und die eine mit Kali neutralisirt und mit Spaltpilzen inficirt; aber nach mehreren Wochen zeigte sich hier keine Entwickelung [1]). Die andere Hälfte wurde nach dem Neutralisiren mit 5 g Zucker versetzt, worauf eine lebhafte Spaltpilzvegetation eintrat.

Der Stickstoff substituirter Ammoniake kann also von Schimmel- und Spaltpilzen leicht assimilirt werden; ja ein Vergleich ergab, dass salzsaures Methylamin mit Zucker ein besseres Resultat lieferte als Salmiak mit Zucker. Sprosshefe scheint sich auch hier wieder abweichend zu verhalten; denn in einem Versuch verhielten sich die Zunahmen bei salzsaurem Aethylamin und Salmiak nahezu wie 1 : 2; bei ersterem traten auffallend rasch Spaltpilze auf.

60. Verhalten des Propylamins (Juni 1879). Nach den Versuchen mit Methyl- und Aethylamin erschien es von Interesse, noch das nächst höhere Glied betreffs der C- und N-Assimilirbarkeit durch Pilze zu versuchen. Es wurden desshalb aus den salzsauren Verbindungen dieser 3 Basen Nährlösungen hergestellt und

1) Ein Controlversuch, bei welchem Metylamin und Aethylamin weggelassen wurden, gab in der nämlichen Zeit eine Schimmelernte von 0,0018 g, also nur den 1800ten Theil.

diese diesmal im Brütkasten[1]) bei 30—32° längere Zeit stehen lassen. Die Zusammensetzung war:

Wasser	200g
Salzsaure Base . .	2,0
Dikaliumphosphat .	0,5
$MgSO_4$	0,04
$CaCl_2$	0,01

Methyl- und Aethylaminnährlösung blieben diesmal wieder ohne Pilzentwickelung, bei Propylamin aber bildete sich langsam eine Vegetation von röthlich gefärbten Spaltpilzen. Es können letztere also aus Propylamin nicht nur ihren Bedarf an N, sondern auch den an C decken, wenn unter sonst gleichen Umständen bei Methyl- und Aethylamin dieses nicht der Fall ist.

61. Ernährung durch Trimethylamin und Zucker (Sommer 1879). Da Trimethylamin und Triäthylamin bei Abwesenheit irgend einer anderen Kohlenstoffquelle für Spaltpilze ebenso wenig günstig sich erwiesen[2]), als Methyl- und Aethylamin, so wurde ein Gemenge von Trimethylaminsalz und Zucker versucht, um zu sehen, ob wenigstens der Stickstoff dieser tertiären Base zur Assimilation dienen könne. Die Nährlösung besass folgende Zusammensetzung:

Wasser	100g
Essigsaures Trimethylamin . .	0,5
Zucker	5,0
Dikaliumphosphat	0,2
Magnesiumsulfat	0,02
Calciumchlorid	0,002

Diese Lösung (a) wurde mit Spaltpilzen inficirt, während eine zweite (b), ganz gleich zusammengesetzte noch 1% Phosphorsäure erhielt und mit Schimmelsporen besät wurde. Gleichzeitig wurden hierzu 2 Controlflaschen ohne Trimethylaminsalz aufgestellt.

Bei dem Kölbchen a trat bald eine rapide Spaltpilzvegetation ein, und in Folge dessen Milchsäurebildung. Letztere hatte, weil nicht neutralisirt, bald einen Stillstand zur Folge, welchen sich nun

1) Bei gewöhnlicher Temperatur zeigte auch nach mehreren Wochen die Propylaminnährlösung keine Pilzentwicklung.

2) Diese Nährlösungen enthielten 1% der salzsauren Basen und die unorganischen Nährsalze, mit Spaltpilzen inficirt entwickelten sie selbst nach längerer Zeit keinerlei Vegetation.

Schimmelpilze zu Nutze machten. Nach 3 Monaten wurde dieser Schimmelrasen abfiltrirt, er wog bei 100⁰ getrocknet: 1,080g. In dem Controlkölbchen trat anfangs ebenfalls eine wenn auch geringe Spaltpilz- und später Schimmelbildung auf (in Folge des geringen Gehalts des Zuckers an N-haltigen Materien), allein die Totalernte betrug hier nur 0,042g.

Das Kölbchen b entwickelte von Anfang an Schimmel, ohne Spaltpilze, die Ernte betrug nach 2 Monaten 1,167g, beim Controlversuch nur 0,120g.

Der Stickstoff kann daher auch assimilirt werden, wenn 3 Atome H im Ammoniak durch Methyl ersetzt sind.

62. Verhalten von Ferrocyankalium bezüglich der Stickstoffassimilation (Juni 1878). Da Spalt- und Schimmelpilze ihren Stickstoffbedarf aus Nitraten sowohl als aus Ammoniak und Substitutionsproducten des letzteren decken können, so fragte es sich weiter, wie sie sich in dieser Beziehung gegen Cyan- und Nitroverbindungen verhielten. Bei dem das Cyan betreffenden Versuch diente folgende Nährlösung:

Wasser	500g
Zucker	15
Ferrocyankalium .	3
Dikaliumphosphat .	0,50
Magnesiumsulfat .	0,16
Calciumchlorid . .	0,04

Ausgesäte Schimmelsporen kamen hier nicht zur Entwickelung[1]), dagegen stellte sich bald eine Spaltpilzvegetation und in Folge dessen Milchsäurebildung ein. Allmählich trat ein schwacher Blausäuregeruch auf, das Nessler'sche Reagens deutete die Bildung von Ammoniak an, und am Boden zeigte sich ein schwachblau gefärbter Niederschlag. Offenbar hatte die gebildete Milchsäure Ferrocyanwasserstoffsäure in Freiheit gesetzt, welch letztere leicht zersetzlich ist. Bei rascherer Zersetzung der hierbei auftretenden Blausäure würde eine hinreichende Menge Ameisensäure entstanden sein, um die weitere Pilzvegetation ganz aufzuheben.

1) Bei Phanerogamen erwies sich Ferrocyankalium als Gift; die Keimlinge (Buchweizen) starben nach Entwickelung der Cotylen bald ab.

62 b. Ebenso wenig wie Schimmelpilze sich entwickeln konnten, konnte es Sprosshefe. Die Nährlösung war wie folgt zusammengesetzt:

Wasser	100g
Zucker	10
Ferrocyankalium .	1
Dikaliumphosphat .	1,0
Magnesiumsulfat .	0,026
Calciumchlorid . .	0,006

Die gärende Mischung wurde bei 30° mit einem Luftstrom behandelt, allein die Zunahme der Hefe war nur unbedeutend; gleichzeitig hatten sich Spaltpilze gebildet und etwas Berlinerblau abgeschieden.

63. Verhalten von Nitroverbindungen (Juni 1879). Pikrinsäure und Nitrobenzoësäure dienten zu diesen Versuchen. Die stark antiseptischen Eigenschaften der ersteren liessen von vorn herein kein sehr günstiges Resultat erwarten. In der That blieb eine ½ procentige Lösung dieser Säure völlig unverändert. Doch da es möglich schien, dass bei günstiger Kohlenstoffquelle wenigstens der Stickstoff der Nitroverbindung Verwendung finden könnte, so wurde eine Nährlösung mit 2,5% Zucker und 0,2% Pikrinsäure mit Schimmelsporen besät, aber es erfolgte nach 2 Wochen keine Spur von Entwickelung. Erst als diese Nährlösung mit dem gleichen Volum Wasser verdünnt und die Menge des Zuckers verdoppelt wurde, stellte sich eine äusserst kümmerliche Vegetation ein, die Ernte betrug nach vier Wochen nur 0,041g.

Wegen der wenn auch sehr geringen Verunreinigungen des Zuckers war ein Controlversuch zu gleicher Zeit angestellt worden, bei dem die Pikrinsäure fehlte; die Ernte betrug hier 0,052g, also mehr als mit der Säure. Indessen trotzdem ist eine Mitwirkung der Pikrinsäure wie es scheint nicht abzusprechen; denn im Controlversuch fehlten die Sporen fast ganz, während im Hauptversuch sie eine nicht unerhebliche Menge darstellten.

63b. Bei einem Versuch mit Nitrobenzoësäure wurde eine Lösung von 3% essigsaurem Natron und 0,2% nitrobenzoësaurem Natron und den nöthigen Nährsalzen sich selbst überlassen, allein es zeigten sich keine Spaltpilze, nur langsam entwickelte sich etwas Schimmel, dessen Menge nach 6 Wochen kaum 1cg überschritt. Im Controlversuch war allerdings noch viel weniger sichtbar.

Es geht also jedenfalls so viel daraus hervor, dass aromatische Nitrosäuren sehr schlechte Stickstoffquellen für die Pilze darstellen.

64. Verhalten verschiedener anderweitiger Substanzen bei der Ernährung der Pilze.

64a. Organische Basen, wie Chinin und Strychnin stellen sehr schlechte Nährstoffe für die Pilze dar. So bildeten Nährlösungen von 0,5% der Sulfate dieser Basen, die mit 0,1% Phosphorsäure angesäuert worden waren, nach vielen Wochen keine Spur von Schimmel. Erst nachdem nochmals das der Nährlösung gleiche Volum Wasser zugefügt wurde, bildete sich eine Minimalmenge in der Strychninlösung, aber noch immer keine Spur in der Chininlösung.

64b. Dass Halogensubstitutionsproducte der Fettreihe eine schlechte Nahrung für Pilze darstellen würden, liess sich im Voraus vermuthen. Wir haben in dieser Richtung nur einen Versuch mit Chloral gemacht. Eine Nährlösung mit 0,5% dieses Körpers und 0,25 Ammonsulfat blieb selbst nach langer Zeit ganz unverändert.

64c. Von den Alkoholen der Fettreihe wurde der Isobutylalkohol versucht, und eine Nährlösung von:

Wasser	300g
Isobutylalkohol . .	0,5
Ammonphosphat .	0,25
Magnesiumsulfat .	0,08
Calciumchlorid . .	0,02
Dikaliumphosphat .	0,30

mit Schimmel besät. Die nach 8 Monaten abfiltrirte Ernte betrug 0,048g.

64d. Von den Hydroxyverbindungen der aromatischen Reihe diente Pyrogallol, Gerbsäure und Chinasäure zu Versuchen.

Eine 1proc. Pyrogallol-Lösung (200ccm) gab bei Gegenwart von 0,2% Ammonsulfat und den nöthigen Nährsalzen eine sich sehr langsam entwickelnde Schimmelvegetation, die verhältnissmässig reich an Sporen war; die nach 6 Wochen abfiltrirte Ernte betrug nach dem Trocknen bei 100° 0,235g [1]).

Wie Pyrogallussäure verhält sich Gerbsäure, auch sie ernährt den Schimmelpilz in einer Nährlösung mit 0,4% Gerbsäure und 1% Ammonphosphat.

64d. Einen sehr guten Nährstoff gibt die der antiseptischen Benzoësäure so nahestehende Chinasäure ab, denn auf einer Nährlösung mit 1% chinasaurem Kalk, 0,25 Ammonsulfat, und den nöthigen Mineralsalzen und mit 0,1 Phosphorsäure angesäuert, entwickelte sich rasch eine üppige Schimmelvegetation wie nur auf einer der besseren Nährsubstanzen.

Die Ernährung der niederen Pilze durch Mineralstoffe.

Die Pilze bedürfen, wie die übrigen Pflanzen, ausser den Verbindungen, die ihnen Kohlenstoff, Wasserstoff, Sauerstoff und Stickstoff zuführen, noch gewisse mineralische Stoffe, deren Anwesenheit bei dem Chemismus nothwendig ist, oder deren Elemente in die Constitution der Substanz eintreten. Aber die Pilze machen bezüglich der Auswahl verhältnissmässig geringe Ansprüche. Sie können mit 4 Elementen auskommen, nämlich 1. Schwefel, 2. Phosphor, 3. einem der Elemente Kalium, Rubidium oder Cäsium, 4. einem der Elemente Calcium, Magnesium, Baryum oder Strontium, während die höheren grünen Landpflanzen zugleich Calcium und Magnesium und überdem noch Chlor, Eisen und Silicium bedürfen.

Da nur geringe Mengen von Mineralstoffen nöthig sind, um die Pilze zu ernähren, so muss bei den Versuchen, die dieses Bedürfniss feststellen sollen, grosse Vorsicht bezüglich der Reinheit der angewendeten Verbindungen und Gefässe obwalten, und es muss stets das Ergebniss durch Controlversuche geprüft werden. Man

---

1) Die Beobachtung von V. Bovet (Journ. f. prakt. Chemie Bd. 19 S. 445), dass Pyrogallol als Antisepticum gute Dienste leiste, dürfte sich nur auf concentrirtere Lösung, wie die hier angewandte, beziehen.

könnte, wenn jene Vorsicht nicht geübt und wenn nicht scharfe Controle gehalten wird, sonst leicht zu dem irrthümlichen Glauben kommen, dass entweder die Mineralstoffe nicht nöthig sind, oder dass sie durch die Pilze in einander umgewandelt werden. Besonders sind die Spaltpilze geeignet, den Experimentator zu täuschen, da sie oft in sehr geringen Mengen starke Trübung der Nährlösung und starke Gärung bewirken, — in Mengen, welche nur Spuren von Mineralstoffen enthalten können. — Pilzculturen sind daher in manchen Fällen als sehr feine Reagentien auf Verunreinigungen von chemischen Verbindungen zu gebrauchen.

Was zuerst den Schwefel betrifft, so ist derselbe als Bestandtheil der Albuminate unentbehrlich und kann auch durch kein anderes Element ersetzt werden. Es sind zwar in neuester Zeit die Albuminate der Spaltpilze als schwefelfrei erklärt worden. Allein diese Annahme erscheint wegen der Analogie mit den übrigen Organismen als wenig annehmbar und ihr widersprechen auch unsere Beobachtungen.

Die Pilze entnehmen den Schwefel den Albuminaten, wenn ihnen dieselben als Nahrung zugänglich sind. Sie können ihn aber unter allen Umständen auch aus der Schwefelsäure sich aneignen, und ebenso gut aus der schwefligen und unterschwefligen Säure. Es gibt sogar Versuche, aus denen man zu dem Schlusse geneigt sein möchte, dass die letzteren Verbindungen besser ernähren als Schwefelsäure. Ein sicheres Urtheil darüber wäre erst aus grösseren Versuchsreihen zu gewinnen.

Bezüglich des Schwefels gilt nämlich in besonderem Grade, was ich vorhin von der Schwierigkeit, entscheidende Kulturversuche anzustellen, gesagt habe. Er findet sich sehr leicht in hinreichender Menge als Verunreinigung, besonders des Zuckers. Aber auch Nährlösungen, denen der Zucker mangelt, zeigen ohne Schwefelzusatz oft ziemlich reichliche Pilzvegetation. So befinden sich eben unter den Versuchen zwei Gläser mit starker Trübung und mässiger Gärung, von denen das eine auf 100 ccm Wasser 0,5 g Asparagin, 3 g Glycerin, 0,2 g Dikaliumphosphat, 0,02 g Calciumchlorid und 0,05 g Magnesiumchlorid, das andere auf 100 ccm Wasser 0,5 g Asparagin, 1 g Glycerin, 0,1 g Kaliumnitrat, 0,1 g Diammonphosphat und 0,1 g Magnesiumchlorid enthält, also beide Nährlösungen ohne eine Schwefelverbindung [1]).

Auf den Betrag der Verunreinigungen kann man einigermassen schliessen, wenn man solche „schwefelfreie“ Nährlösungen mit andern vergleicht, denen eine Schwefelverbindung zugesetzt wird. So wurden früher (1876) neben Gärversuchen mit 10 g Colonialrohrzucker, 0,5 g neutralem weinsaurem Ammoniak und 0,04 g (schwefelfreier) Hefenasche Controlversuche angesetzt, von denen die einen 0,033 g schwefelsaures Kali, die andern 0,033 g schwefelsauren Kalk erhielten. Bei Luftabschluss wurde von den Nährlösungen ohne Schwefelverbindung die erste ihrem Volumen gleiche Menge von Kohlensäure durchschnittlich nach 161 Tagen, von denen mit schwefelsaurem Kali durchschnittlich nach 45 Tagen, von denen mit schwefelsaurem Kalk durchschnittlich nach 54 Tagen entwickelt.

Was das Kalium als Nährstoff der Pilze betrifft, so ergeben die Culturversuche, dass dasselbe nicht durch die folgenden Elemente: Natrium, Lithium, Baryum, Strontium, Calcium, Magnesium ersetzt werden kann, auch nicht durch Ammonium, — wohl aber durch Rubidium und Cäsium. Salze der beiden letzten Elemente ernähren die Pilze ebenso gut, wo nicht besser, als Kalisalze, während sie für die höheren Pflanzen unbrauchbar sind.

Auch bei diesen Versuchen ist wegen der geringen Mengen von Kalium, welche die Pilze bedürfen, auf die Reinheit der übrigen Nährstoffe und der Gefässe zu achten, auch darauf, dass während des Versuches weder aus der Gefässwandung Kalium in die Lösung gehe, noch dass Staub aus der Luft hereinfliege. Da es kaum möglich ist, das Kalium ganz auszuschliessen und da man oft nicht weiss, wie viel etwa von demselben sich in die Nährlösung eingeschmuggelt, so ist es immer nothwendig, einen Controlversuch ohne jedes Alkali der Versuchsreihe beizufügen. Es zeigt sich dann, dass diejenigen Versuche, welche Natrium-, Lithiumsalze u. s. w.

1) Nach der Untersuchung von Dr. O. Löw lassen sich in dem verwendeten destillirten Glycerin nach Verbrennung von 30 g mit Zusatz von Soda (cp) leise Spuren von Schwefel auffinden, während 5 g Asparagin keine Spur von Schwefelreaction gaben.

enthalten, keine grössere Pilzernte geben, als diejenigen, denen kein Alkalisalz zugesetzt wird.

Ferner ist zu bemerken, dass zu diesen Versuchen die Schimmelpilze und die Sprosspilze viel geeigneter sind als die Spaltpilze, weil ihre Ernten viel mehr ins Gewicht fallen. Die Trockensubstanz einer Spaltpilzcultur ist an und für sich sehr gering, und überdem wird ein grosser Theil der Assimilationsproducte bald wieder ausgeschieden und zugleich mit einem Theil der Nährverbindungen durch die grosse Oxydationstüchtigkeit der lebenden Zellen verbrannt. Es geschieht daher leicht, besonders wenn der richtige Zeitpunkt überwartet wird, dass im Endresultat der verschiedenen Versuche kein bemerkbarer Unterschied gefunden wird (Versuch 67). Bei den Spaltpilzen eignet sich desswegen zur Bildung eines Urtheils die Beobachtung anderer Erscheinungen besser als der Gebrauch der Wage. Man sieht nämlich deutlich, dass Nährlösungen, welche Kalium-, Rubidium- oder Cäsiumsalze enthalten, sich rascher und viel stärker trüben, und dass sie rascher und intensiver grünlich gefärbt werden (vgl. die oben gemachte Bemerkung über diese Färbung) als Nährlösungen, denen die genannten Salze mangeln.

Was die Elemente Magnesium und Calcium betrifft, welche man gewöhnlich als unentbehrlich für die Nährlösungen betrachtet, so können dieselben einander ersetzen. Ebenso können sie durch Baryum oder Strontium ersetzt werden, nicht aber durch Kalium, noch durch ein anderes der eigentlichen Alkalien. Die einzige Versuchsreihe, die über die Vertretung der 4 genannten Elemente durch einander angestellt wurde (Versuch 71), gibt aber nur im Allgemeinen Gewissheit darüber. Es bleibt ungewiss, ob dieselben gleichwerthig seien oder ob die Pilze durch die einen, sei es durch einzelne oder durch Combinationen von zweien, besser ernährt werden als durch die anderen. Man darf nämlich auf das Erntegewicht bei Schimmelculturen keinen grossen Werth legen, wenn irgend ein die Vegetation störender Umstand eintritt. Dies war bei der fraglichen Versuchsreihe der Fall, da die für die Schimmelpilze ungünstige Essigsäure zum Ansäuern der Nährlösung benutzt werden musste. Es ergab sich als sicheres Resultat bloss, dass jedes der 4 genannten Elemente das Wachsthum der Pilze ermöglicht, und dass ohne eines derselben das Wachsthum unmöglich wird, wie dies schon während des Versuchs aus der äusserst kümmerlichen Vegetation in dem einen Glase (d) ganz deutlich hervorging. Um über die Vergleichung bezüglich der Wirksamkeit zwischen Kalk, Magnesia, Baryt und Strontian sicheren Aufschluss zu erhalten, müssten entweder die Versuche mit freier Essigsäure so wiederholt werden, dass von jeder Nummer ein halbes Dutzend Gläser angesetzt und so die Unregelmässigkeiten im Wachsthum möglichst eliminirt würden, oder es müsste ein anderes von alkalischen Erden vollkommen freies spaltpilzwidriges Mittel angewendet werden.

Die Beobachtung, dass unter den basischen Elementen eine gegenseitige Vertretung bald möglich, bald unmöglich ist, führt zu der Frage, ob die Rolle, welche sie beim Chemismus übernehmen, dafür irgend eine Erklärung geben könne. Es sind in physiologischer Beziehung zwei Gruppen von solchen Elementen zu unterscheiden, die nämlichen, welche die Chemie schon längst unterschieden hat, die Alkalien und die alkalischen Erden. Eine Vertretung findet nur innerhalb jeder Gruppe statt; aus jeder Gruppe muss wenigstens ein brauchbares Element in der Nährlösung enthalten sein. Dies beweist uns, dass die Stoffe der beiden Gruppen ungleiche Functionen in der lebenden Zelle vollbringen.

Die Salze der alkalischen Erden werden wohl nur als Einlagerungen in die organisirten Substanzen, Plasma und Zellmembran, verwendet, die ich mir als ein Festhaften der Salzmoleküle an der Oberfläche der Albuminat- und Cellulosemicelle denke. Möglicherweise können beide Functionen durch jeden der 4 Stoffe, Magnesia, Kalk, Baryt und Strontian, erfüllt werden. Die in die Albuminate eingelagerten Salze sind Phosphate, und nach Analogie möchte man erwarten, dass in den Sporen vorzüglich Magnesiumphosphat enthalten sei. Aus der bereits angeführten und später beschriebenen Versuchsreihe (Nr. 71) darf man aber wohl schliessen, dass die Sporen ebensowohl das Kalksalz als das Magnesiasalz aufnehmen können, da die bloss Kalk enthaltende Nährlösung (c) eine ebenso grosse Ernte und ebenso reichliche Sporenmasse ergab wie diejenige mit Kalk und Magnesia (a).

Ob und inwiefern die Membran von der Regel, Kalksalze einzulagern, bei den Pilzen eine Ausnahme zu Gunsten der übrigen alkalischen Erden machen könne, darüber ergibt sich aus der nämlichen Versuchsreihe keine Gewissheit. Man könnte sogar, wenn man die Ernteergebnisse als massgebend betrachten dürfte, jene Frage verneinen. Da nämlich alle Nährflüssigkeiten, in denen der Kalk mangelte, nicht die Hälfte des Trockengewichts von den beiden kalkhaltigen (a und c) erzeugten, so liesse sich leicht der Grund davon in der mangelhaften Ernährung der Membran beim Fehlen des Kalkes vermuthen, da die mangelhafte Ernährung des Plasmas nicht Schuld daran sein kann.

Während die Salze der alkalischen Erden als Einlagerungen, also eigentlich im festen Zustande, in den Zellen enthalten sind, kommen die Salze der Alkalien wohl nur als Lösung in der freien und in der die organisirten Substanzen durchdringenden Zellflüssigkeit vor. Ihre Function dürfte eine doppelte sein. Einmal wirken sie durch ihre blosse Anwesenheit (durch katalytische Kraft oder Contactwirkung), indem ihre molecularen und intramolecularen Bewegungen und die von ihnen ausgehenden Kräfte auf die verschiedenen Lebensprocesse einen begünstigenden oder hemmenden Einfluss ausüben. Ferner mag ein Theil des Alkalis als Stoffträger bei den Umsetzungen dienen, indem sich Säureradikale vorübergehend damit verbinden.

Ueber diese Fragen gibt uns die chemische Untersuchung nur wenig Aufschluss. Wenn wir die Aschenanalysen der Bierhefe auch für die übrigen niederen Pilze als gültig betrachten dürfen, so enthalten dieselben nur phosphorsaure und pflanzensaure Salze, denn die Asche weist bloss Phosphorsäure, Kali, Magnesia und Kalk in wägbarer Menge auf[1]). Und zwar müssen es saure Phosphate sein, wie sich aus den relativen Mengen ergibt, womit auch die Thatsache übereinstimmt, dass die Bierhefe immer eine saure Reaction zeigt.

1) Die zwei wohl als die zuverlässigsten zu betrachtenden Analysen von Mitscherlich ergaben:

	Phosphorsäure	Kali	Magnesia	Kalk	
Oberhefe . . .	53,9	39,8	6,0	1,0	= 100,7
Unterhefe . .	59,4	28,3	8,1	4,3	= 100,1

Ein Theil der Phosphate muss jedenfalls als Salze mit der geringsten Menge von Basis (RH_2PO_4), ein anderer Theil als Salze mit 2 Aequ. Basis (R_2HPO_4) vorhanden sein. Es kann ferner nicht alle Phosphorsäure an Alkalien, ein Theil derselben muss an die alkalischen Erden gebunden sein; denn wenn auch alles Kali als Monokaliumphosphat in Anspruch genommen wird, so bleibt für einzelne Analysen doch noch eine ziemliche Menge von verfügbarer Phosphorsäure.

Mit Berücksichtigung der Aschenanalysen ergibt sich als die wahrscheinlichste Annahme, dass das Kali als Monokaliumphosphat (KH_2PO_4) und Dikaliumphosphat (K_2HPO_4) in der Zellflüssigkeit gelöst, ferner dass ein Theil der alkalischen Erden als Phosphate im Plasma und ein anderer Theil in Verbindung mit organischen Säuren (z. B. Oxalsäure) in der Zellmembran eingelagert sei[1]).

Wir können uns nun noch die Frage stellen, warum die chemisch einander nahe verwandten Elemente der Alkalien und alkalischen Erden sich physiologisch so ungleich verhalten, warum nur die alkalischen Erden zur Einlagerung dienen, warum nur die einen Alkalien in der Lösung wirksam sind. Der erstere Punkt erledigt sich vielleicht durch die Thatsache, dass die Salze der Alkalien durchweg leicht löslich sind, während diejenigen der alkalischen Erden, die hier in Betracht kommen, schwerer löslich oder unlöslich und daher der Anziehung der organisirten Substanzen eher zugänglich sind.

Was den andern Punkt betrifft, warum Kalium, Rubidium und Cäsium, nicht aber Natrium und Lithium als Nährstoffe benutzt werden können, so liesse sich einmal an die, wenn auch unwahrscheinliche Möglichkeit denken, dass die Salze der ersteren Elemente leichter durch Membranen und andere organisirte Stoffe hindurchgehen. Diosmotische Versuche mit phosphorsaurem Kali (K_2HPO_4) und phosphorsaurem Natron (Na_2HPO_4) ergaben aber, dass unter übrigens gleichen Umständen beide Salze in ganz gleichen Mengen durch eine Membran sowohl gegen Wasser als gegen einander hindurch gehen (Versuch 73).

---

1) Diese Einlagerung von Oxalaten ist natürlich nicht zu verwechseln mit dem krystallinischen Vorkommen des oxalsauren Kalkes in und zwischen den Membranen, wie es bei andern Pflanzen bekannt ist.

Der Grund, warum Kalium, Rubidium und Cäsium für die bestimmte Ernährungsfunction bevorzugt sind, muss also in andern Eigenschaften gesucht werden. Ich finde nun zwischen den genannten und den übrigen Alkalien keinen andern Unterschied, der eine physiologische Erklärung für ihr ungleiches Verhalten zu geben vermag, als ihre verschiedene Verwandtschaft zu Wasser. Es scheint mir dieselbe aber vollkommen ausreichend zu sein und um so annehmbarer, als sie nicht bloss jene nährenden Alkalien, gegenüber den nicht nährenden Alkalien, sondern auch gegenüber den alkalischen Erden, als bevorzugt darthut und somit erklärt, warum auch die letzteren, soweit ihre Salze löslich sind, jene nicht ersetzen können.

Die Salze von Kalium, Rubidium und Cäsium haben eine viel geringere Verwandtschaft zu Wasser, als die Salze von Natrium, Lithium, Calcium, Magnesium, Baryum und Strontium. Wir erkennen dies schon daraus, dass jene ohne und diese mit Krystallwasser fest werden, und ferner besonders aus der hiermit übereinstimmenden Thatsache, dass jene für 1 Molekül wasserfreies Salz bei der Lösung viel mehr Wärme absorbiren als diese. So beträgt beispielsweise die Lösungswärme für 1 Molekül neutrales schwefelsaures Kali (K_2SO_4) — 6040 Cal. und für 1 Molekül schwefelsaures Natron (Na_2SO_4) + 760 Cal. Das Natronsalz, ebenso wie es mit Wasser krystallisirt, bindet auch in der Lösung eine gewisse Menge Wasser viel fester als das Kalisalz; in Folge der dadurch bewirkten Verdichtung wird Wärme frei und das sich lösende Natronsalz verursacht daher eine beträchtlich geringere Temperaturerniedrigung als das Kalisalz, bzw. selbst eine Temperaturerhöhung wie in dem eben angeführten Fall.

Der Umstand, dass die Salze von Natrium, Lithium und die der alkalischen Erden im gelösten Zustande eine Hülle von festgebundenen Wassermolekülen haben (Hydropleonbildung), macht es nun begreiflich, dass dieselben die nährenden Alkalisalze nicht ersetzen können. Sie sind namentlich für die Contactwirkung ungeeignet, indem die Wasserhülle des Salzmoleküls sowohl die unmittelbare Annäherung an ein anderes Molekül als auch die Uebertragung der Schwingungen und die Wirksamkeit der anziehenden und abstossenden Kräfte auf dasselbe verhindern oder wenigstens sehr erschweren muss. Auch als vorübergehender Träger von Säureradicalen eignet sich das umhüllte Salzmolekül offenbar weniger gut als das freie Salzmolekül, welches in unmittelbare Berührung treten und seine Verwandtschaft kräftiger geltend machen kann. Desswegen werden Kalisalze von der Ackerkrume und von organisirten Substanzen viel energischer festgehalten als die Natronsalze; die letzteren sind durch ihre Wasserhüllen verhindert, anderweitigen Anziehungen in sehr wirksamer Weise zu folgen.

Zum Schluss scheint es nicht überflüssig, eine kurze Betrachtung über die absoluten und relativen Mengen der einer Nährlösung zuzusetzenden mineralischen Nährstoffe anzustellen, da in dieser Beziehung nicht immer rationell verfahren wird. Zur Beurtheilung stehen nur die Aschenanalysen der Bierhefe zu Gebote. Wir dürfen in derselben als mittleren Werth 7% Asche annehmen und 0,7% Schwefel, der nicht in der Asche erscheint. Die Nährsalze müssten, um diesem Verhältniss zu entsprechen, so bemessen werden, dass eine Lösung von kohlenstoff- und stickstoffhaltigen Verbindungen, die muthmasslicherweise 1g Pilzsubstanz (trocken gewogen) gibt, 0,0077g der nothwendigen Mineralstoffe enthält. Da indess die Pilzzellen aus einer sehr verdünnten Lösung die Verbindungen weniger leicht aufnehmen können, so sind besonders in Nährflüssigkeiten, die geringe Mengen von organischen Stoffen enthalten und daher nur eine geringe Ernte versprechen, die aschegebenden Theile in höheren Verhältnissen zuzusetzen.

Die Pasteur'sche Nährflüssigkeit besteht aus 100ccm Wasser, 10g Rohrzucker, 0,1g weinsaurem Ammoniak und Asche von 1g Hefe (also ca. 0,07g). Da aus 0,1g weinsaurem Ammoniak, wenn der ganze Stickstoffgehalt zur Ernährung verwendet wird, sich nicht mehr als 0,095g Albumin oder 0,13 bis 0,17g Sprosshefe sowie überhaupt junger Pilzmasse bilden können, welche 0,009 bis 0,012g Asche geben, so enthält jene Nährflüssigkeit das 6- bis 7,7fache der Aschenmenge, welche im günstigsten Falle von den Pilzen aufgenommen werden kann. Das wirkliche Erntegewicht bei dem Versuche Pasteur's betrug 0,043g; in demselben konnte also nur der 23. Theil der zugesetzten Asche Verwendung gefunden haben. — Da ferner die Hefenasche schwefelfrei ist, so können die Pilze nur gedeihen, insofern sie den nöthigen Schwefel in den Verunreinigungen des Zuckers finden. Es ist daher jedenfalls empfehlenswerth, der obigen Nährlösung ein Sulfat zuzusetzen. Auch wäre es zweckmässig, den Ammoniakgehalt zu vermehren und, insofern nicht Gärung eintreten soll, den Zuckergehalt zu beschränken.

Als Normalnährflüssigkeit aus Zucker, Ammoniak und Asche, die sich für die meisten ohne Gärung verlaufenden Culturversuche eignet, kann folgende bezeichnet werden:

Wasser 100 ccm, Zucker 3 g, Ammoniaktartrat 1 g, mit Phosphorsäure neutralisirte Asche von Erbsen, Weizenkörnern oder Cigarren 0,4 g, oder Hefenasche in etwas geringerer Menge[1]).

Da in dieser Nährlösung sich im günstigen Falle 0,5 g und mehr Pilzmasse bilden können, so ist die Aschenmenge nicht zu hoch angesetzt, in Anbetracht dass dieselbe sich oft langsam löst, und dass sie nicht die nämliche Zusammensetzung wie die Asche der entstehenden Pilze besitzt. Aus diesen Gründen ist es aber zweckmässiger, statt wirklicher Asche, die Mineralsalze für die Bereitung der Nährflüssigkeit zu verwenden. 1 g Hefe enthält 0,07 g (schwefelfreie) Asche und darin 0,042 g Phosphorsäure (P_2O_5), 0,028 g Kali, 0,005 g Magnesia und 0,0028 g Kalk. Darnach muss die Menge und Beschaffenheit der zuzusetzenden Salze bemessen werden. Von Adolf Mayer wurde schon im Jahr 1869 als Normalmischung empfohlen: 0,1 g saures phosphorsaures Kali (KH_2PO_4), 0,01 g dreibasisch phosphorsaurer Kalk ($Ca_3P_2O_8$) und 0,1 g schwefelsaure Magnesia ($MgSO_4$). Er bezeichnet als bestnährende Lösung für Sprosshefe:

1) Bezüglich der Wahl dieser Aschen ist zwar die Cigarrenasche am leichtesten zu beschaffen, ernährt aber, wie es scheint, am wenigsten gut. Bei einem zur Vergleichung angestellten Versuch (1876) bestand die Nährflüssigkeit aus 100 ccm Wasser, 10 g Zucker, 0,1 g neutralem weinsaurem Ammoniak. Drei Proben erhielten a) 0,04 g Hefenasche und 0,033 g K_2SO_4, — b) 0,06 g mit Phosphorsäure neutralisirte Cigarrenasche, — c) 0,04 g mit Phosphorsäure neutralisirte Erbsenasche. Die Spaltpilzvegetation war in a und c äusserst reichlich und fast gleich, in b ebenfalls reichlich aber doch merklich geringer.

Wasser 100 ccm, Zucker 15 g, salpetersaures Ammoniak 1 g, KH_2PO_4 0,5 g, $Ca_3P_2O_8$ 0,05 g, $MgSO_4$ 0,25 g (oder krystallisirte schwefelsaure Magnesia $7H_2O$ enthaltend 0,5 g).

In dieser Nährflüssigkeit könnten sich im günstigsten Fall, wenn nämlich alles Ammoniak für Albuminbildung verwendet würde (wozu bei Sprosshefe die Salpetersäure untauglich ist), 3 bis 4 g Sprosshefe bilden, welche den 2,3. bis 1,7. Theil der vorhandenen Mineralstoffe in Anspruch nehmen. Da sich in Wirklichkeit kaum 1 g Hefe bildet, so verbraucht dieselbe nicht mehr als 1/7 der dargebotenen Salze, die übrigens in richtigem Verhältniss gemengt sind. Nur wird sich der phosphorsaure Kalk sehr langsam lösen; er wurde später als überflüssig weggelassen.

Cohn bediente sich für Spaltpilzculturen der von A. Mayer angegebenen Mischung, aus welcher er jedoch den Zucker wegliess, da sich, wie er behauptet, diese Aenderung günstig erweisen soll[1]). Dadurch gestaltet sich seine „normale Bacteriennährflüssigkeit" (1872) folgendermassen:

Wasser 100 ccm, weinsaures Ammoniak 1 g, KH_2PO_4 0,5 g, $Ca_3P_2O_8$ 0,05 g, $MgSO_4$ 0,25 g.

In dieser Nährlösung ist durch Weglassung des Zuckers das Verhältniss zwischen der Kohlenstoffquelle und den Mineralstoffen in bedenklicher Weise verrückt. 1 g weinsaures Ammoniak gibt, wenn keine anderen nährenden Kohlenstoffverbindungen zugegen sind, wie die Versuche erweisen, kaum mehr als 0,1 g organische Substanz, weil weitaus der grösste Theil der Weinsäure verbrannt wird; ohne diesen Verbrennungsprocess können die Pilze, bei Ausschluss von Zucker oder einer anderen leicht vergärenden Verbindung, die Weinsäure gar nicht assimiliren. 0,1 g Pilzmasse ent-

1) Die beobachtete günstige Wirkung des Zuckermangels mag in einzelnen Fällen dadurch bedingt sein, dass bei Anwesenheit von Sprosspilzen reichlichere Mengen von Zucker diese gegenüber den Spaltpilzen begünstigen, oder dass für solche Spaltpilze, die sich dem Fluss- oder Sumpfwasser angepasst haben, die 15 g Zucker auf 100 Wasser der Mayer'schen Nährflüssigkeit eine zu concentrirte Lösung darstellen. Im Allgemeinen aber befördert der Zusatz von Zucker ganz auffallend das Wachsthum der Spaltpilze, und es ist im ersten der angeführten beiden Fälle bloss für Reincultur der Spaltpilze zu sorgen und im zweiten der Zuckergehalt auf 2 bis 4 % zu beschränken.

hält etwa 0,007 g Asche, und es kann die Pilzvegetation nicht mehr als etwa 1/70 der in der Nährlösung befindlichen Mineralsalze assimiliren. — Ferner ist zu berücksichtigen, dass jedes Salz, das in einiger Menge gelöst ist, nachtheilig auf die Ernährung der Pilze und bei Spaltpilzculturen in erhöhtem Grade nachtheilig wirkt, wenn es ein saures Salz und wenn die Nahrung schwer assimilirbar ist. Deswegen halte ich 0,5% des sauren Phosphats mit 1% Ammoniaktartrat für eine wenig geeignete Combination.

Damit soll jedoch nicht gesagt sein, dass die angegebene Nährlösung ganz unbrauchbar sei; für viele gröbere Versuche, bei denen es sich nur darum handelt, gewöhnlichere und zähere Formen von Spaltpilzen in irgend einer albuminat- und zuckerfreien Nährlösung zu cultiviren, mag sie genügen. Sie könnte aber bei vergleichenden Versuchen, bei Bestimmung der Grenzen, wo die Ernährungsfähigkeit aufhört, bei Züchtungen empfindlicherer Spaltpilzformen, z. B. von Krankheitspilzen, und bei Züchtungen stärkerer Formen unter ungünstigen anderen Bedingungen, z. B. auch bei höherer Temperatur, den Beobachter durch eine minimale oder ganz ausbleibende Vermehrung der Pilze leicht irre führen.

Nicht besser ist die Nährflüssigkeit, welche bei dem Aufsehen erregenden Schüttelversuche Horvath's diente, und deren Zusammensetzung in Paris als Geheimniss behandelt wurde, über dessen Entwendung Klage zulässig sei. Sie besteht aus:

Wasser 100 ccm, weinsaures Ammoniak 1 g, KH_2PO_4 0,5 g, Magnesiumsulfat (wahrscheinlich ist das krystallisirte Salz $MgSO_4 + 7H_2O$ gemeint) 0,5 g, $CaCl_2$ 0,05 g[1]).

Für Cultur von Sprosshefe ist die Mayer'sche Normallösung ganz geeignet, weil die Sprosspilze in einer schwach sauren Flüssigkeit vortrefflich gedeihen und selber saure Salze in ihre Substanz aufnehmen. Für Spaltpilze dagegen, welche im Allgemeinen in alkalisch reagirenden Flüssigkeiten am lebhaftesten sich entwickeln und deren Wachsthum, besonders wenn Albuminate und Zucker mangeln, in manchen Fällen schon durch schwach saure Reaction gehemmt wird, muss eine Normallösung neutral sein. Ich habe

1) Ich habe schon früher (Theorie der Gärung) die Mischung als unzweckmässig bezeichnet

daher, als ich die Verwendung von Asche aufgab (1876), mich folgender Mischung von Mineralsalzen bedient:

A. Dikaliumphosphat (K_2HPO_4) 0,1035 g, Magnesiumsulfat ($MgSO_4$) 0,016 g, Kaliumsulfat (K_2SO_4) 0,013 g, Chlorcalcium ($CaCl_2$) 0,0055 g (auf 100 ccm Wasser und 1 g weinsaures Ammoniak).

Diese Salze enthalten die Elemente Phosphor, Schwefel, Magnesium und Calcium in dem richtigen Verhältniss. Dagegen ist Kali in beträchtlichem Ueberschuss vorhanden, nämlich 0,063 statt 0,028 g. Dieser Ueberschuss bringt aber keinen Nachtheil, weil die geringen Mengen von freiwerdendem Kali als Carbonat in der Lösung enthalten sind und die alkalische Reaction etwas verstärken, in einzelnen Fällen auch organische Säuren neutralisiren.

Später wurde das Kalium im Sulfat durch Ammonium (NH_4) ersetzt, so dass die Mischung sich nun folgendermassen gestaltete:

B. K_2HPO_4 0,1 g, $MgSO_4$ 0,016 g, $(NH_4)_2SO_4$ 0,017 g, $CaCl_2$ 0,0055 g

und noch später wurde dieser Posten ganz weggelassen und die Mischung vereinfacht auf

C. K_2HPO_4 0,1 g, $MgSO_4$ 0,02 g, $CaCl_2$ 0,01 g.

In der Wirkung der Mischungen A, B, C war übrigens kein Unterschied bemerkbar. Dieselben dürften in allen Fällen, wo die Mineralstoffe nicht schon mit der organischen Substanz in die Nährflüssigkeit kommen, wie dies z. B. beim Fleischextract der Fall ist, sich als brauchbar erweisen. Ist dagegen saure Reaction zulässig oder wünschbar, so kann das saure Phosphat angewendet werden:

D. KH_2PO_4 0,1 g, $MgSO_4$ 0,02 g, $CaCl_2$ 0,01 g.

Was die absolute Menge der Mineralstoffe in den Nährlösungen betrifft, so hängt dieselbe natürlich von der Menge der Verbindungen ab, welche organische Substanz bilden; sie kann zu niedrig, aber auch, wie ich bereits bemerkt habe, zu hoch gegriffen werden. Im Allgemeinen gilt die Regel, dass die Pilzzellen gelöste Stoffe sich um so leichter aneignen, in je grösserer Menge dieselben vorhanden sind; dass aber alle Nährsalze von einem gewissen Concentrationsgrad an einen merkbaren schädlichen Einfluss auf das Leben ausüben. Das Optimum ihrer Concentration liegt also wenig unter diesem Grad, und ist je nach der Beschaffenheit der Kohlenstoff- und Stickstoffverbindungen sehr ungleich, indem Lösungen mit Albuminaten (Peptonen) oder Zucker grössere Mengen von Nährsalzen ertragen als solche, die bloss ein Ammoniaksalz oder Asparagin enthalten.

Besonders kann bei Anwesenheit von Zucker das Kaliumphosphat in erheblichen Mengen mit günstigem Erfolge angewendet werden, wie sich dies beispielsweise aus folgendem Versuche (1875/76) ergibt.

65 a. Auf 100 ccm Wasser 10 g Zucker, 0,5 g neutrales weinsaures Ammoniak, 0,7 g Citronensäure, etwas mit Phosphorsäure gesättigte Erbsenasche.

b. Ebenso mit 0,1 g Dikaliumphosphat.

c. Ebenso mit 0,5 g K_2HPO_4.

d. Ebenso mit 5 g K_2HPO_4.

Die 4 Nährlösungen wurden mit einer geringen Menge Bierhefe, die beinahe spaltpilzfrei war, besäet. Die Vegetation verlief in d am lebhaftesten, in a am trägsten. Der Zucker verschwand zuerst in d, zuletzt in a (nach 16 Tagen). Die Sprosshefenzellen waren in a am kleinsten, in b deutlich grösser, in c und d sehr gross. Aber das phosphorsaure Kali hatte auf die Entwickelung der Spaltpilze einen noch viel günstigeren Einfluss als auf die Sprosspilze. a enthielt am Schluss zahlreiche Sprosspilze und wenig Spaltpilze; b etwas weniger Sprosspilze als a und ziemlich viel Spaltpilze; c viel weniger Sprosspilze als b, aber sehr viel Spaltpilze; d nur wenig Sprosspilze und äusserst zahlreiche Spaltpilze. In Uebereinstimmung mit diesem mikroskopischen Befunde war in a keine, in d sehr viel Milchsäure gebildet worden. Die Gewichtsbestimmung der Trockensubstanz der Ernte hatte wegen der ungleichen Vegetation keinen Werth.

Die günstige Wirkung einer grösseren Menge von phosphorsaurem Kali auf die Sprosshefe ergibt sich auch aus dem unten angeführten Versuche (Nr. 70), wo 2 % K_2HPO_4 ein grösseres Erntegewicht ergaben als 1 %, nämlich die 12 fache Vermehrung der Aussaat gegenüber der 10 fachen Vermehrung.

Von schlecht nährenden Kohlenstoff- und Stickstoffverbindungen darf in vielen Fällen nur eine verdünnte Lösung angewendet werden, von Ammoniaksalzen (mit einer organischen Säure), wenn dieselben allein vorhanden sind, im Allgemeinen nicht mehr als 1%. Da sich in einem solchen Falle bloss etwa 1/10 des Gewichts in Pilzsubstanz umwandelt, so bedarf es dazu nur äusserst geringer Mengen von Mineralstoffen. Da aber dieselben in so weit gehenden Verdünnungen dem Wasser nur schwer von den Pilzzellen entzogen werden, so müssen sie in beträchtlich grösseren Mengen den Nährflüssigkeiten zugesetzt werden. In den obigen Mischungen A und B ist durchgehends (mit Ausschluss von Kali) der 10 fache Betrag von dem, was die Pilzvegetation muthmasslich aufnehmen kann, angesetzt, in C für die Salze $MgSO_4$ und $CaCl_2$ wegen der geringeren absoluten Mengen ein noch höherer Betrag. Letztere Combination dürfte wohl für die Mehrzahl der Fälle als Optimum zu bezeichnen sein. Die Normalnährflüssigkeit für Spaltpilze bei Anwendung eines Ammoniaksalzes ist demnach übereinstimmend mit C:

I. Wasser 100^{ccm}, weinsaures Ammoniak 1^g, K_2HPO_4 $0{,}1^g$, $MgSO_4$ $0{,}02^g$, $CaCl_2$ $0{,}01^g$.

Hierin kann das weinsaure Ammoniak durch gleiche Mengen von essigsaurem Ammoniak, milchsaurem Ammoniak, citronensaurem Ammoniak, bernsteinsaurem Ammoniak u. s. w. oder von Asparagin, Leucin u. s. w. ersetzt werden.

Bei Anwendung von besseren kohlenstoff- und stickstoffhaltigen Nährsubstanzen ist es zweckmässig, die Mineralstoffe zu vermehren. Als Normalnährflüssigkeiten für Spaltpilze können noch folgende zwei gelten:

II. Wasser 100^{ccm}, Eiweisspepton (oder lösliches Eiweiss) 1^g, K_2HPO_4 $0{,}2^g$, $MgSO_4$ $0{,}04^g$, $CaCl_2$ $0{,}02^g$.

III. Wasser 100^{ccm}, Rohrzucker 3^g, weinsaures Ammoniak 1^g, Mineralstoffe wie in II.

Statt 1^g weinsaures Ammoniak kann in III die gleiche Menge eines andern organischen Ammoniaksalzes oder $0{,}5^g$ salpetersaures Ammoniak oder $0{,}7^g$ Asparagin oder $0{,}4^g$ Harnstoff verwendet werden.

In den drei letzten Nährlösungen können die mineralischen Nährsalze durch Asche ersetzt werden, und zwar am besten durch eine kalireiche Asche. Dieselbe muss mit Phosphorsäure gesättigt werden. Auf 100 ccm Lösung bedarf es für I 0,2 g, für II und III 0,4 g Asche.

Es gibt Spaltpilze, für welche die unter II und III angegebenen Nährlösungen mit Vortheil in ihrer Concentration erhöht werden; andere dagegen (besonders Krankheitspilze), die in einer verdünnteren Lösung besser gedeihen und für welche daher die in 100 Wasser enthaltenen Gewichtsmengen zweckmässig auf 2/3 oder 1/2 herabgesetzt werden. Die Nährflüssigkeiten II und III sind äquivalent der Normallösung von 1% Liebig'schem Fleischextract, welche für die Cultur der nämlichen Pilze weniger günstig sich erweist als eine 0,5 proc. Lösung. 1 g Fleischextract enthält im Mittel 0,2 g Aschenbestandtheile und 0,6 g lösliche organische Verbindungen.

Dagegen zeigt sich die nachtheilige Wirkung einer zu geringen Menge von Mineralstoffen bei guter Kohlenstoffnahrung deutlich aus den oben unter Nr. 52 angeführten Versuchen, wo die Sprosshefe in einer Nährlösung, die in 100 ccm Wasser 10 g Zucker, 0,5 g weinsaures Ammoniak, 0,035 K_2HPO_4, 0,006 $MgSO_4$, 0,0061 $(NH_4)_2SO_4$ und 0,0015 $CaCl_2$ enthielt, nur mit Durchleitung von Luft sich vermehrte, ohne Durchleitung von Luft dagegen sehr geringe Zunahme oder selbst Abnahme ihrer Albuminate erfuhr.

Die folgenden Versuche wurden von Dr. O. Löw ausgeführt und beschrieben.

66. Ernährung mit Rubidiumsalzen bei Schimmelpilzen. Bei dieser Versuchsreihe (Mai 1878) wurde eine Nährlösung von folgender Zusammensetzung verwendet:

Wasser	500 g
Diammontartrat .	4
Zucker .	4
Weinsäure . . .	4
Diammonphosphat .	3,2
Magnesiumsulfat	0,08
Ammonsulfat	0,08
Calciumchlorid . .	0,04

Während diese Lösung beim Kolben a keinen Zusatz von Salzen fixer Alkalien erhielt, wurde sie beim Kolben b mit 1,2 g

Mononatriumtartrat, bei c mit der äquivalenten Menge des Kalium-, bei d des Rubidiumsalzes versehen (also mit 1,36g des ersteren und 1,68g des letzteren). Die ausgesäten Schimmelsporen entwickelten sich auf allen vier Lösungen, doch ungleich rascher bei c und d als bei a und b, welch letztere auch weit weniger fructificirten.

Die Ernte betrug nach 7 Wochen bei:

		Stickstoffgehalt
a . . .	0,520g . . .	4,24 %
b . . .	0,575 . . .	4,03
c . . .	1,359 . . .	5,42
d . . .	1,237 . . .	5,48

Während bei a und b der getrocknete Schimmel sehr zähe und kaum in der Porzellanschale zu zerreiben war, vielleicht in Folge des grösseren Cellulosegehaltes, war er bei c und d äusserst leicht zum feinsten Pulver zerreiblich. Der Stickstoffgehalt bei c und d war, wie die Analyse ergab, nahezu gleich und nicht unbeträchtlich höher als bei a und b. Einen misslichen Umstand bei diesem Versuche bildete die Schwierigkeit, Zucker gänzlich frei von jeder Spur Kali zu erhalten. Die niederen Pilze können aber erstaunlich geringe Mengen von Mineralstoffen haushälterisch verwerthen und darauf beruht es auch sicherlich, dass bei a und b sich überhaupt Schimmelvegetation entwickeln konnte. In der That liessen sich in der Asche dieser Ernten minimale Mengen Kali deutlich nachweisen, ein Umstand, welcher die Nothwendigkeit von Controlversuchen klar darlegt.

67. Ernährung mit Rubidiumsalzen bei Spaltpilzen. Dieser Versuch wurde gleichzeitig mit dem vorhergehenden angestellt und auch dieselben Nährlösungen verwendet, mit dem Unterschiede jedoch, dass mit Ammoniak neutralisirt wurde. Die Menge der Nährflüssigkeit betrug je 125ccm. Die Spaltpilze entwickelten sich, der eintretenden Trübung nach zu urtheilen, am schnellsten in der Rubidiumnährlösung; denn nach 5 Tagen war diese bereits ziemlich trübe, während bei der Kaliumnährlösung erst schwacher Anfang hierzu gemacht war. Nach weiteren fünf Tagen war bei der Rubidiumlösung eine starke grünliche Fluorescenz aufgetreten,

die sich in etwas schwächerem Grade auch bei der Kalium-, gar nicht aber bei der Natrium- und Ammoniumnährlösung zeigte. Jene beiden Lösungen waren schon ganz trüb, während diejenige mit Natriumtartrat und diejenige ohne fixe Alkalien noch klar blieben. Später indess trübten sie sich ebenfalls und diejenige mit Natriumtartrat nahm auch eine schwach gelbgrünliche Färbung an. Schliesslich waren die Pilze in allen vier Lösungen reichlich entwickelt. Die in einer gewissen Zeit durch Oxydation verschwundene Menge organischer Substanz hätte hier ein Maass der Entwickelung und Lebensenergie geben können, indess als nach 7 Wochen diese Bestimmung vorgenommen werden sollte, zeigte es sich, dass dieser Zeitraum bereits ein zu langer und der Verbrennungsprocess in allen vier Flaschen dem Ende nahe war.

68. Ernährung mit Rubidiumsalzen bei Sprosspilzen (Mai 1878). Hierzu diente folgende Nährlösung:

a)	Wasser . .	700 g
	Zucker . .	60
	Ammonsulfat . .	1
	Diammonphosphat .	10
	Mono-Ammontartrat .	5
	Magnesiumsulfat . .	0,08
	Calciumchlorid . . .	0,03

Beim Kolben b wurde das Ammontartrat durch die äquivalente Menge des Natriumsalzes, bei c des Kalium- und bei d des Rubidiumsalzes ersetzt. Nach 12 Stunden wurden noch 40 g Zucker zugefügt. Die Gärung fand im Brütkasten bei constantem Luftstrom statt. Nach 26 Stunden wurde absetzen gelassen und der Versuch beendet. Es ergab sich bei einer Aussaat von 0,650 g frischer Bierhefe Ernte bei:

a	0,674 g
b	0,689
c .	0,862
d	1,001

Also auch hier konnte Rubidium die Function des Kaliums nicht nur übernehmen, sondern in höherem Grade ausüben. Der Stickstoffgehalt der Rubidiumhefe betrug 8,34%; auch wurde das Rubidium in der Asche dieser Hefe nachgewiesen.

69. Ernährung mit Rubidium- und Cäsiumsalzen bei Schimmelpilzen (Mai 1879).

Da bei den vorhergehenden Versuchen (66, 67 und 68) die Nährlösungen mit Ammon- und Natriumsalzen ziemlich reichliche Vegetation ergeben hatten, was möglicherweise auf Rechnung der Verunreinigung der übrigen Nährstoffe, namentlich des Zuckers kam, so wurden jetzt nur Substanzen verwendet, welche leicht kalifrei zu erhalten sind und ferner die Glaskolben durch cylindrische gut verzinnte Blechgefässe ersetzt. Das Resultat war denn in der That erheblich verschieden und die Ernten bei mangelndem Kalizusatz relativ weit unbedeutender.

Die Nährlösung besass folgende Zusammensetzung:

Wasser .	500 g
Glycerin . .	20
Ammonacetat .	5
Ammonsulfat . .	0,1
Diammonphosphat .	2,0
Magnesiumsulfat	0,08
Calciumchlorid . .	0,03
Essigsäure . .	4,0

Von den fünf mit dieser Nährlösung versehenen Gefässen erhielt:

a) keinen weiteren Zusatz,

b) 0,6 Mononatriumtartrat,

c) die äquivalente Menge des Kaliumsalzes (0,7 g),

d) „ „ „ „ Rubidiumsalzes (0,9 g),

e) „ „ „ „ Cäsiumsalzes (1,1 g).

Nach 2 Wochen war der Unterschied von a und b einerseits und c, d und e andererseits sehr auffällig geworden; letztere drei Gefässe schienen nahezu gleich grosse Schimmelrasen zu haben, die bereits kräftig entwickelt waren, während bei a und b sich nur kümmerliche Anfänge zeigten. Nach drei Wochen betrug die Ernte bei:

a . . .	0,292 g
b . . .	0,081
c .	1,396
d . . .	2,233
e . . .	2,280

Es ergibt sich hieraus aufs entschiedenste, dass Rubidium und Cäsium das Kalium bei den Schimmelpilzen vortheilhaft zu ersetzen vermögen. Natrium vermag dieses nicht, und sind den Ernten bei a und b sicherlich wieder Spuren von Kali in der Nährlösung zuzuschreiben.

69f. Auch Lithium vermag nicht das Kalium zu ersetzen, denn bei einem Versuche mit einer 3% Ammonacetat enthaltenden Nährlösung, in der Lithium- statt des Kaliumphosphats vorhanden war, entwickelte sich selbst nach 6 Wochen keine Spur von Schimmel.

70. Vermehrung des Kaliumphosphats bei der Kultur von Sprosshefe (April 1878). Da bei früheren Versuchsreihen mit Sprosshefe verhältnissmässig geringe Mengen des Dikaliumphosphats verwendet, später aber eine erhebliche Steigerung der Ernten bei der Vermehrung dieses Salzes beobachtet worden war, so schien es von Interesse, nähere quantitative Angaben über den Einfluss dieser Steigerung zu erhalten. Gleichzeitig damit wurde ein Versuch mit gesteigerter Ammoniakmenge gemacht.

Die Nährlösung a bestand aus:

Wasser	200 g
Zucker	20
Diammontartrat .	1
Dikaliumphosphat . .	2
Magnesiumsulfat . .	0,012
Ammoniumsulfat . .	0,013
Calciumchlorid . . .	0,003

Bei b war die Menge des Kaliumsalzes auf das Doppelte vermehrt, bei c aber gleichzeitig dieses und das Ammontartrat aufs Doppelte. Die Kolben wurden mit je 0,566 g Trockensubstanz entsprechender Hefemenge beschickt und im Brütkasten mit einem continuirlichen Luftstrom behandelt. Nach 12 Stunden war die Gärung beendet und zeigte die Hefe bereits beträchtliche Zunahme. Die Reaction war schwach sauer. Das Volum der Nährlösung wurde nun auf 1/2 Liter erhöht und nach wieder vollendeter Gärung auf 1 Liter. Da bereits Spaltpilze sich einzustellen begonnen hatten, wie das Mikroskop erwies, so wurden die Ernten jetzt bestimmt. Es ergab sich bei

a = 5,56 g = 9,82 faches der Aussaat[1])
b = 6,41 g = 11,32 „ „ „
c = 6,77 g = 11,92 „ „ „

Da die Dauer der Gärungszeit nur 64 Stunden betrug, so ist diese Zunahme gegen frühere Versuche mit geringeren Phosphatmengen eine sehr bedeutende zu nennen.

Ferner ergibt sich, dass die Erhöhung des Phosphats von 1% auf 2 bei diesem Versuch eine Vermehrung von 0,85 g im Gefolge hatte, die gleichzeitige Vermehrung des Phosphats und des Ammonsalzes eine solche um 2,21 g. Diese Mengen erscheinen gegenüber der Zunahme in allen drei Fällen nur unbedeutend.

Von der Hefe c wurde eine 1,51 g Trockensubstanz entsprechende Menge in je 1 Liter Nährlösung (c) vertheilt, und die erste Flasche bei 15—18°, die zweite bei 28—30° mit einem continuirlichen Luftstrom behandelt; erstere gab eine Verdoppelung der Aussaat in 42 Stunden, letztere bereits in 18. Unerwähnt kann jedoch nicht bleiben, dass auch bei diesen so günstigen Resultaten allmählich Spaltpilze auftraten und nach jeder Erneuerung der Nährlösung zunahmen.

71. Ernährung mit Kalk, Baryt, Strontian und Magnesia bei Schimmelpilzen (Juni 1879).

Die Ersetzbarkeit der Kaliumsalze durch Rubidiumsalze bei den niederen Pilzen liess vermuthen, dass hier auch ein Ersatz des Calciums durch Magnesium, Baryum oder Strontium möglich sei. Der Versuch hat dieses im Allgemeinen bestätigt, wenn auch die Erntemengen in den verschiedenen Fällen sehr von einander abwichen. Zu den Versuchen diente Schimmel — wie immer Penicillium — welcher auf je ½ Liter einer 3 proc. Nährlösung von essigsaurem Ammoniak ausgesät wurde, welch letzteres sehr leicht frei von allen fixen Mineralstoffen zu erhalten ist. Dikaliumphosphat war überall gleich viel vorhanden, nämlich 0,1%. Als

---

1) Die Hefe a war locker und klumpig, b und c aber schlammig wie normale Bierhefe. Unter dem Mikroskope zeigte c mit sehr grossen Zellen die beste Entwickelung.

Schwefelquelle diente unterschwefelsaures[1]) Ammon (0,04%), da die Schwefelsäure wegen des vergleichenden Versuchs mit Baryumsalzen vermieden werden musste. Um Spaltpilze auszuschliessen, war anfänglich mit 1% Essigsäure angesäuert worden; da aber diese Menge bei solch schlechten Nährstoffen auch für Schimmel antiseptisch wirkte, so wurde nach 2 Wochen die Säure zu dreiviertel mit titrirter Ammonflüssigkeit abgestumpft, worauf dann Schimmel sich entwickelte.

Die Normallösung erhielt 0,016% $MgCl_2$
und 0,006% $CaCl_2$,

womit dann Lösungen mit Abwesenheit dieser Nährsalze und Ersatz des Ca durch Ba und Sr bei An- und Abwesenheit von Magnesiumsalz verglichen wurden. Die folgende Tabelle erläutert diese Combinationen (a—h). Da wo nur Calcium und nur Baryum vorhanden war, stellte sich eine Rothfärbung der Flüssigkeit ein, auch hatten sich hier nächst der Normallösung die meisten Sporen gebildet, während bei den übrigen die Sporenbildung nur sehr gering war oder fehlte. Die Sporen hatten überall eine röthliche Färbung.

Die nach 7 Wochen gesammelte und getrocknete Ernte betrug bei

a)	Mg,	Ca	0,498g
b)	Mg,	—	0,153
c)	—	Ca	0,491
d)	—	—	0,026
e)	Mg,	Ba	0,201
f)	Mg,	Sr	0,190
g)	—	Ba	0,216
h)	—	Sr	0,103

Es ergibt sich hieraus, dass bei Abwesenheit von alkalischen Erden bei d sich nur eine Minimalmenge Schimmel entwickelte[2]), und dass jene 4 Elemente sich bei den Schimmelpilzen bis zu einem gewissen Grade vertreten können.

---

1) Aus Sulfiten und Hyposulfiten vermag der Schwefel ebenso gut als aus Sulfaten assimilirt zu werden, wahrscheinlich auch aus Sulfosäuren; dagegen nicht aus Sulfoharnstoff und Rhodanammonium.

2) Vielleicht in Folge der haushälterischen Verwerthung der in den ausgesäten Sporen enthaltenen Mineralstoffe.

72. Ausschluss von Chlor und Schwefel bei Schimmelpilzculturen. Als Nährmittel wurde Ammonacetat angewendet. Im einen und andern Falle entwickelte sich eine nicht unerhebliche Schimmelvegetation. Die Vermuthung jedoch, als sei bei dem Ausschluss von Schwefel auch ein schwefelfreier Proteïnkörper entstanden, bewahrheitete sich nicht; denn die Ernte gab mit schwacher Kalilösung erwärmt, nach dem Ansäuern, auf einem darüber gehängten mit Bleiessig getränkten Papierstreifen sofort eine deutliche Reaction auf Schwefelwasserstoff zu erkennen[1]). Entweder haben hier kaum nachweisbare Spuren von Sulfaten in den verwendeten Nährsubstanzen eine Rolle gespielt oder es fanden aus der Luft Spuren von Schwefelwasserstoff ihren Weg in die mit Baumwollpfropf verschlossenen Kolben, die dann zur Assimilation dienten.

73. Diosmose von Kalium- und Natriumphosphat. Bei den Fragen, die wir uns über die physiologische Rolle der Mineralstoffe vorlegten, schien es wünschenswerth, über die relative Schnelligkeit der Diosmose des Kalium- und Natriumphosphats in verdünnter Lösung einige Versuche anzustellen.

5^{g} Dikaliumphosphat, in 200^{ccm} Wasser gelöst, wurden in einem cylindrischen, oben offenen, unten mit Pergamentpapier verbundenen Gefäss 36 Stunden bei 18—20^{0} diosmiren gelassen. Das in die äussere Flüssigkeit übergegangene Phosphat betrug nach dem Abdampfen und Glühen 1,850^{g}, entsprechend 1,951^{g} K_2HPO_4. Das Diaphragma hatte 44,1^{qcm}, also waren per Stunde und Quadratcentimeter 0,00126^{g} diosmirt.

In ganz gleicher Weise wurde der Versuch mit der äquivalenten Menge Dinatriumphosphat angestellt und die Menge des per Stunde und Quadratcentimeter diosmirten Na_2HPO_4 zu 0,00133^{g} gefunden. Das moleculare Verhältniss des diosmirten Kalium- und Natriumsalzes ist daher 1 : 1,291. Im Anschluss hieran fragte es sich, wie sich die Diosmose dieser Salze gegen einander gestalten würde. Es wurde deshalb eine Lösung von 5^{g} Dikaliumphosphat in 200^{ccm} Wasser in den Dialysator (40^{qcm}) gegeben und gegen

1) Auf diese Weise lässt sich auch der Schwefelgehalt des Spaltpilzproteïns unzweifelhaft darthun. Schon sehr kurze Erwärmung der Pilze mit sehr verdünnter Kalilösung reicht hin, den Schwefel theilweise abzuspalten.

200 ccm Lösung der äquivalenten Menge Dinatriumphosphat diosmiren gelassen. Die übrigen Verhältnisse (Zeit und Temperatur) waren genau dieselben wie oben. Aus der äusseren Flüssigkeit wurde nachher erhalten: 2,679 Kaliumplatinchlorid. In der inneren Flüssigkeit wurde der Gesammtglührückstand bestimmt und davon die darin enthaltenen Phosphorsäure und Kali abgezogen. Aus der Differenz berechnete sich die Menge des Dinatriumphosphats zu 0,957 g. Es war also per Stunde und Quadratcentimeter 0,000666 g Dikaliumphosphat nach aussen und 0,000662 g Dinatriumphosphat nach innen diosmirt. Die Diosmose war also hier noch einmal so langsam wie oben, und als moleculares Verhältniss ergibt sich 1 : 1,217.

Ueber die Bewegungen kleinster Körperchen.[1])

Von

C. v. Nägeli.

In der Sitzung der math.-phys. Klasse der k. b. Akademie d. Wiss. vom 3. Mai wurde von Herrn Geh. Rath v. Pettenkofer eine Mittheilung über Experimente gemacht, welche Herr Dr. Soyka im Hygienischen Institut ausgeführt hatte, und durch welche bewiesen werden sollte, dass eine Luftströmung von der minimalen Geschwindigkeit von kaum mehr als 2 ^{cm} in der Secunde Fäulnisspilze von einer faulen Flüssigkeit wegführe, — und daraus die Unrichtigkeit meiner Angaben über den nämlichen Gegenstand in der Schrift über die niederen Pilze gefolgert.

Ich habe in jener Schrift bekannte physikalische Thatsachen für eine Theorie bezüglich des Wegführens von Spaltpilzen, die auf einer mehr oder weniger feuchten Unterlage befindlich sind, in die Luft und bezüglich ihres weiteren Transportes benutzt. Die wenigen Versuche, die ich angestellt hatte, bestätigten vollkommen die theoretischen Forderungen, so dass ich es für überflüssig hielt, dieser Sache auf experimentellem Wege weiter nachzugehen. Der Widerspruch, der jetzt im Schosse der Akademie mit dem Anspruch exacter experimenteller Begründung erhoben wird, veranlasst mich, diese Frage in Betracht ihrer wissenschaftlichen und mehr noch ihrer hohen praktischen Wichtigkeit noch einmal aufzunehmen und die Ergebnisse gleichfalls der Akademie vorzulegen.

In der Schrift über die „Niederen Pilze“ habe ich die Theorie nur ganz kurz behandelt. Die mehr populäre Haltung des Werkes erlaubte keine tiefere wissenschaftliche Erörterung. Indem ich jetzt in diese Erörterung eintrete, will ich dieselbe nicht bloss auf die Befriedigung eines bestimmten praktischen Zweckes beschränken, sondern ganz allgemein die Bewegungen kleinster Körperchen, die wir als Staub bezeichnen, zum Gegenstand meiner Betrachtungen

1) Sitzungsber. d. math.-phys. Klasse d. k. b. Akad. d. Wiss. vom 7. Juni 1879.

machen und zwar in drei Beziehungen: Bewegungen in der Luft, Bewegungen im Wasser und Wegführen von einer nassen oder trockenen Unterlage in die Luft. Ich werde dabei allerdings meine besondere Aufmerksamkeit denjenigen Fragen zuwenden, deren Beantwortung für die Verbreitung der niederen Pilze (somit auch der Miasmen und Contagien) wichtig und entscheidend ist.

Zur Charakterisirung des zu besprechenden Objects bemerke ich im Voraus, dass ich, wie es bereits in den „Niederen Pilzen" geschehen ist, von den in der Luft befindlichen Staubkörperchen nach ihrer Grösse drei Gruppen unterscheide:

1. Sichtbare (gröbere) Stäubchen, die man von blossem Auge einzeln bei jeder Beleuchtung sieht. Sie werden durch Winde von der Strasse oder durch den Kehrbesen vom Zimmerboden aufgewirbelt und fallen im Allgemeinen bei einigermassen ruhiger Luft sehr bald nieder.

2. Sonnenstäubchen, die man nur, wenn sie von einem Sonnenstrahl beleuchtet sind und sich auf einem matteren Hintergrunde abheben, deutlich sieht. Auch in der scheinbar ruhigen Luft eines geschlossenen Zimmers sinken die meisten nicht zu Boden.

3. Unsichtbare Stäubchen, die man auch in dem durch eine Ritze in ein dunkles Zimmer einfallenden Sonnenstrahl nicht sieht. Sie werden in ihrer Mehrzahl selbst von den schwächsten Luftströmungen und in der ruhigsten uns in grösseren Räumen bekannten Luft schwebend erhalten. Hierher gehören z. B. alle Spaltpilze, ebenso die den Rauch zusammensetzenden Körperchen, ferner die Bläschen des ziemlich trockenen Nebels.

Von den in einer Flüssigkeit befindlichen Staubkörperchen können wir gleichfalls drei Gruppen unterscheiden, die jedoch mit den ebengenannten nicht zusammenfallen:

1. Nichttanzende Körperchen. Sie bleiben wegen ihres grösseren Gewichtes in Ruhe, wenigstens für das mit dem Mikroskop bewaffnete Auge.

2. Tanzkörperchen. Sie zeigen unter dem Mikroskop die durch Molecularkräfte verursachte Tanzbewegung (Brown'sche „Molecularbewegung"), fallen aber durch ihr Gewicht doch bald auf den Grund.

3. Schwebekörperchen. Sie sind so klein und leicht, dass sie in einer ganz ruhigen Flüssigkeit durch die Molecularkräfte festgehalten werden und nicht zu Boden sinken. Man kennt bis jetzt nur sehr wenige Substanzen in dieser feinen und für das Mikroskop kaum noch wahrnehmbaren Vertheilung.

I. Bewegungen in der Luft.

Rücksichtlich dieser Bewegungen wissen wir, dass die Luft unserer Zimmer mit Staub erfüllt ist, welcher darin herumfliegt. Wir sehen diese Staubtheilchen gewöhnlich nicht; manche derselben werden uns aber in dem Sonnenstrahl, der in ein verdunkeltes Zimmer fällt, als „tanzende Sonnenstäubchen" sichtbar. Wir wissen, dass ein starker Wind den Staub in den Strassen aufwirbelt, dass der Aschenregen von Vulkanen sich über ganze Länder verbreitet, und dass der Passatstaub aus fernen Welttheilen durch Luftströmungen hergeführt wird.

Es gibt, ausser der allgemeinen Anziehung der Erde, die das Fallen bewirkt, und ausser der nur ausnahmsweise zur Geltung kommenden elektrischen Anziehung und Abstossung, bloss zwei Ursachen, von welchen allenfalls die Bewegungen der Staubkörperchen in der Luft abgeleitet werden können, nämlich die Stösse der einzelnen Luftmoleküle und die Massenbewegungen (Strömungen) der Luft.

Seitdem die Vorstellung, dass die Moleküle der Gase mit grosser Geschwindigkeit durch einander fliegen, in der Physik Eingang und wegen ihrer unwiderleglichen Begründung allgemeine Zustimmung gefunden hat, liess sich auch die Vermuthung aufstellen, dass die „tanzende Bewegung" der Sonnenstäubchen durch den häufigen und in verschiedenen Richtungen wirkenden Anstoss der Gasmoleküle verursacht werde[1]). Und man könnte selbst noch weiter gehen und vermuthen, dass die allerkleinsten Stäubchen, in dieser Weise wie elastische Bälle herumgeworfen, sich wie die Luftmoleküle selber verhielten und dauernd suspendirt erhalten blieben.

Man könnte zur Begründung des Letzteren anführen, dass die Gase von ungleichem Moleculargewicht sich gleichmässig in einem

1) Naumann, Allgem. u. physikal. Chemie S. 11.

gegebenen Raume verbreiten und dass in der Atmosphäre bis auf jede zugängliche Höhe die Stickstoff- und Sauerstoffmoleküle in gleichem Verhältnisse gemengt sind, obgleich sie ungleiches Gewicht haben und von der Erde ungleich stark angezogen werden.

Allein die Beziehungen, welche zwischen den verschiedenartigen Gasmolekülen bestehen, können aus zwei Gründen nicht auf die Staubkörperchen ausgedehnt werden, auch wenn diese vollkommen elastisch wären.

Einmal hat das specifische Gewicht bei den Gasmolekülen, wo es übrigens gar nicht bekannt ist, keine Bedeutung, wohl aber bei den Staubkörperchen. In der Luft verdrängen die Stickstoffmoleküle und die Sauerstoffmoleküle nicht einander, sondern den Aether, dessen Raum sie einnehmen, und da dieser so gut wie gewichtslos ist, so hat kein Molekül ein grösseres Bestreben zu fallen als die übrigen. Die Verbreitung der Gasmoleküle im Luftraume erfolgt also nur nach den mechanischen Bewegungsgesetzen, wobei die Moleküle von verschiedenem Gewicht eine ungleiche Geschwindigkeit annehmen, aber durchschnittlich die gleiche kinetische Energie besitzen. — Grössere Körperchen dagegen haben immer das Bestreben zu sinken, weil sie ein bestimmtes Luftvolum (eine grosse Zahl von Molekülen) verdrängen und von der Erde stärker angezogen werden als gleich grosse Luftmassen.

Der zweite Grund, warum die Bewegungen der Gasmoleküle nicht zu einem Schluss auf die Bewegungen der Staubkörperchen benutzt werden dürfen, ist der, weil die letzteren wegen ihres ungleich grösseren Gewichts einer ganz anderen Ordnung von Körpern angehören. Wegen dieses grösseren Gewichtes sind sie in der That mitten unter den hin- und herfliegenden Luftmolekülen so gut wie in vollkommener Ruhe, und es kann auch von einem Tanzen oder Zittern der Sonnenstäubchen in Folge der Molecularstösse nicht wohl die Rede sein.

Dies lässt sich leicht durch eine Berechnung der Zahl und Energie der Molecularstösse darthun, welche ein Körperchen von bestimmter Grösse unter bestimmten Verhältnissen in der Luft erfährt. Eine solche Berechnung hat einen sicheren Boden, seitdem man, Dank der mechanischen Gastheorie, eine ziemlich genaue Vorstellung von dem Gewicht und der Geschwindigkeit der Gasmoleküle hat. Wenn auch die absoluten Werthe, die man nach dieser Theorie auf verschiedenen Wegen erhält, nicht vollkommen übereinstimmen, so weichen sie doch nur wenig von einander ab, und was auch diejenigen, welche Angaben über moleculare Dinge nur mit Zweifeln aufzunehmen geneigt sind, beruhigen kann, ist der Umstand, dass andere physikalische Betrachtungen verschiedene Physiker auf eine absolute Grösse der Moleküle in festen und flüssigen Körpern geführt haben, welche der aus dem berechneten Gewicht der Gasmoleküle sich ergebenden Grösse ziemlich nahe kommt, — so dass es für die Vergleichung der Moleküle mit Körpern von wahrnehmbarer Grösse ganz gleichgültig ist, ob man der einen oder andern Angabe folge.

Nehmen wir an, dass in 1^{ccm} Gas bei 0^{0} und bei einem Druck von 760^{mm} Quecksilber 21 Trillionen Moleküle enthalten seien, so hat das Sauerstoffmolekül ein Gewicht von 7- und das Stickstoffmolekül ein solches von 6 hunderttausendtrillionstel Gramm. Das erstere bewegt sich mit der durchschnittlichen Geschwindigkeit von 461^{m}, das letztere mit der Geschwindigkeit von 492^{m} in der Secunde, so dass die kinetische Energie $\left(\frac{1}{2} m v^2\right)$ für das eine und andere im Mittel gleich gross ist.

Die Gasmoleküle verhalten sich bei ihren gegenseitigen Stössen wie vollkommen elastische Körper. Wenn sie an ein Staubkörperchen anprallen, so kann dieses entweder gleichfalls eine vollkommene Elasticität bewähren, oder aber nicht. Für den ersteren Fall lässt sich die Geschwindigkeit berechnen, welche das in Ruhe gedachte Körperchen durch den einzelnen Stoss erlangt, oder was das Nämliche ist, die Veränderung der ihm bereits eigenthümlichen Geschwindigkeit. Diese durch den Stoss erlangte Beschleunigung ist $\frac{2 \cdot a \cdot v}{a + b}$, wenn a das Gewicht des anstossenden Luftmoleküls, v seine Geschwindigkeit und b das Gewicht des Körperchens ist.

Betrachten wir zuerst die leichtesten Stäubchen, von deren Existenz wir Kenntniss haben. Es sind die kleinsten Spaltpilze (Micrococcus), welche mit Wasser imbibirt nicht mehr als 0,5 mik. ($0{,}0005^{mm}$) gross sind und sich mit den besten Vergrösserungen eben noch deutlich wahrnehmen lassen. Im trockenen Staubzustande, wie sie in der Luft herumfliegen, hat sich ihr Durchmesser auf die Hälfte verkleinert und das Gewicht beträgt 1 fünfzigbillionstel Gramm. Ein solches Stäubchen ist also 300 Millionen mal schwerer als ein Sauerstoff- oder Stickstoffmolekül, und die Geschwindigkeit, welche ihm durch den Stoss eines der letzteren ertheilt wird, beträgt kaum 0,002 mm in der Secunde, erreicht also noch nicht die Geschwindigkeit des Stundenzeigers einer Taschenuhr.

Die grösseren in der Luft befindlichen Körperchen erfahren durch den Stoss eines Luftmoleküls entsprechend geringere Veränderungen in ihren Bewegungen. Für einen Spaltpilz von 1 billionstel Gramm Gewicht, wie er am häufigsten in der Luft vorkommt, beträgt die Beschleunigung 0,00003 mm, für ein grösseres Weizenstärkekorn (Gewicht 0,000015 mg) 0,000000 004 mm, für ein mittleres Kartoffelstärkekorn (Gewicht 0,0001 mg) 0,000000 0006 mm und für ein gewöhnliches Sonnenstäubchen, dessen Gewicht etwa 0,001 mg ausmacht, sinkt die durch einen Molecularstoss erlangte Beschleunigung auf 0,000000 00006 mm in der Secunde, ist also 50 Millionen mal langsamer als die Bewegung des Stundenzeigers einer Taschenuhr.

In Wirklichkeit müssen die Beschleunigungen noch geringer sein, als soeben angegeben wurde, theils weil der Luftwiderstand, den die sich bewegenden Stäubchen zu überwinden haben, vernachlässigt, theils weil vollkommene Elasticität der Stäubchen angenommen wurde, während es wohl unzweifelhaft ist, dass ein Theil der lebendigen Kraft des Stosses für innere Arbeit verwendet wird.

Nun wird zwar ein Staubkörperchen zu gleicher Zeit nicht bloss von einem, sondern von einer Unzahl von Molecularstössen getroffen. Aber selbst viele Millionen gleichzeitig in der nämlichen Richtung erfolgende Stösse würden an einem Sonnenstäubchen noch keine sichtbare Bewegung hervorbringen. Ueberdem prallen die Luftmoleküle von allen Richtungen her an und heben sich in ihrer Wirkung um so vollständiger auf, je grösser ihre Zahl ist. Ein kugeliges Stäubchen von 0,001 mm Durchmesser, das also zu den kleineren gehört und lange nicht so gross ist, um als Sonnenstäubchen gesehen zu werden, wird in der Secunde etwa von 1 Billion

Luftmolekülen angestossen[1]). Ein wirkliches Sonnenstäubchen aber erfährt eine noch viel grössere Zahl von Stössen.

Die Bewegung, welche einem Sonnenstäubchen und überhaupt einem in der Luft befindlichen Staubkörperchen durch den Stoss eines einzelnen Gasmoleküls oder einer Vielzahl solcher Moleküle ertheilt wird, ist also so äusserst gering, und die Zahl der von allen Seiten gleichzeitig erfolgenden und sich gegenseitig aufhebenden Stösse ist so ausserordentlich gross, dass das Körperchen sich gerade so verhält, als ob es gar nicht angestossen würde. Es befindet sich daher in vollkommener Ruhe, soweit es nicht von Luftströmungen umhergeführt und durch sein Gewicht niedergezogen wird. In der That beobachtet man an den Sonnenstäubchen nichts

1) Die Rechnung kann in verschiedener Weise ausgeführt werden, wobei die Annahme, dass die Luftmoleküle einen Raum geradlinig durchlaufen, das nämliche Resultat gibt, wie wenn man, der Wirklichkeit entsprechend, jede Bewegungsrichtung in Folge der zahlreichen Zusammenstösse aus vielen kleinen Bewegungsstücken sich zusammengesetzt denkt. Einmal kann man von den in einem kugeligen Luftraume von 0,001 ^{mm} Durchmesser enthaltenen Molekülen ausgehen, deren Zahl 11 Millionen beträgt, welche in dem angegebenen Raume einen mittleren Weg von 0,000523 ^{mm} zurücklegen und die in 1 Secunde in Folge ihrer mittleren Geschwindigkeit von 485 ^{m}, 930 Millionen mal mit andern abwechseln. Die Zahl der während 1 Secunde durch einen Luftraum hindurchgehenden Moleküle gibt die Zahl der Molecularstösse auf einen soliden Körper von gleicher Grösse und Gestalt an: in diesem Falle 930 Millionen mal 11 Millionen oder 10000 Billionen. — Wenn man sich den kleinen Raum von 0,001 ^{mm} Durchmesser als Hohlkugel denkt, so drückt die angegebene Zahl die während 1 Secunde auf die innere Wandung erfolgenden Molecularstösse aus, welche selbstverständlich den von aussen anprallenden Stössen, denen sie das Gegengewicht halten, an Zahl gleichkommen.

Man kann andrerseits von einem beliebig grossen Luftraum, z. B. von einer Hohlkugel von 1 ^{m} Durchmesser, in welcher sich an irgend einer beliebigen Stelle das Staubkörperchen befindet, ausgehen. In dieser Hohlkugel sind 11 Quadrillionen Moleküle enthalten, von denen jedes während 1 Secunde durchschnittlich $\frac{485}{0{,}523}$ oder 930 mal durch den Raum geht und somit möglicherweise das Körperchen antrifft. Alle Moleküle zusammen machen 10000 Quadrillionen solcher Excursionen. Der grösste Querschnitt des Staubkörperchens nimmt den billionsten Theil des grössten Querschnitts der Hohlkugel ein. Von allen Luftmolekülen, die parallel einer bestimmten Richtung gehen, trifft also der billionste Theil das Körperchen, und im gleichen Verhältniss wird dasselbe auf allen Seiten von der Gesammtzahl der Excursionen aller Moleküle getroffen, nämlich von 10000 Billionen im Laufe einer Secunde.

von einer zitternden oder hüpfenden Bewegung, wie etwa an den in Flüssigkeiten tanzenden Körperchen, sondern sie gleiten je nach den Luftströmungen langsamer und schneller neben und durch einander. Und wenn zahlreiche Sonnenstäubchen etwa ein Flimmern und dadurch den Anschein einer hüpfenden Bewegung zeigen, so geschieht es, weil in Folge der Lageveränderungen bald das eine, bald das andere von dem Sonnenstrahl getroffen wird, aufblitzt und sich wieder unsichtbar macht.

Wenn die Bewegungen der Staubkörperchen in der Luft allein durch die Luftströmungen verursacht werden, so hängt alles von der Frage ab: Wodurch werden sie schwebend erhalten? Aus der Beantwortung ergibt sich dann sogleich auch, unter welchen Umständen sie steigen, sinken und seitliche Bewegungen ausführen.

Bleibt ein in der Luft befindliches Körperchen schwebend in gleichem Abstande von der Erde, so ist dies nur möglich, wenn eine aufsteigende Luftbewegung seiner Fallbewegung gerade das Gleichgewicht hält. Die erforderliche Geschwindigkeit dieser Luftströmung lässt sich nun für jeden Körper von bestimmter Grösse, Gestalt und specifischem Gewicht berechnen.

Wir können als Analogie uns an ein Gefäss mit Wasser erinnern, dessen Ausflussöffnung nach oben gerichtet ist. Der daraus hervorspringende Flüssigkeitsstrahl erhebt sich beinahe zum Wasserspiegel im Gefäss; die Differenz in der Höhe kommt auf Rechnung der Reibung und des zurückfallenden Wassers. Die Ausflussgeschwindigkeit entspricht der Höhe der Flüssigkeitssäule vom Spiegel bis zum Ausflusse und ist die nämliche, wie wenn ein schwerer Körper durch diese Höhe frei gefallen wäre, also

$$v = \sqrt{2gh}.$$

Diese Geschwindigkeit des ausfliessenden Wassers hält das Gleichgewicht einer Wassersäule von gleichem Querschnitt und der Höhe h, und ist selbstverständlich auch im Stande, irgend einen anderen Körper von dem nämlichen Gewichte zu tragen.

Der aufsteigende Luftstrom verhält sich rücksichtlich der Tragkraft wie der Wasserstrom, mit dem Unterschiede, dass die Luft bei der Temperatur 0 und dem Druck einer Atmosphäre 770 mal

6*

weniger Masse enthält als das Wasser und somit bloss ein 770 mal geringeres Gewicht zu tragen vermag.

Für den Fall, dass der zu tragende Körper ein anderes specifisches Gewicht hat, als die strömende Flüssigkeit, gilt die Formel $v = \sqrt{\frac{2 g h \gamma_1}{\gamma}}$, worin g der Coefficient der Beschleunigung, h der mittlere verticale Durchmesser des Körpers, γ_1 sein specifisches Gewicht und γ das specifische Gewicht der Flüssigkeit ist. Ist h, γ_1 und γ bekannt, so berechnet sich daraus die Geschwindigkeit v. Ist die letztere gegeben, so kann daraus h gefunden werden:

$$h = \frac{\gamma v^2}{2 g \gamma_1}.$$

Das specifische Gewicht (γ_1) lufttrockener organischer Körper ohne grössere Poren ist im Allgemeinen 1,5. Insofern dieselben durch einen Luftstrom getragen werden sollen, hat man

$$v = \sqrt{\frac{2 \cdot 9{,}81 \cdot h \cdot 1{,}5}{0{,}0013}} \text{ oder}$$

$$v = 150{,}46 \sqrt{h}$$

und $h = 22638 \cdot v^2$, worin v und h in Metern ausgedrückt sind.

Hierzu ist zu bemerken, dass v die Geschwindigkeit des senkrecht aufsteigenden Luftstromes oder die senkrecht aufsteigende Componente der Geschwindigkeit eines schiefen Luftstromes ist bei einer Temperatur von 0° und einem Barometerstand von 760 mm Quecksilber. h drückt die durchschnittliche verticale Höhe des getragenen Körpers aus. Die Grösse seiner horizontalen Querschnittfläche kommt im Allgemeinen nicht in Betracht, da sie kleiner gedacht ist als der Querschnitt des Luftstromes. Sie hat nur insofern Bedeutung, als ein breiterer Körper der Luft einen etwas grösseren Widerstand darbietet als ein schmälerer, sonst aber gleicher Körper, da an den Rändern die Tragkraft derselben nicht voll ausgenützt wird; ein horizontales Brett wird von der Luft etwas leichter getragen, als ein von diesem Brett abgeschnittenes kleines Stück. Aus dem gleichen Grunde hat auch die Gestalt des Querschnitts etwelchen Einfluss; ein schmales Rechteck wird weniger leicht getragen als ein Quadrat von gleichem Flächeninhalte. Dies gilt für grössere Körper; für mikroskopische Körperchen kehrt sich, wie ich zeigen werde, das Verhältniss um, weil bei ihnen ein neuer Factor zur Geltung kommt.

Ausser der Gestalt des horizontalen Querschnittes ist auch die Gestaltung der abwärts gerichteten (dem Luftstrome ausgesetzten) Oberfläche des getragenen Körpers von Bedeutung für das Resultat, indem der Druck der Luft um so geringer ausfällt, je mehr sich diese Oberfläche zur Pyramiden- und Kegelform erhebt, und um so grösser, je mehr sie zur ebenen oder gar zur concaven Fläche zurücksinkt. In gleichem Sinne, nur in geringerem Maasse, wirkt die Gestaltung der aufwärts (dem Strome abgekehrten) Oberfläche.

Endlich übt auch die Geschwindigkeit des aufsteigenden Luftstromes, welcher zum Tragen des Körpers erforderlich ist, einen modificirenden Einfluss aus. Während bei langsamen Strömungen die mechanische Kraft dem Quadrat der Geschwindigkeit proportional ist, erreicht sie bei grösserer Geschwindigkeit einen höheren Werth wegen der Luftverdichtung vor und der Luftverdünnung hinter dem Körper.

Wenn ein Körper in der Luft fällt, so nimmt die Fallgeschwindigkeit im Anfange stetig zu. Nach längerer oder kürzerer Zeit wird sie constant, — nämlich sobald sie so gross geworden, dass der Luftwiderstand der Beschleunigung das Gleichgewicht hält. Dieser Zustand tritt natürlich um so schneller ein, je geringer das specifische Gewicht und der verticale Durchmesser des fallenden Körpers ist.

Die constante Geschwindigkeit, die ein Körper beim Fallen in ruhiger Luft erlangt, ist genau diejenige, die ein aufsteigender Luftstrom annehmen muss, um diesen Körper schwebend zu erhalten. Also gelten auch hier die allgemeinen Formeln $v = \sqrt{2gh}$ und $v = \sqrt{\frac{2gh\gamma_1}{\gamma}}$, und für den Fall, dass das specifische Gewicht des Körpers $= 1{,}5$ ist, die Formel $v = 150{,}46\sqrt{h}$.[1])

---

1) Die Identität der constanten Geschwindigkeit eines fallenden Körpers in ruhiger Luft mit der Geschwindigkeit des aufsteigenden Luftstroms, die dem in Ruhe befindlichen Körper das Gleichgewicht hält, ergibt sich schon aus der Erwägung, dass die Geschwindigkeit, die wir einem Körper im Vergleich mit einem anderen zuschreiben, nur die Differenz der Geschwindigkeiten beider ist, und dass es für alle mechanischen Betrachtungen auf das Gleiche herauskommt,

Die verschiedenen Umstände, welche das Getragenwerden eines Körpers durch einen aufsteigenden Luftstrom modificiren, machen sich ganz in der nämlichen Weise beim Constantwerden des Fallens geltend. Es sind die Grösse und die Gestalt des horizontalen Querschnitts, die Modellirung der abwärts und der aufwärts gekehrten Oberfläche und die absolute Geschwindigkeit des Falles.

Man kann sich leicht von der Richtigkeit des Gesagten überzeugen, indem man entweder leichte Körper durch einen künstlichen aufsteigenden Luftstrom von bekannter Geschwindigkeit schwebend erhält, oder, was eher auszuführen ist, indem man sie in ruhiger Luft fallen lässt und die sehr bald erreichte Fallgeschwindigkeit bestimmt. Man kann sich dabei flacher Körper bedienen: dünner Papierblätter, sehr dünner Metallplättchen u. dgl., welche während des Falles ihre horizontale Lage behalten müssen. Da die Dicke und oft auch das specifische Gewicht dieser Körper nicht genau zu ermitteln sind, so wird durch Wägen eines grösseren Blattes das Gewicht der Flächeneinheit bestimmt und daraus die Dicke einer Wasserschicht von gleichem Gewicht (h_1) berechnet. Man erhält dann die Formel $v = \sqrt{\frac{2\,g\,h_1}{s}}$, worin s das specifische Gewicht der Luft verglichen mit Wasser bedeutet; also $v = \sqrt{\frac{2 \cdot 9{,}81\, h_1}{0{,}0013}}$ oder

$$v = 122{,}85 \sqrt{h_1},$$

indem für v und h_1 der Werth in Metern einzusetzen ist[1]).

Die Schwierigkeit bei solchen Versuchen besteht darin, dass die dünnen Blätter beim Fallen bald ins Schwanken gerathen und schiefe Lagen annehmen. Am besten gelingt der Versuch bei Goldschlägerhaut, welche wegen ihrer ausserordentlichen Dünnheit sehr schnell die constante Fallgeschwindigkeit erlangt. Die meisten Papierblätter gestatten die Beobachtung bloss von dem Beginne des Fallens bis kurze Zeit, nachdem die Geschwindigkeit constant geworden ist. Die mittlere Geschwindigkeit während dieser Beobachtungszeit ist

---

ob man den einen oder den andern in absoluter Ruhe verweilen oder ob man beide sich bewegen lässt, wenn nur der Unterschied in der Bewegung der nämliche bleibt.

1) Oder $v = 1228{,}5 \sqrt{h_1}$, wenn v und h_1 in cm ausgedrückt sind.

denn auch geringer als die berechnete Fallgeschwindigkeit und beträgt 0,6—0,7 der letztern[1]).

Indessen würde die constante Fallgeschwindigkeit horizontaler ebener Papierblätter, wenn sie beobachtet werden könnte, immer langsamer sein als es die Rechnung verlangt. Dies zeigt sich aus Versuchen mit dünnen Korkplatten (welche auf 1 qcm 0,065 g wiegen); dieselben fallen ziemlich regelmässig und legen in der Secunde etwa 5/6 des berechneten Raumes zurück. Diese langsamere Bewegung rührt offenbar von der comprimirten Luft unter der fallenden Platte her, indem die Rechnung die gewöhnliche Dichtigkeit der Luft voraussetzt. — Auch feine dichte Drahtnetze (welche auf 1 qcm ein Gewicht von 0,065 g besitzen) sind für solche Fallversuche brauchbar. Die Geschwindigkeit scheint ziemlich die nämliche zu sein wie bei den Korkplatten.

Man kann einem Blatt Papier eine sehr gleichmässige Fallbewegung geben, wenn man in der Mitte desselben einen schweren Körper (z. B. einen Metallnagel) befestigt. In Folge dessen fällt es schneller und nimmt eine schwach nach aufwärts gebogene Gestalt an. Durch letzteres wird der grössere Widerstand der verdichteten Luft compensirt und die Fallgeschwindigkeit stimmt oft genau mit der Rechnung.[2])

Für solche Fallversuche eignen sich indess noch besser Körper von kugeliger Gestalt und sehr geringem Gewicht, weil dieselben in ruhiger Luft stets ihre gleichmässige Fallgeschwindigkeit beibehalten. Ich bediente mich eines Gasballons, wie er als Kinderspielzeug verkauft wird. Derselbe hatte einen Durchmesser von 15,8 cm und wurde durch Anhängen von 0,45 g auf das Gewicht der

1) Ein Goldblättchen, von welchem 1 qcm 0,000153 g wiegt, fällt in den ersten paar Secunden durchschnittlich 14 cm in der Secunde, wobei es aber im Anfange wohl noch nicht die volle Geschwindigkeit besitzt. Die Rechnung verlangt 15,2 cm.

Ein Blatt Papier, welches auf 1 qcm ein Gewicht von 0,00247 g hat, fällt vom Beginn des Fallens an 1 m in 2,5 Secunden, also 40 cm in der Secunde, während die berechnete Geschwindigkeit 61,05 cm beträgt.

2) Ein Blatt Schreibpapier von 350,2 qcm Flächeninhalt wog sammt dem daran befestigten Nagel 6,15 g, was 0,0175 g auf 1 qcm ausmacht. Die berechnete und die beobachtete constante Fallgeschwindigkeit betrug 1,61 m in der Secunde.

Luft gebracht, so dass er frei schwebte ohne zu steigen oder zu fallen. Nun wurde er nach und nach mit verschiedenen Gewichten belastet (nämlich mit $0{,}1^g$, $0{,}2^g$ und so weiter bis 3,55 und $4{,}55^g$) und fallen gelassen. Das geringste Gewicht ($0{,}1^g$) und das grösste ($4{,}55^g$) gaben unsichere Beobachtungen, jenes, weil schon die schwächsten Luftströmungen das Fallen beschleunigten oder verzögerten, dieses, weil die Fallgeschwindigkeit zu gross war. Die übrigen Beobachtungen dagegen zeigten bei wiederholten Versuchen innerhalb enger Grenzen constant bleibende Fallgeschwindigkeiten, welche wie bei den flachen Körpern aus den Zeiten, die das Fallen durch 1, 2 und 3^m Höhe erforderte, sich ermitteln liessen. Die Differenzen zwischen den Fallzeiten von 1 zu 2 und von 2 zu 3^m Fallhöhe waren gleich gross, indem nach dem 1. Meter Fallhöhe die constante Geschwindigkeit erreicht war.

Diese constante Fallgeschwindigkeit war bei allen 9 Versuchen grösser als die berechnete, und zwar im Mittel um 25%, indem in einer bestimmten Zeit 125, statt der berechneten 100 Längeneinheiten zurückgelegt wurden. Der Unterschied ist ohne Zweifel aus dem Umstande zu erklären, dass wegen der kugeligen Gestalt des Ballons nicht der dem Querschnitte entsprechende volle Luftwiderstand ausgenützt wurde.

Es hat demnach keine Schwierigkeit, für grössere Körper die constante Fallgeschwindigkeit in ruhiger Luft und die mit ihr identische Geschwindigkeit eines vertical aufsteigenden Luftstroms, welcher die Körper schwebend erhält, annähernd zu bestimmen. Nun ist die Frage, inwiefern diese Bestimmung auch für Körper von kleinster Dimension gilt. Wenn kein weiterer Unterschied als der in der Grösse bestände, so wäre die nämliche Berechnung auch für alle Staubkörperchen anwendbar, und würde nur insofern modificirt, als mit der Verkleinerung des horizontalen Querschnittes eine grössere Einbusse in der Wirkung des Luftwiderstandes einträte und daher in der Formel $v = 122{,}85\sqrt{h_1}$ die Geschwindigkeit v im Verhältniss zu der Grösse h_1 sich etwas steigerte.

Es ist jedoch ein Umstand vorhanden, welcher mit dem Kleinerwerden der Körperchen früher oder später für das Schweben und Fallen derselben in der Luft wirksam werden muss. Bekanntlich wird die Oberfläche fester Körper von einer Schicht verdichteter Luft überzogen, welche durch Reiben und Erhitzen weggenommen und durch Flüssigkeiten verdrängt werden kann. Ihre Mächtigkeit sowie ihre übrigen Eigenschaften sind noch unbekannt. Wir wissen nur, dass die verdichtete Luftschicht durch Molecularanziehung zu Stande kommt, dass sie demnach eine viel grössere Dichtigkeit und eine viel geringere Beweglichkeit haben muss als die freie Luft. Der Theil derselben, welcher zunächst der Oberfläche sich befindet, mag selbst nahezu unbeweglich sein.

Ein kleinstes Körperchen, das mit seiner verdichteten Lufthülle in der Luft schwebt, ist dem mit seiner Atmosphäre im Aetherraume befindlichen Erdball ähnlich.

Die verdichtete Lufthülle vergrössert wegen ihrer geringen Verschiebbarkeit gleichsam das Volumen eines Körperchens, ohne sein absolutes Gewicht merklich zu erhöhen. Sie hat die Bedeutung eines Fallschirms oder eines Segels, indem sie den für mechanische Aktion wirksamen Querschnitt erweitert.

Dieser oberflächliche Luftmantel kommt allen festen Körpern zu; aber bei grösseren Dimensionen derselben wird die dadurch bedingte Vermehrung des Querschnitts und somit seine Wirksamkeit für die Bewegungen in der Luft unmerklich gering. Mag sein Radius aber noch so klein sein, so muss es kleinste Körperchen geben, gegen deren Radius er nicht mehr vernachlässigt werden darf, und deren Bewegungen in der Luft daher nicht bloss von Gewicht und Querschnitt, sondern auch von dem Luftmantel abhängen.

Es ist die Aufgabe des Experiments, die Dicke der unbeweglichen Lufthülle an Substanzen von bestimmter chemischer Zusammensetzung und somit auch die obere Grenze für die Grösse der Körperdimensionen zu ermitteln, bei welcher die Wirksamkeit unmerklich klein wird. Die betreffenden experimentellen Thatsachen bleiben einer folgenden Mittheilung vorbehalten; ich bemerke für jetzt bloss, dass, wenn der Unterschied zwischen den Bewegungen der Staubkörperchen und denen grösserer Körper allein durch den

Luftmantel verursacht wird, die Wirksamkeit des letzteren behufs Fliegens alle Erwartungen übertrifft, dass der Luftmantel viel mächtiger ist, als man irgendwie voraussetzen konnte, und dass er auch bei Körperchen, die so gross sind, um als Sonnenstäubchen einzeln sichtbar zu werden, die hauptsächlichste Tragkraft darstellt.

Ein Stärkekörnchen, welches das nämliche Gewicht hat wie ein aus einem Goldblättchen herausgeschnitten gedachtes Stückchen von gleichem Querschnitt, sollte, wenn ihm der Luftmantel fehlte, wegen seines kleineren Querschnittes etwas schneller fallen als das ganze Goldblättchen. In Wirklichkeit fällt es aber vielmal langsamer. — Die grösseren Weizenstärkekörner von linsenförmiger Gestalt haben nur den 5. Theil derjenigen Fallgeschwindigkeit, welche sich aus der Berechnung unter der Voraussetzung ergibt, dass sie beim Fallen alle möglichen Lagen annehmen. Das würde auf einen Luftmantel hindeuten, welcher den Radius des wirksamen Querschnittes um etwa 0,04 ^{mm} vergrössert.

Die Mächtigkeit der verdichteten Luftschicht an einer frei in der Luft befindlichen Oberfläche wäre also ungleich viel bedeutender als die verdichtete Wasserschicht an einem in Wasser liegenden Körper, da nach Quincke der Radius der Wirkungssphäre eines festen Körpers auf eine Flüssigkeit nur etwa 0,0000055 ^{mm} beträgt.

Dieser Gegensatz zwischen verdichteter Luft- und Wasserschicht lässt sich aus dem Umstande erklären, dass die Wassermoleküle durch sehr starke Molecularkräfte unter einander verbunden sind, und dass daher ihnen gegenüber die Anziehung einer festen Substanz nur auf eine sehr geringe Entfernung ein bemerkbares Uebergewicht zu behaupten vermag, — während die Luftmoleküle, die bloss durch die Stösse auf einander einwirken, die Anziehung eines Körpers auf einen viel grösseren Abstand in nachweisbarem Maasse empfinden müssen.

Von dem Luftmantel, welcher feste Körper, besonders wenn sie organischer Natur sind, überzieht, vermuthe ich übrigens, dass er vorzüglich aus verdichtetem Wasserdampf (nicht zu verwechseln mit Wasser oder mit Bläschendampf) bestehe. Dafür spricht die grosse Verwandtschaft, welche viele organische Verbindungen (namentlich die Kohlenhydrate und die Albuminate) zum Wassermolekül haben, und die so gross ist, dass die organisirten Körper in trockner Luft 15—20% Wasser festhalten und dasselbe erst bei 100° C. oder darüber fahren lassen. Eine besondere Verwandtschaft zu Sauerstoff oder Stickstoff ist dagegen nicht bekannt und auch nicht wahrscheinlich.

Dass der Luftmantel eine grosse Menge von Wassergas enthalte, lässt sich auch deswegen vermuthen, weil eine bloss aus permanenten Gasen bestehende erhebliche Luftverdichtung nicht wohl denkbar ist. Wenn auch die an den Luftmolekülen haftenden Molecularkräfte im gewöhnlichen Zustande wegen der verhältnissmässig grossen Entfernungen unwirksam sind, so müssen sie sich doch geltend machen, sowie die Luftmoleküle näher zusammentreten. Bei den permanenten Gasen sind dann die abstossenden Kräfte im Uebergewicht, wie ihr Widerstand gegen die Verdichtung zum flüssigen Zustande beweist. Die Luftverdichtung wird also viel leichter zu Stande kommen, wenn zwischen den Sauerstoff- und Stickstoffmolekülen reichliche Wassermoleküle vertheilt sind.

Ausser dem Luftmantel gibt es noch eine andere Ursache, welche das Fallen kleinster Körperchen verzögern und ihr Getragenwerden durch einen aufsteigenden Luftstrom befördern muss, nämlich die Reibung. In der Formel $v = \sqrt{2gh}$ ist dieses Moment vernachlässigt; sie setzt voraus, dass das Fallen im leeren Raume geschehe, ferner dass das aufsteigende Medium nur den zu tragenden Körper treffe und nicht an ihm vorbeistreichend durch Reibung auf ihn wirke, und ebenso, dass der mit constanter Geschwindigkeit fallende Körper nur mit seiner unteren Fläche auf das Medium stosse und nicht durch Reibung an seinem Umfange behindert werde.

Dies kann für grössere in der Luft befindliche Körper ohne bemerkbaren Fehler angenommen werden. Es ist aber, da der Querschnitt mit dem Quadrat und der Umfang mit der ersten Potenz des Durchmessers abnimmt, ausser Zweifel, dass, wenn man die Körper immer kleiner werden lässt, man einmal bei einer Kleinheit anlangt, wo der Reibungswiderstand einen nicht zu vernachlässigenden Werth erreicht, und dass derselbe bei noch kleiner werdenden Körpern verhältnissmässig immer grösser wird.

Ueber den Betrag des Reibungswiderstandes lässt sich noch nichts Bestimmtes aussagen. Man kennt zwar seine Grösse in Capillarröhren von ungleichem Durchmesser und ungleicher Länge. Es lässt sich daraus aber kein Schluss ziehen auf eine Reibungsfläche von fast verschwindender Länge. Und wenn dies auch geschehen könnte, so wird die Beurtheilung unmöglich durch den Umstand, dass der Mantel von verdichteter Luft jedenfalls vorhanden ist und dass man über seine Mächtigkeit und seine physikalische Beschaffenheit nichts weiss.

Man kann daher die Ursachen, welche den Fall kleinster Körperchen in der Luft verzögern und sie gegenüber einem aufsteigenden Luftstrom gleichsam leichter machen, nicht von einander trennen. Man kann sich die Gesammtwirkung dieser Ursachen nur so vorstellen und in Rechnung bringen, dass durch dieselben der wirksame Querschnitt eines Körperchens je nach seiner chemischen Beschaffenheit, nach seiner Form und Grösse in einem bestimmten Maasse vergrössert wird.

Die Frage, unter welchen Umständen Staubkörperchen von der Luft getragen und fortgeführt werden, unter welchen Umständen sie sinken und sich auf den Boden legen, ist von besonderer Wichtigkeit mit Rücksicht auf die Spaltpilze, namentlich die Miasmen- und Contagienpilze. Denn darin beruht das eine Moment ihrer Verbreitung. Es handelt sich also, wie bereits gesagt, darum, die Grenze zwischen Steigen und Fallen zu bestimmen. Bleibt innerhalb eines Raumes die Luftbewegung unter dieser Grenze, so wird nicht nur das Aufsteigen der Spaltpilze unmöglich, sondern es wird auch durch Niedersinken der schwebenden Pilze die Luft von ihnen gereinigt. Erreicht ferner in einem Medium, welches seiner Natur nach nur schwache Luftströmungen gestattet (wie z. B. im Boden), die vertikal aufsteigende Componente der Luftgeschwindigkeit nicht jene Grenze, so können auch die Spaltpilze in dem fraglichen Medium nicht aufsteigen und aus demselben in die Atmosphäre entweichen.

Die Bestimmung der eben genannten Grenze für das Aufsteigen der Spaltpilze gibt auch die Aussicht zur Entscheidung einer der wichtigsten Fragen, welche diese Pilze betrifft, nämlich der Frage, ob die jetzt bekannten Formen und Zustände der Spaltpilze den

Formenkreis der Gruppe wirklich umgrenzen, oder ob es vielleicht noch kleinere gebe, die sich der jetzigen mikroskopischen Wahrnehmung entziehen.

Die kleinsten Spaltpilze, die man kennt, stehen bekanntlich an der Grenze der Sichtbarkeit. Man würde sie, wenn uns die leistungsfähigen Mikroskope der Jetztzeit mangelten, entweder gar nicht sehen oder wenigstens nicht als Organismen nachweisen können. Gäbe es aber noch kleinere Formen, so würde man dieselben auch mit den jetzigen Instrumenten nicht erkennen. Es sind also naheliegende Fragen, wenn wir aus verschiedenen wissenschaftlichen und praktischen Beweggründen gerne wissen möchten: Ob es, neben den bekannten, noch kleinere, bei unseren jetzigen optischen Hülfsmitteln unsichtbare Spaltpilze gebe? Ferner, ob die bekannten Pilze vielleicht noch besondere Sporen oder Keime bilden, die uns wegen ihrer Kleinheit entgehen?

Diese Fragen können experimentell gelöst werden, wenn es gelingt, genau die Geschwindigkeit eines aufsteigenden Luftstromes zu bestimmen, welcher die bekannten kleinsten Spaltpilze schwebend zu erhalten vermag. Gibt es keine Pilze oder Keime, die kleiner und leichter sind, so muss ein abgeschlossener Luftraum mit geringerer Luftgeschwindigkeit als die gefundene pilzfrei werden und pilzfrei bleiben, und eine darin befindliche pilzfreie Nährlösung muss sich unverändert erhalten. Gibt es dagegen noch kleinere, unsichtbare Pilzformen oder unsichtbar kleine Keime von bekannten grösseren Formen, so muss in einem abgeschlossenen Luftraum, in welchem jene Luftgeschwindigkeit nicht erreicht wird, eine ausgekochte Nährlösung verändert, getrübt, zersetzt und mit Pilzvegetation erfüllt werden.

Ich will noch eine Bemerkung beifügen über die Berechnung, zu denen diese Untersuchungen Veranlassung geben. Die Factoren, von denen die Tragkraft eines bestimmten Luftstromes abhängt, sind das Gewicht des Körperchens, sein horizontaler Querschnitt und die Vergrösserung, welcher dieser Querschnitt durch den Luftmantel und die Reibung erfährt, und welche ich der Kürze halber als Dicke des Luftmantels bezeichnen will.

Was Gewicht und Grösse der lufttrockenen Spaltpilze betrifft, so können diese Werthe nicht direct bestimmt, sondern sie müssen aus der mikroskopischen Untersuchung der in einer Flüssigkeit befindlichen Pilze, also aus der Gestalt und Grösse der von Wasser durchdrungenen Zellen ermittelt werden. Die Spaltpilze enthalten im benetzten Zustande durchschnittlich 80, im lufttrockenen Zustande 20% Wasser. 400 Gewichtstheile benetzter Pilze (320 Wasser und 80 Substanz) trocknen also auf 100 (20 Wasser und 80 Substanz) ein, oder das Gewicht vermindert sich beim Trocknen von 1 auf 0,25. — Im benetzten Zustande beträgt das specifische Gewicht ungefähr 1,1 und im lufttrockenen Zustande 1,4. Also vermindert sich das Volumen beim Trocknen von $\frac{1}{1,1}$ auf $\frac{0,25}{1,4}$, oder von 1 auf 0,196429.

Die mikroskopische Untersuchung zeigt, das die benetzten Spaltpilze entweder kugelig oder stäbchenförmig sind, und wir können als sehr wahrscheinlich voraussetzen, dass sie ihre Gestalt beim Trocknen behalten oder doch nur in unbedeutendem, die Rechnung nicht störendem Maasse verändern. Was zuerst die kugeligen Formen betrifft, so ist ihr Durchmesser im benetzten Zustande bekannt; daraus können die andern Werthe bestimmt werden. Ist der Durchmesser der benetzten kugeligen Zelle $2r$ und ihr Volumen $\frac{4}{3} r^3 \pi$, so vermindert sich dieses beim Trocknen auf $\frac{4}{3} r^3 \pi \cdot 0,196429$. Der Querschnitt vermindert sich demnach von $r^2 \pi$ auf $r^2 \pi \cdot 0,337912$ und der Durchmesser von $2r$ auf $2r \cdot 0,581302$.

Würden sich die kleinsten Körperchen rücksichtlich ihres Transportes durch die Luft so verhalten wie grosse Körper, so liesse sich die Geschwindigkeit des vertical aufsteigenden Luftstroms, welcher sie schwebend erhält, nach der früher abgeleiteten Formel $v = 1228,5 \sqrt{h_1}$ (v und h_1 in Cm. ausgedrückt) berechnen. h_1 bedeutet die Höhe einer Wasserschicht von gleicher Grundfläche und gleichem Gewicht wie der horizontale Querschnitt und das Gewicht des Körpers, und ist gleich dem Volumen des Körpers multiplicirt mit dem specifischen Gewicht desselben und dividirt durch seinen horizontalen Querschnitt. Also hat man für den vorliegenden Fall

$$h_1 = \frac{4\,r^3\,\pi \cdot 0{,}196429 \cdot 1{,}4}{3\,r^2\,\pi \cdot 0{,}337912} \quad \text{oder} \quad h_1 = 1{,}085097 \cdot r,$$

ferner $\sqrt{h_1} = 1{,}04168\,\sqrt{r}$ und $v = 1279{,}70\,\sqrt{r}$ (in cm).

Diese Formel gilt für den Fall, dass eine Lufthülle und ein Reibungswiderstand nicht vorhanden oder im Verhältniss zu r so gering sind, dass sie vernachlässigt werden können. Haben dieselben aber eine hinreichende Grösse, so dass der wirksame horizontale Querschnitt merklich zunimmt, so wird dadurch der Werth von h_1 kleiner. Der Radius des umhüllten lufttrockenen Körperchens ist $r \cdot 0{,}581302 + m$, wenn m die Dicke des wirksamen Luftmantels angibt, und der Querschnitt ist $(r \cdot 0{,}581302 + m)^2\,\pi$. Somit erhält man

$$h_1 = \frac{4\,r^3\,\pi \cdot 0{,}196429 \cdot 1{,}4}{3\,(r \cdot 0{,}581302 + m)^2\,\pi} \quad \text{oder}$$

$$h_1 = \frac{0{,}366666 \cdot r^3}{(r \cdot 0{,}581302 + m)^2},$$

$$\text{ferner } \sqrt{h_1} = \frac{0{,}605529 \cdot \sqrt{r^3}}{r \cdot 0{,}581302 + m} \quad \text{und}$$

$$v = \frac{743{,}893 \cdot \sqrt{r^3}}{r \cdot 0{,}581302 + m} \quad \text{(in cm)}.$$

Die stäbchenförmigen Spaltpilze sind cylindrisch[1]) mit abgerundeten Enden. Wenn wir sie der Einfachheit wegen als vollkommen cylindrisch betrachten, so begehen wir nur einen unbedeutenden Fehler, indem Volumen und Längsschnitt etwas zu gross ausfallen. Das Volumen im benetzten Zustande ist $r^2\,\pi\,l$ (wenn $2\,r$ den Durchmesser und l die Länge bezeichnet), im lufttrockenen Zustande $r^2\,\pi\,l \cdot 0{,}196429$.

Ich will nur diejenige Stellung des Stäbchens berücksichtigen, bei welcher seine Achse horizontal gerichtet ist, weil in dieser Lage die geringste Geschwindigkeit des aufsteigenden Luftstroms zum Tragen der Pilze erforderlich ist. Der horizontale Querschnitt ist nun $2\,r\,l$ im benetzten und $2\,r\,l \cdot 0{,}337912$ im lufttrockenen Zustande. — Ein solcher horizontal liegender Cylinder hat das Gewicht

1) Die Angabe von plattgedrückten Stäbchen ist durch optische Täuschung veranlasst worden.

einer Wasserschicht, deren Höhe $h_1 = \frac{r^2 \pi l \cdot 0{,}196429 \cdot 1{,}4}{2\, r\, l \cdot 0{,}337912}$ oder $h_1 = 1{,}27835 \cdot r$. Hieraus erhält man (wobei die Länge der Stäbchen gleichgültig ist) die zum Tragen erforderliche Luftgeschwindigkeit

$$v = 1388{,}90 \sqrt{r} \text{ (in cm).}$$

Mit Berücksichtigung der Lufthülle von der Dicke m wird die Höhe einer dem horizontalen Cylinder entsprechenden Wasserschicht

$$h_1 = \frac{r^2 \pi l \cdot 0{,}196429 \cdot 1{,}4}{2\,(r \cdot 0{,}581302 + m)\,(l \cdot 0{,}581302 + m)} \text{ oder}$$

$$h_1 = \frac{0{,}431969}{(r \cdot 0{,}581302 + m)\,(l \cdot 0{,}581302 + m)}.$$

Hieraus berechnet sich die Geschwindigkeit

$$v = 807{,}436 \sqrt{\frac{r^2 l}{(r \cdot 0{,}581302 + m)\,(l \cdot 0{,}581302 + m)}} \text{ (in cm).}$$

Durch Versuche lässt sich v für kugelige und cylindrische Spaltpilze ermitteln und daraus dann die wirksame Dicke des Luftmantels (m) berechnen. Nach einigen vorläufigen Versuchen würde diese Dicke für Stärkekörner, wie bereits angeführt wurde, etwa $0{,}04^{mm}$ betragen.

II. Bewegungen im Wasser.

Die Erklärung der Bewegungen kleinster Körperchen wird viel schwieriger, wenn sie sich in einer Flüssigkeit als wenn sie sich in der Luft befinden, weil dort die mechanischen Verhältnisse complicirter sind. Was die Luft betrifft, so können die Gasmoleküle, da sie nicht in bemerkbarem Maasse durch die Molecularkräfte, sondern nur durch die elastischen Stösse auf einander einwirken, auch die Ortsveränderungen der suspendirten Stäubchen bloss entweder durch die Einzelstösse oder durch die Massenbewegungen beeinflussen. In einer Flüssigkeit dagegen bewegen sich die Moleküle nicht bloss durch einander, sondern wirken auch durch anziehende und abstossende Kräfte sehr energisch auf einander ein, und es ist daher denkbar, dass sie ebenfalls die suspendirten kleinsten Körperchen theils durch Einzelstösse, theils durch Massenbewegungen, theils durch Molecularkräfte in Bewegung setzen.

Die Erscheinung, welche am meisten die Aufmerksamkeit der Beobachter auf sich gezogen hat, ist die Tanzbewegung (Brown'sche „Molecularbewegung"). Bezüglich derselben ist durch Wiener und später durch Exner nachgewiesen worden, dass die Ursache davon in der Flüssigkeit selbst zu suchen und inneren, dem Flüssigkeitszustande eigenthümlichen Bewegungen zuzuschreiben sei. Sollte dies aber so verstanden werden, dass es die Stösse selber der in verschiedenen Richtungen sich bewegenden Flüssigkeitsmoleküle und nicht etwa die Molecularkräfte derselben überhaupt seien, welche die mikroskopisch sichtbaren Körperchen zum Tanzen bringen, so wäre eine solche Annahme noch weniger begründet als die analoge Vermuthung für das Tanzen der Sonnenstäubchen.

Wenn die Molecularstösse das Tanzen kleinster Körperchen im Wasser bewirkten, so müssten in der nämlichen Flüssigkeit und bei der nämlichen Temperatur die Geschwindigkeiten der Tanzbewegung für gleiche Form und gleiches specifisches Gewicht der Körperchen annähernd im umgekehrten Verhältnisse zu ihrer Masse stehen, sohin mit zunehmender Masse stetig abnehmen und bei einer bestimmten Grösse unmerklich werden. Es müssten ferner die Geschwindigkeiten bei den nämlichen Körperchen unter übrigens gleichen Umständen constant bleiben; sie könnten nicht langsamer werden oder gar zur Ruhe kommen.

Alles dies trifft aber durchaus nicht mit der Genauigkeit zu, wie man es von der Wirkung einer mechanischen Ursache erwarten müsste. Man macht sogar oft Beobachtungen, welche der angegebenen theoretischen Forderung ganz zu widersprechen scheinen. Dabei setze ich natürlich voraus, dass man nur freischwebende Körperchen beobachte, und sich nicht etwa durch solche täuschen lasse, welche dem Objectträger oder dem Deckglas oder der freien Oberfläche der Flüssigkeiten anhängen und in Folge der Adhäsion entweder keine oder eine verlangsamte Bewegung zeigen.

Die Zweifel, welche in Folge solcher Beobachtungen sich erheben, werden durch die theoretische Behandlung der Frage vollkommen bestätigt. Eine genaue Berechnung der Geschwindigkeit, welche die Wassermolecüle durch ihre Stösse einem kleinsten Körperchen von bestimmtem Gewicht zu ertheilen vermögen, ist zwar nicht ausführbar, weil die Geschwindigkeit der Flüssigkeitsmoleküle unbekannt ist. Wir wissen in dieser Beziehung nur, dass die Wassermoleküle jedenfalls sich viel langsamer bewegen als die Luftmoleküle, da jene durch Molecularkräfte mit einander verbunden sind und einen bedeutenden Reibungswiderstand zu überwinden haben, welcher bei den Gasen, mit Ausschluss des fast verschwindenden Widerstandes von Seite des Aethers, ganz wegfällt[1]).

Die Wirksamkeit des Stosses eines Wassermoleküls auf ein kleines Körperchen ist also schon wegen seiner geringeren Geschwindigkeit viel geringer als die Wirksamkeit eines Gasmoleküls von gleichem Gewicht. Sie wird überdem noch durch den Umstand, dass das Wasser wegen seiner 770 mal grösseren Dichtigkeit einen grösseren Widerstand darbietet, in entsprechendem Maasse vermindert.

Wenn wir die Geschwindigkeit berechnen, welche ein im Wasser tanzendes Körperchen in der Luft durch den Stoss eines Wassergasmoleküls erhielte, so fällt dieselbe vielmal grösser aus als die Geschwindigkeit, welche demselben im Wasser durch ein Wassermolekül ertheilt wird. Ein kugeliges oder polyedrisches Stärkekörnchen von $3^{\text{mik.}}$ ($0{,}003^{\text{mm}}$) Durchmesser zeigt die Tanzbewegung sehr deutlich. Dasselbe würde durch den Anstoss eines Wasser-Gasmoleküls in der Luft eine Geschwindigkeit von $0{,}000002^{\text{mm}}$ in der Secunde erhalten. Da uns eine Bewegung unter dem Mikroskop nach Maassgabe der linearen Vergrösserung beschleunigt erscheint, so müssen wir die soeben berechnete Geschwindigkeit, um sie mit

---

1) Der flüssige Zustand stellt bezüglich der Geschwindigkeit der Molecularbewegungen ein mittleres Verhältniss dar zwischen dem festen und dem gasförmigen Zustand. Um 1^{g} Eis in Wasser von 0^{0} zu verwandeln, bedarf es 80 Cal. Die Wärme wird dazu verwendet, um die früher fest verbundenen Moleküle von einander loszureissen und ihnen eine gewisse mittlere fortschreitende Bewegung zu ertheilen, wobei zugleich auch die inneren Schwingungen in den Molekülen entsprechend beschleunigt werden. Geht 1^{g} Wasser von 0^{0} in Wasserdampf von 0^{0} über, so werden 606 Cal. aufgenommen. Sie dienen dazu, die Wassermoleküle vollständig von einander zu trennen und die Geschwindigkeit ihrer fortschreitenden sowie der inneren schwingenden Bewegungen zu vermehren. Aus der Vergleichung der latenten Schmelzwärme mit der latenten Verdampfungswärme lässt sich entnehmen, dass die Wassermoleküle beim Uebergang aus dem flüssigen in den gasförmigen Zustand die Geschwindigkeit ihrer Bewegungen sehr beträchtlich steigern müssen.

der bei 500maliger Vergrösserung beobachteten zu vergleichen, mit 500 multipliciren. Wir erhalten somit 0,001^{mm} als Geschwindigkeit eines von dem Stoss eines Wassermoleküls unter den angegebenen Bedingungen getroffenen Stärkekörnchens, wie sie uns unter dem Mikroskop sich darstellen würde. Sie ist immer noch 3mal langsamer als die Bewegung des Stundenzeigers einer Taschenuhr dem blossen Auge erscheint, und würde die wirkliche Geschwindigkeit der Tanzbewegung noch lange nicht erreichen, wenn sie sich um das Zehntausendfache beschleunigte.

Wenn man ferner berücksichtigt, dass in dieser Berechnung die Geschwindigkeit des anstossenden Wassermoleküls um ein Vielfaches höher angenommen wurde, als sie wirklich ist, und dass der bedeutende Widerstand des Wassers gänzlich vernachlässigt wurde, so können wir wohl behaupten, dass eine Million von Wassermolekülen das Stärkekörnchen im nämlichen Moment in der gleichen Richtung treffen müsste, um den einzelnen Ruck des tanzenden Stärkekörnchens zu erklären. Nun sind es zwar wohl mehr als eine Billion von Molecularstössen, welche das im Wasser befindliche Stärkekörnchen während einer Secunde erfährt; aber sie kommen von allen möglichen Seiten und heben sich bei der ungemein grossen Zahl und der Geringfügigkeit der Wucht des einzelnen Stosses in ihrer Wirkung vollständig auf.

Es sind also zur Erklärung der Tanzbewegung kleinster Körperchen im Wasser andere moleculare Ursachen aufzusuchen als die Ortsbewegungen der Flüssigkeitsmoleküle, und wir können dieselben nur in den anziehenden und abstossenden Kräften finden, welche immer zwischen den in geringer Entfernung von einander befindlichen Molekülen wirksam sind, und deren Wirksamkeit auch die Eigenschaften der Flüssigkeiten bedingt. Da sich nun die oberflächlichen Moleküle der im Wasser liegenden Körper mit den angrenzenden Molekülen des letzteren in gegenseitigem Bereiche der Molecularkräfte befinden, so muss auch jede einzelne dieser Kräfte auf die Bewegungen eines freischwimmenden und hinreichend leichten Körpers Einfluss haben. Welche derselben aber die grösste Wirkung ausübe und die mikroskopisch sichtbaren Tanzbewegungen hervorbringe, bleibt vorerst unbekannt, und wenn wir mit Vorliebe an elektrische Anziehung und Abstossung denken, so ist dies weiter nichts als eine Möglichkeit, die in verschiedenen Beziehungen näher zu liegen scheint als irgend eine andere[1]).

Wenn meine Theorie im Allgemeinen begründet ist, so hat die Ortsbewegung der Moleküle nur einen indirekten Einfluss auf die Tanzbewegung, insofern sie stets neue moleculare Kräfte wirksam werden lässt. Langsamere Molecularbewegungen können selbst förderlicher für die Tanzbewegung sein, da diese nicht mehr eine Function der Stösse der Moleküle und des Widerstandes der Körperchen ist. Es wird uns ferner erklärlich, warum grössere Körperchen nicht nach Maassgabe ihres Gewichtes träger werden, da ja die bewegenden Kräfte mit der Oberfläche wachsen, und warum gleichgrosse Körperchen der gleichen Substanz in verschiedenen Flüssigkeiten und verschiedener Substanzen in der nämlichen Flüssigkeit ungleiche Bewegungen zeigen, da ja die chemische Beschaffenheit der Körperchen und der Flüssigkeit die bewegenden Kräfte verändern.

Was die übrigen Bewegungen der kleinsten Körperchen in einer Flüssigkeit betrifft, so lassen sich dieselben am besten beurtheilen, wenn, wie bei den Bewegungen in der Luft, die Frage erörtert wird, unter welchen Umständen die Körper schwebend erhalten bleiben. Da sie im Allgemeinen ein anderes specifisches Gewicht besitzen als die Flüssigkeit, so müssen sie, wenn nicht besondere Ursachen hinzukommen, entweder fallen oder steigen. Man möchte zwar vielleicht meinen, dass ausserordentlich kleine Körperchen, die nur wenig schwerer sind als Wasser, von diesem wohl getragen werden möchten. Allein die Bedingung hierfür könnte doch nur

1) Der erheblichste Einwurf, den man gegen die Theorie, dass die Tanzbewegung durch Molecularkräfte und nicht durch die Molecularstösse verursacht werde, erheben könnte, wäre wohl der, dass das einzelne Flüssigkeitsmolekül durch Anziehung oder Abstossung dem viel grösseren und schwereren Staubkörperchen nur eine unendlich geringe Beschleunigung ertheilen könne, und dass die von allen das Körperchen umgebenden Molekülen in verschiedenem Sinne ausgeübten Wirkungen sich aufheben müssen. Dieser Einwurf fällt hinweg, wenn die Elektricität die bewegende Kraft ist, weil dann in jedem Moment eine neue Vertheilung der Elektricität in dem Körperchen eintreten und auch die umgebenden Flüssigkeitsmoleküle sich übereinstimmend orientiren und somit eine merkliche Gesammtwirkung ausüben können.

die sein, dass der Unterschied im Gewicht nicht gross genug wäre, damit das Körperchen die Wassermoleküle, die sich seinem Sinken entgegenstellen, verschiebe. Dies ist jedoch nicht denkbar; denn da die Wassermoleküle in beständiger Ortsbewegung sich befinden, so ist auch in jedem Augenblick für einen Körper, der ein noch so geringes Bestreben hat, sich nach einer bestimmten Richtung zu bewegen, die Gelegenheit gegeben, einen kleinen Schritt vorwärts zu thun. Nur wird es von seinem Gewicht, seiner Form und Grösse abhängen, ob er langsamer oder schneller sinkt.

Wenn wir uns bloss an Wasser und verdünnte wässerige Lösungen halten, da andere Flüssigkeiten ein geringes Interresse darbieten, so hat die grosse Mehrzahl kleinster Körperchen, die wir allenfalls darin antreffen, ein grösseres, nur wenige ein geringeres specifisches Gewicht. Jene sind daher zum Sinken, diese zum Steigen geneigt[1]). Um die einen und anderen schwebend zu erhalten, bedarf

1) Schwerer als Wasser sind die mineralischen und die organisirten Substanzen. Leichter als Wasser sind von den Körperchen, die man unter dem Mikroskope zu sehen Gelegenheit hat, nur Fett und Wachs.

Einzelne lufttrockene Zellen können leichter sein als Wasser, wenn sie Luft in ihrer Höhlung enthalten. Benetzte, lebensthätige Zellen haben, da sie nie freies Gas in ihrem Innern ausscheiden, fast ohne Ausnahme ein grösseres specifisches Gewicht; denn sie bestehen aus Wasser und aus Substanzen, die schwerer sind als Wasser. Bloss dünnwandige, mit Fett gefüllte Zellen könnten ein kleineres specifisches Gewicht besitzen.

Vielzellige Complexe werden oft durch anhängende oder eingeschlossene Luft schwimmtüchtig, wie wir an grösseren oder kleineren Wasserpflanzen beobachten. Verbände von Sprosshefezellen steigen in einer zuckerhaltigen Flüssigkeit auf, getragen von der Kohlensäure, die sie durch ihre Gärthätigkeit gebildet haben, und sinken, wenn sie an der Oberfläche ihre Schwimmblase verloren haben, wieder auf den Grund. Man kann selbst in einem Glas mit schwachgärender Flüssigkeit Flocken beobachten, welche in langsamem Tempo abwechselnd steigen und fallen, ohne die Oberfläche und den Grund der Flüssigkeit zu erreichen und ohne dass sich ein Gasbläschen ablöst. Die tragende Gasmasse vermehrt sich nämlich beständig durch Gärung und vermindert sich ebenfalls beständig durch den Uebergang von Kohlensäure in die Flüssigkeit; — in den untern kohlensäurereicheren Schichten der Zuckerlösung ist der Zuwachs, in den obern kohlensäureärmeren Schichten ist der Verlust an freiem Gas beträchtlicher.

Es gibt noch eine andere Ursache, welche einzelne Zellen oder vielzellige Complexe zwar nicht im Wasser steigen macht, aber doch, wenn sie einmal an der Oberfläche desselben sich befinden, daselbst schwimmend erhält. Dies ist

es der nämlichen Mittel, die aber selbstverständlich in entgegengesetztem Sinne wirken müssen.

Eines dieser Mittel sind, in gleicher Weise wie beim Schweben in der Luft, Wasserströmungen, welche mit ihrer verticalen Componente dem positiven oder negativen Gewichtsüberschuss des Körperchens über ein gleiches Volumen Flüssigkeit das Gleichgewicht halten. Für jeden einzelnen Fall lässt sich berechnen, welche Geschwindigkeit diese senkrechte Strömung haben muss.

Aus der allgemeinen Formel $v = \sqrt{2gh}$ erhält man die zum Tragen eines schweren Körpers in einer Flüssigkeit erforderliche aufsteigende Geschwindigkeit

$$v = \sqrt{2gh\frac{(\gamma_1 - \gamma)}{\gamma}},$$

wenn γ_1 das specifische Gewicht des Körpers und γ das specifische Gewicht der Flüssigkeit ausdrückt[1]. Ist die Flüssigkeit Wasser, so hat man $v = \sqrt{2gh(\gamma_1 - 1)}$.

Es müssen dabei übrigens die nämlichen Verhältnisse berücksichtigt werden wie beim Schweben in der Luft. Wenn auch im Allgemeinen die auf den horizontalen Querschnitt berechnete mittlere Höhe (h) allein in Betracht zu ziehen ist, so hat doch auch die Grösse und Gestalt des horizontalen Querschnittes sowie die Modellirung der abwärts und aufwärts gekehrten Oberfläche grösseren

---

die Nichtbenetzbarkeit der Zellmembran, welche in Folge von Cuticularisirung (Verkorkung) eintritt. In dieser Weise bleiben Schwärmzellen an der Oberfläche des Wassers hängen und keimen daselbst. Die Kahmhautpilze (Saccharomyces mesentericus) und viele Spaltpilze bilden eine oberflächliche Haut. Selbst die zolldicken Kuchen der Essigmutter werden durch die unbenetzte obere Seite getragen, wie man sich durch passend angestellte Versuche überzeugen kann; benetzt man diese Seite oder taucht man den die Glaswandung nicht berührenden Gallertkuchen etwas unter, so sinkt er langsam auf den Grund. Dieses Sinken tritt auch bei den aus andern Pilzen bestehenden Membranen ein, die man untertaucht, so lange sie noch wenig cuticularisirt sind. Ist der Verkorkungsprocess aber weiter fortgeschritten, so kommen sie nach dem Untertauchen wieder an die Oberfläche, weil eine dünne Luftschicht der Zellmembran anhängt, und sinken erst, nachdem man diese Luftschicht entfernt hat.

1) Um einen specifisch leichteren Körper schwebend zu erhalten, bedarf es der absteigenden Geschwindigkeit $v = \sqrt{2gh\frac{(\gamma - \gamma_1)}{\gamma}}$.

oder geringeren Einfluss auf die erforderliche Geschwindigkeit, und wenn es sich um verschiedene Flüssigkeiten handelt, so ist auch der Grad ihrer Zähigkeit von Belang.

Die Geschwindigkeit, die ein aufsteigender Wasserstrom haben muss, um einen Körper gerade schwebend zu erhalten, ist auch die constante Geschwindigkeit, die er beim Fallen im Wasser annimmt. Ist von mikroskopischen Körperchen von bekannter Gestalt und Grösse diese constante Fallgeschwindigkeit ermittelt, so kann unter bestimmten Voraussetzungen daraus das specifische Gewicht berechnet werden.

Ein besonderes Interesse gewährt es, zu wissen, welche Bewegungen in einer Flüssigkeit nothwendig sind, damit dieselbe von Staubkörperchen getrübt bleibe, und welcher Zeit es bedürfe, damit sie bei vollkommener Ruhe durch Absetzen sich kläre. Es versteht sich, dass beide Grössen im umgekehrten Verhältniss zu einander stehen, und dass die erforderliche Bewegung, welche die Trübung constant erhält, um so geringer ist, je kleiner und specifisch leichter die Körperchen sind. Um eine Vorstellung von den numerischen Grössen zu erhalten, will ich als Beispiel Spaltpilze und Stärkekörner anführen, unter der Voraussetzung, dass dieselben sich wie grössere Körper verhalten.

Die kleinsten Spaltpilze haben im benetzten Zustande einen Durchmesser von $0{,}5^{\text{mik.}}$, also eine mittlere Höhe (h) von $0{,}333^{\text{mik.}}$ Das specifische Gewicht der imbibirten Spaltpilze (γ_1) beträgt im Mittel etwa 1,1. Also ist $v = 0{,}0814^{\text{cm}}$. Damit das Wasser getrübt bleibe, müssten die Strömungen in demselben derartig sein, dass die vertical aufsteigende Componente hin und wieder die Geschwindigkeit von $0{,}08^{\text{cm}}$ in der Secunde überschreitet und in Folge dessen die sich absetzenden Pilze wieder in die Höhe führt.

In vollkommen ruhigem Wasser würden demnach diese Spaltpilze eine constante Fallgeschwindigkeit von $0{,}08^{\text{cm}}$ in der Secunde annehmen, und eine getrübte Wassermasse von 1^{m} Höhe würde sich durch Absetzen vollständig in 1250 Secunden oder in 21 Minuten klären.

Zu den feinsten Stärkemehlsorten gehören solche, deren Körner im benetzten Zustande $2^{\text{mik.}}$ gross sind. Nehmen wir sie als kugelig an, so beträgt die mittlere Höhe (h) 1,333$^{\text{mik.}}$ Das specifische Gewicht (γ_1) beträgt ziemlich 1,3. Also ist $v = 0{,}28^{\text{cm}}$. Das Wasser bliebe somit getrübt, wenn die vertical aufsteigende Geschwindigkeitscomponente der Strömungen hin und wieder grösser ist als 0,28^{cm} in der Secunde, und eine vollkommen ruhige Wassermasse von 1^{m} Höhe würde durch Absetzen in 357 Secunden oder 6 Minuten klar.

Die Folgerungen für Spaltpilze und Stärkekörner gelten für die gemachten Voraussetzungen, dass das Wasser absolut in Ruhe (d. h. ohne Massenbewegung) sei, dass die Körperchen keine Eigenbewegung besitzen und sich rücksichtlich des Sinkens in einer Flüssigkeit wie grosse Körper verhalten. Die erstere Bedingung wird zwar nie eintreffen, indem ungleichseitige Erwärmung, Verdunstung an der Oberfläche und Erschütterung immer schwache Strömungen zur Folge haben, und daher das Absetzen verzögern. Der letztere Umstand muss aber jedenfalls von bemerkbarem Einflusse sein.

Wie wir gesehen haben, unterliegt das Steigen und Fallen kleinster Körperchen in der Luft anderen Bedingungen, als die nämlichen Bewegungen grosser Körper, weil jene einen anhängenden Luftmantel von merkbarer Dicke besitzen und einen bemerkbaren Reibungswiderstand erfahren. Ebenso müssen die Körper in einer Flüssigkeit, zu der sie Adhäsion zeigen, selbstverständlich zunächst mit einem Mantel von ruhenden und weniger bewegten Flüssigkeitsmolekülen umgeben sein. Derselbe würde aber nach dem, was man jetzt darüber weiss, eine äusserst geringe Mächtigkeit haben. Denn nach Quincke wirkt ein fester Körper auf Wasser in bemerkbarer Weise nur bis zu einer Entfernung von 0,0000055^{mm}, so dass der Mantel etwa aus 150 Wassermolekülschichten bestände.

Wenn diese Grösse uns die Mächtigkeit des bei den Bewegungen kleinster Körperchen zur Geltung kommenden Flüssigkeitsmantels angeben sollte, so würde durch denselben der Durchmesser des wirksamen Querschnitts bei den kleinsten Spaltpilzen (von 0,0005^{mm} Grösse bei kugeliger Gestalt) bloss um $^1/_{50}$ und der wirksame Querschnitt selbst um $^1/_{25}$ vergrössert.

Im Wasser muss aber, wenn auch der Flüssigkeitsmantel sehr dünn ist, der Reibungswiderstand im Vergleich mit der Luft, um so grösser ausfallen, und es lässt sich zum Voraus sagen, dass der letztere die Hauptursache für das langsamere Fallen kleinster Körperchen und für das Getragenwerden durch schwächere aufsteigende Strömungen sein wird. Bestimmte Vorstellungen darüber müssen auf experimentellem Wege gewonnen werden.

Die bisher betrachteten Umstände, welche auf das Schweben der Staubkörperchen in einer Flüssigkeit und auf das Absetzen derselben Einfluss haben, sind dieselben, welche die Bewegungen in der Luft bedingen, nämlich die Grösse, das Gewicht und der Mantel der Körperchen, dann die Strömungen in der Flüssigkeit und die Reibungswiderstände. Ausser der verschiedenen Zähigkeit der Flüssigkeiten, die bei den Gasen nicht in Betracht kommt, tritt dann bei den Flüssigkeiten noch eine andere Ursache auf, welche möglicherweise die Bewegungen kleinster Körperchen wesentlich modificirt. Es ist dies die Molecularanziehung zwischen der Flüssigkeit und den darin befindlichen Körperchen, welche immer besteht, wenn Benetzung stattfindet.

Diese Molecularanziehung ist es auch, welche neben den fortschreitenden Bewegungen der Flüssigkeitsmoleküle die löslichen Stoffe in Lösung bringt und darin erhält, indem sie durch den Ueberschuss wirkt, welchen die Anziehung $(f \cdot s)$ zwischen Flüssigkeit (f) und Substanz (s) über die Summe der Anziehungen zwischen den gleichartigen Molekülen $(f \cdot f + s \cdot s)$ voraus hat. Die Wirksamkeit der Molecularanziehung wird vorzüglich deutlich durch den Umstand, dass die einen Substanzen in gewissen Flüssigkeiten (z. B. in Wasser) löslich sind, nicht aber in anderen (z. B. in Alkohol), während andere Substanzen das umgekehrte Verhalten zeigen.

Wie die molecularlöslichen Substanzen verhalten sich, rücksichtlich des Zustandekommens der Lösung, auch die micellarlöslichen. Es besteht nur insofern ein Unterschied, dass die micellaren Lösungen[1]) unter übrigens analogen Umständen wegen der beträchtlichen Grösse von Micelle, die aus Hunderten und aus vielen Tausenden von Molekülen zusammengesetzt sein können, schwieriger zu Stande kommen.

1) Vgl. Theorie der Gärung S. 97 u. 121.

Vergleichen wir nun mit einer micellaren Lösung eine durch kleinste Staubkörperchen getrübte Flüssigkeit, so sind in beiden die nämlichen Kräfte vorhanden; nur sind diese Körperchen abermals viel grösser und schwerer als die Micelle. Die kleinsten Stäubchen (Spaltpilze von 0,5$^{\text{mik.}}$ Grösse) mögen im benetzten Zustande etwa 50000—100000 mal die Grösse und das Gewicht der mittleren Micelle von Stärke, Cellulose oder Eiweiss übertreffen.

Man könnte somit aus der beträchtlichen Grösse der Staubkörperchen sogleich den Schluss ziehen wollen, dass dieselben durch Molecularanziehung überhaupt nicht suspendirt erhalten bleiben können, da ja schon viele Micellarsubstanzen nicht in Lösung gehen. Eine genauere Betrachtung zeigt aber, dass die Vertheilung der Micelle als Lösung und die Suspension der Staubkörperchen als Trübung, obgleich bei beiden die nämlichen Kräfte wirksam werden, doch auf wesentlich verschiedenen Umständen beruhen.

Die Micellarlösung kommt, wie die Molecularlösung, dann zu Stande, wenn die Anziehung des Micells zu den andern Micellen einer festen Substanz überwunden wird durch die Anziehung des Micells zur Flüssigkeit und durch die dem Micell schon eigenthümlichen und durch die Stösse der Flüssigkeitsmoleküle gesteigerten Bewegungen, welche das Bestreben haben, es loszureissen.

Was die Anziehungen des Micells einerseits zur Flüssigkeit, andrerseits zu den übrigen Micellen betrifft, so sind beide wesentlich Functionen der Oberfläche[1]). Bei der Anziehung zur Flüssigkeit (diese Anziehung sei für die Flächeneinheit mit F bezeichnet) wirkt die ganze Oberfläche des Micells (O); ihre Wirkung ist durch $O \cdot F$ ausgedrückt. Bei der Anziehung (K für die Flächeneinheit) zwischen zwei polyedrischen Micellen einer Substanz kommen nur die entsprechenden Seiten (S) zur Geltung; ihre Wirkung ist durch $S \cdot K$ ausgedrückt. Dabei kann es sich nur um die grössten Seiten handeln, weil sie die stärkste Anziehung bedingen.

---

1) Dies gilt selbst für den unwahrscheinlichen Fall, dass die oberflächlichen Moleküle des Micells keine andern Kräfte entwickeln als die innerhalb der Oberfläche befindlichen, weil die Summation der Kräfte discreter Punkte für die Oberfläche ein um so grösseres Uebergewicht ergibt, je geringer die Entfernungen sind.

Da die Differenz der einander widerstrebenden Kräfte den Ausschlag gibt, so haben die beiden Micelle das Bestreben, verbunden zu bleiben, so lange $S \cdot K - O \cdot F$ einen positiven Werth darstellt. Wird der Werth negativ, so trennen sie sich von einander und gehen in Lösung. Wenn die Micelle von ungleichen Dimensionen gleiche Gestalt besitzen, so bleibt das Verhältniss von S und O dasselbe, und es besteht zwischen grossen und kleinen Micellen kein Unterschied in dem Bestreben sich von einander loszulösen. Gewöhnlich wird aber die polyedrische Gestalt kleiner und grosser Micelle einer Substanz ungleich sein. Sind beispielsweise die kleinen Micelle kubisch und werden sie beim Wachsthum mehr tafelförmig, so müssen sie in dem letzteren Zustande der lösenden Flüssigkeit einen viel stärkeren Widerstand entgegensetzen.

In ähnlicher Weise muss es, wie ich glaube, erklärt werden, warum grössere Micelle der gleichen Substanz schwieriger in den gelösten Zustand übergehen als kleinere, — eine Thatsache, die uns besonders deutlich bei den verschiedenen Modificationen der Stärke (farblose Stärke, blaue Stärke, Amylodextrin, Dextrin) entgegentritt. Der positive Werth des Ausdruckes $S \cdot K - O \cdot F$ ist bei grösseren Micellen aus zwei Gründen beträchtlicher als bei kleineren, einmal weil die grösseren Micelle mehr von der isodiametrischen Gestalt abweichen und damit einzelne grössere Anziehungsflächen gewinnen, ferner weil mit dem Grösserwerden die Micelle ihre ursprüngliche rundliche Form immer mehr in eine streng polyedrische umwandeln.

Man könnte die schwierigere Löslichkeit von Substanzen mit grösseren Micellen auf Rechnung des beträchtlicheren Micellargewichtes setzen wollen. Allein dies würde mir unstatthaft erscheinen. Das Gewicht der Micelle kann ja gegenüber den Molecularkräften gar nicht in Betracht kommen; und wenn man etwa schon geglaubt hat, die Lösung bezeichne den Zustand, in welchem das Gewicht der Salzmoleküle durch die Anziehung der Wassermoleküle überwunden sei, so trifft dies weder für die molecularen noch selbst für die micellaren Lösungen zu, und wir sehen auch an coagulirenden Eiweiss- oder an gelatinirenden Leim- und Pectinlösungen, dass, bei grösserer Concentration der Lösung, die Micelle sich fest verbinden, ohne im Wasser niederzusinken, indem das Wasser von den Micellverbänden eingeschlossen wird.

Ganz anders als die in Lösung gehenden Micelle verhalten sich die Staubkörperchen bei ihrer Suspension in einer Flüssigkeit. Die letzteren haben nämlich im Allgemeinen eine unregelmässige Gestalt und unterscheiden sich dadurch von den regelmässig polyedrischen Micellen. Sie können daher nur mit einzelnen Stellen von geringer Ausdehnung, oft nur mit einzelnen Punkten sich berrühren. In Folge dessen ist die Grösse $S \cdot K$ sehr gering und steht hinter der Grösse $O \cdot F$ weit zurück. In der That legen sich die Staubkörperchen, wenn sie aus einer Flüssigkeit sich niederschlagen, nicht zu einer festen Masse an einander wie die Micelle, sondern sie bleiben getrennt. Bei ihnen ist es nur das Gewicht, welches der Suspension entgegenwirkt. Dasselbe ist proportional der Masse, oder wenn es sich um die gleiche Substanz handelt, proportional dem Volumen.

Wir können also die Kraft, welche die Staubkörperchen zum Absetzen bringt, mit $R^3 (\gamma_1 - \gamma)$ bezeichnen (wenn γ das specifische Gewicht der Flüssigkeit, γ_1 das specifische Gewicht der Körperchen und R ihren Radius bedeutet), die Kraft dagegen, welche sie in einer Flüssigkeit vertheilt und suspendirt erhält, mit $R^2 \cdot F$ (statt $O \cdot F$). Ist die Differenz $R^2 \cdot F - R^3 (\gamma_1 - \gamma)$, oder was auf das Nämliche herauskommt, $F - R (\gamma_1 - \gamma)$ positiv, so bleiben die Körperchen suspendirt; wird der Ausdruck negativ, so setzen sie sich ab. Bei specifisch leichteren Körperchen entscheidet die Differenz $F - R (\gamma - \gamma_1)$.

Hieraus folgt, dass die Staubsubstanzen, die sich mit einer Flüssigkeit benetzen, bei verschiedenen Graden der Verkleinerung sich ungleich verhalten. Für jede gibt es in der Stufenreihe der Verkleinerung eine Grenze, wo der Umschlag eintritt. Sinken die Staubkörperchen in ihren Dimensionen unter diese Grenze, so bleiben sie suspendirt; sind dieselben grösser, so fallen sie zu Boden. Diese Grenze der Verkleinerung wird aber nur von wenigen Substanzen erreicht, so beim Bor und beim Schwefel, welche in der feinsten Vertheilung eine Flüssigkeit constant trüben. Solche suspendirte Körperchen sind aber immer noch mehr wie 10 mal grösser (im Durchmesser) als Micelle, die keine Lösung zu bilden vermögen.

Man hat also dreierlei Zustände zu unterscheiden, in denen die von der Flüssigkeit ausgeübte Molecularanziehung eine gleichmässige und constante Vertheilung von fremden Substanzen bewirkt: die Moleculärlösung, in welcher die gegenseitige Anziehung der einzelnen Substanzmoleküle, die Micellarlösung, in welcher die gegenseitige Oberflächenanziehung der polyedrischen Micelle und die Trübung durch Stäubchen, bei welcher das Gewicht der Körperchen überwunden wird. — Das Verhältniss dieser Molecularanziehung zu derjenigen, welche das Tanzen der Staubkörperchen und ohne Zweifel auch ein viel lebhafteres Tanzen der unsichtbaren Micelle verursacht, bleibt vor der Hand fraglich. Die eine und die andere werden aber ohne Zweifel durch verschiedene Molecularkräfte bewirkt.

Bezüglich der Trübung durch suspendirte Staubkörperchen bemerke ich noch, dass dabei vollkommene Ruhe der Flüssigkeit von Strömungen vorausgesetzt wird. Ist diese Ruhe gegeben, so werden sich die Körperchen, deren Grösse die für die Suspension erforderliche Grösse nur wenig überschreitet, sehr langsam absetzen. Sind aber auch nur geringe Strömungen vorhanden, so wird die Flüssigkeit beständig getrübt bleiben. Das Absetzen geht ferner um so langsamer vor sich, je mehr die Zähigkeit der Flüssigkeit demselben entgegenwirkt.

Ein Beispiel, in welchem die Trübung sehr lange erhalten bleibt, gibt uns die Milch. Dieselbe zeigt uns überdem deutlich die Wirkung der Molecularanziehung. Die Fettkügelchen sind nicht übermässig klein, der Unterschied zwischen ihrem specifischen Gewicht und dem der Caseinlösung ist nicht unbedeutend und die micellare Lösung hat keine sehr grosse Zähigkeit. Das so äussert langsame Absetzen des Fettes als Rahm an der Oberfläche wäre aus den angeführten Ursachen nicht erklärlich, wenn das Fett seiner Natur entsprechend im Wasser unbenetzt bliebe. Da nun aber die Butterkügelchen mit Caseinhüllen umgeben sind, so kommt die starke Molecularanziehung zwischen den letzteren und dem Wasser zur Wirksamkeit und verhindert das Steigen der Kügelchen. Jedes Mittel, welches die Hüllen zerstört, befördert das Aufrahmen der Milch.

III. Uebergang von einem Medium in das andere.

Nachdem ich die Bewegungen der Staubkörperchen innerhalb der Luft und des Wassers betrachtet habe, frägt es sich noch, wie sie von einem Element in das andere gelangen. Ihr Uebergang von Luft in Wasser, in das sie hinunterfallen, von Wasser auf einen festen Körper, auf dem sie beim Verdunsten des Wassers zurückbleiben, und von einem festen Körper wieder in Wasser, indem das Wasser ihre Adhäsion lockert und sie bei hinreichender Bewegung fortführt, bedarf keiner Besprechung. Dagegen muss der Uebergang der Staubkörperchen aus einer Flüssigkeit, dann von der trockenen Oberfläche eines festen Körpers auf dem sie angetrocknet sind, endlich von der trockenen Oberfläche, auf welcher sie trocken angeflogen sind, in die Luft, sowie das Anfliegen selbst erörtert werden.

Alle die zahlreichen in der Atmosphäre herumfliegenden Staubkörperchen waren ursprünglich Theile von festen Körpern oder in einer Flüssigkeit befindlich; alle Spaltpilze sind in wässerigen Lösungen entstanden. Es ist daher von besonderer Wichtigkeit, zu untersuchen, unter welchen Umständen sie aus einer Flüssigkeit in die Luft gelangen. Die theoretische Lösung dieses Problems lässt sich nur auf dem Wege erreichen, dass wir untersuchen, welche der bekannten Kräfte und Bewegungen dabei wirksam sein können, — und in dieser Beziehung bieten sich uns nur zwei Möglichkeiten dar, einerseits die molecularen Kräfte und Bewegungen, andrerseits die Massenbewegungen.

Die erste Frage betrifft den Uebergang der Staubkörperchen aus dem Wasser oder von einer benetzten Oberfläche in die Luft, und hier handelt es sich einmal darum, ob moleculare Kräfte und Bewegungen denselben zu verursachen vermögen. Man kann dabei an die Analogie der Verdunstung denken, bei welcher nicht bloss die Moleküle der Flüssigkeiten, sondern auch die Moleküle von flüchtigen Stoffen, die darin gelöst sind, in die Atmosphäre übergehen. Man hat wirklich kleinste Körperchen, nämlich Spaltpilze, mit dem Wasser verdunsten lassen, indem man ohne Zweifel von der dunkeln Vorstellung ausging, dass Stäubchen von geringstem Gewicht sich wohl verhalten möchten, wie die viele Millionen mal leichteren Moleküle. Man ist ja gerne geneigt, wenn die Dimensionen unter die Grenze des dem blossen Auge Sichtbaren hinuntergehen, auch für das Unterscheiden derselben eine Grenze eintreten zu lassen.

Beim Verdunstungsprocess überwinden von den durcheinanderwogenden Molekülen der Flüssigkeit einzelne, die mit der grössten in der Flüssigkeit möglichen Geschwindigkeit senkrecht auf die Oberfläche sich bewegen, die Adhäsion und trennen sich los. Die Stösse der viel schneller sich bewegenden Luftmoleküle mögen bei diesem Process schon mitwirken, wie sie nachher die gesteigerte Geschwindigkeit der verdunsteten Moleküle bedingen.

Von allen Verbindungen, welche die Bestandtheile von Flüssigkeiten bilden, sind es aber nur gewisse, welche in die Luft übergehen können, und die man deswegen als flüchtige bezeichnet. Die nicht flüchtigen Verbindungen verlassen in keiner mit unsern jetzigen Hilfsmitteln nachweisbaren Menge die Flüssigkeit, und da die Wage ausserordentlich kleine Gewichtsmengen anzuzeigen vermag, so darf man vielleicht ihre Nichtflüchtigkeit für bestimmte Temperaturen als eine absolute Eigenschaft ansehen.

Der Unterschied zwischen den flüchtigen und nicht flüchtigen Stoffen wird nicht durch das Moleculargewicht, sondern durch andere moleculare Eigenschaften, nämlich durch die ungleiche Anziehung der Flüssigkeitsmoleküle unter einander und durch ihre ungleichen Bewegungszustände (da eine Anziehung zu den Molekülen der Atmosphäre nicht statt hat) bedingt.

Die Stoffe, welche Micelle bilden, sind nicht flüchtig; die micellarlöslichen Substanzen, Gummi, Dextrin, Pectin, Eisweiss, Leim verdunsten erfahrungsgemäss nicht. Alle Staubkörperchen bestehen ebenfalls aus nicht flüchtigen Verbindungen und, insofern sie organisirt sind, aus Micellen. Sie können also schon aus diesem Grunde nicht durch die Verdunstungskräfte in die Luft entweichen. Ueberdies lässt auch ihr verhältnissmässig grosses Gewicht ein solches Entweichen nicht zu. Die kleinsten Spaltpilze z. B., die im Wasser einen Durchmesser von 0,5 $^{\text{mik.}}$ besitzen, sind etwa zweihundert Millionen mal schwerer als ein Molekül des nicht flüchtigen Traubenzuckers, und sie haben im Wasser überdem eine ihrer Oberfläche entsprechende grössere Anziehung zu Wasser und eine ihrem Gewichte entsprechende geringere Bewegung (wenn wir nur die von den Molecularkräften verursachte Geschwindigkeit berücksichtigen und von der ihnen allfällig zukommenden Eigenbewegung absehen).

Nach den früheren Erörterungen ist es auch selbstverständlich, dass die einzelnen Stösse der Luftmoleküle auf ein etwas aus der Flüssigkeit auftauchendes Staubkörperchen dasselbe nicht loszutrennen vermögen. Denn abgesehen davon, dass sie im Allgemeinen das Körperchen bloss in die Flüssigkeit zurückstossen würden, wäre die dem kleinsten Spaltpilz (von 0,5 $^{\text{mik.}}$ Durchmesser) durch einen solchen Molecularstoss ertheilte Geschwindigkeit, ohne Berücksichtigung der in der Flüssigkeit gegebenen Hindernisse, noch weniger als 0,001^{mm} in der Secunde.

Nachdem festgestellt ist, dass die molecularen Kräfte und Bewegungen nicht im Stande sind, Staubkörperchen aus dem Wasser loszureissen, muss noch die Frage erörtert werden, ob dies vielleicht durch Massenbewegungen erreicht wird. Man möchte ja vielleicht die Meinung hegen, dass in dieser Beziehung die in der Flüssigkeit befindlichen Staubkörperchen sich anders verhalten als die Moleküle. Die fraglichen Massenbewegungen könnten aber nichts anderes sein als Luftströmungen, weil die Flüssigkeit als in verhältnissmässiger Ruhe befindlich vorausgesetzt wird.

Die Staubkörperchen müssen, damit die Luftströmungen auf sie einwirken können, etwas über den Wasserspiegel emportauchen. Dies lässt sich nur von Zellen, die entweder mit Eigenbewegung oder mit einer cuticularisirten Membran begabt sind, voraussetzen, und es ist daher die Frage von Belang, wie weit wohl solche Zellen unter den günstigsten Umständen über die Oberfläche vortreten.

Was zuerst die Eigenbewegung betrifft, so erscheint dieselbe bei starker mikroskopischer Vergrösserung zwar sehr lebhaft, beträgt aber doch in keinem Falle mehr als 0,3^{mm} in der Secunde. Berücksichtigt man diese geringe Bewegungsgrösse und die bedeutenden entgegenwirkenden Molecularkräfte, welche in der Anziehung der Zellenoberfläche zu allen Wassermolekülen und in der Oberflächenspannung der Flüssigkeit wirksam sind, so sieht man leicht ein, dass die specifisch schwerere Zelle, auch wenn sie senkrecht auf die Oberfläche des Wassers stösst, gewiss lange nicht zur Hälfte über dieselbe vortreten kann.

Was ferner die Cuticularisirung der Zellmembran betrifft, so werden die im Wasser befindlichen Zellen nur an der Seite, mit der sie die Oberfläche berühren, verkorkt und benetzungsunfähig; sie ragen nur wenig über dieselbe empor. Dagegen mögen Sporen, die sich in diesen oberflächlichen Zellen (von Spross- und Spaltpilzen) bilden, überall verkorkt sein. Aber ihre Verkorkung und die Benetzungsunfähigkeit ist jedenfalls nur gering, wie sich schon aus dem Umstande ergibt, dass sie beim Untertauchen auf den Boden sinken. Es ist aber auch der unwahrscheinliche Fall zu berücksichtigen, dass sie, wie in der Luft gebildete Sporen, gänzlich unfähig seien, sich zu benetzen, in welchem Falle sie in einem kleinen Meniscus auf dem Wasser lägen.

Die Luftströmungen, die auf solche mehr oder weniger über das Wasser vortretende Zellen wirken, kommen direct bloss von oben oder streichen höchstens parallel der Oberfläche hin, und drücken, da sie keine nach oben wirkende Componente haben, die Zelle im Allgemeinen nur in die Flüssigkeit nieder. Wenn es sich um grosse, senkrecht über eine Wasserfläche sich erhebende Körper handelte, so könnten dieselben durch einen von der Oberfläche zurückgeworfenen und somit aufsteigenden Luftstrom oder auch durch einen Wirbelwind emporgehoben werden. Bei einem mikroskopisch kleinen Körperchen ist dies nicht möglich, da es keine Luftstösse oder Wirbel von mikroskopisch beschränktem Querschnitt gibt.

Es können daher von einer Wasseroberfläche keine Staubkörperchen, auch keine noch so kleinen Spaltpilze, selbst von den heftigsten Luftströmungen, weggeführt werden, insofern die Wasseroberfläche selbst intact bleibt. Dagegen tragen Stürme von einer solchen Oberfläche, die sie in Bewegung setzen, grössere oder kleinere Wassermassen und mit denselben auch alle darin befindlichen Staubkörperchen fort. Ebenso können durch andere Bewegungen, wie z. B. durch aufsteigende, an der Oberfläche platzende Gasblasen, kleine Wassertropfen mit den darin eingeschlossenen Stäubchen weggeschleudert werden.

Benetzte Körper verhalten sich im Wesentlichen wie Flüssigkeiten. Von denselben werden benetzte und durch Molecularkräfte festgehaltene Staubkörperchen nicht fortgeweht, es wäre denn, dass der Sturm ganze Partien der Flüssigkeit loszureissen vermöchte[1]).

Es ist zweitens die Frage zu erörtern, wie Staubkörperchen, welche aus einer Flüssigkeit an einer festen Oberfläche angetrocknet sind, im trockenen Zustande in die Luft gelangen. Dies hängt vorzüglich ab einerseits von der Adhäsion an die Unterlage und von dem Schutze, welchen der aus verdichteter Luft bestehende Mantel gewährt, andrerseits von der Stärke der Luftströmung. Andere Umstände, die bei grossen Körpern von Belang wären, kommen bei Staubkörperchen, sofern sie einzeln liegen, kaum in Betracht, so der Umstand, wie viel der Körper über die Unterlage emporrage und welche Angriffsfläche er der Luftströmung darbiete, ferner die Gestaltung der Oberfläche der Unterlage und ob der Körper sich in einer vertieften und geschützten Stelle oder an einer vorspringenden Ecke und Kante befinde, endlich die Exposition der Unterlage, ob der Körper an einer abwärts schauenden Fläche hänge oder einer aufwärts schauenden aufliege und ob sein Gewicht die Trennung erleichtere oder erschwere.

Was die Adhäsion betrifft, welche dem Wegführen durch die Luft den erheblichsten Widerstand entgegensetzt, so ist einmal zu berücksichtigen, dass die Staubkörperchen aus einer Flüssigkeit nicht etwa in jeder Lage antrocknen, somit nicht etwa bald mit einer Fläche, bald mit einer Kante oder einer Spitze den festen

1) Es muss daher, wie ich es in den „Niederen Pilzen" gethan habe, die Trennung der Spaltpilze im nassen Zustande von der Unterlage, um in die Luft zu gelangen, in allen Fällen auf das Spritzen beschränkt werden. Ich habe diese ganze Frage weitläufiger behandelt, als es die klar vorliegenden physikalischen Thatsachen nothwendig erscheinen lassen, da auch neuerdings wieder mit Unrecht der Verdunstung eine Rolle bei der Verbreitung der Spaltpilze aus einer faulenden Flüssigkeit in die Luft zugeschrieben wurde.

Körper berühren, sondern dass sie, im Gegensatze zu den trocken anfliegenden Körperchen, vor dem Verdunsten der Flüssigkeit darin sich so anordnen, dass sie den unter vorliegenden Umständen möglichen stärksten Anziehungen ein Genüge leisten. Deswegen haftet Gipsstaub viel besser, wenn man ihn mit reinem Wasser aufträgt, als wenn man ihn trocken aufstreut.

Ferner kommt es namentlich darauf an, ob die Staubkörperchen aus einer Flüssigkeit mit oder ohne Klebstoff antrocknen. Im ersteren Falle werden sie mehr oder weniger festgeleimt. Im zweiten Falle kann eigentliches Ankleben nur eintreten, wenn die Körperchen selbst das Klebmittel enthalten, wie dies bei Zellen und mikroskopischen Organismen immer mehr oder weniger eintrifft. Dieselben scheiden, besonders wenn es Pilze sind, colloide (nicht krystallisirende) Stoffe in geringer Menge aus. Noch viel wichtiger aber erscheint es, dass ihre membranartige Umhüllung mit einer grossen Menge von Wasser imbibirt und daher von weicher Beschaffenheit ist. Dieselbe kann sogar sich vollkommen so wie ein vorzüglicher Klebstoff verhalten, — die weichsten Cellulosemembranen gleich dem Gummischleim, die weichsten Plasmamembranen gleich der Leim- und Eiweisslösung. Viele Algen und auch niedere Pilze trocknen aus reinem Wasser so fest auf ungeleimtem Papier an, als ob sie mit Gummi angeleimt wären.

Ausser der Adhäsion, welche die Staubkörperchen vor dem Wegführen bewahrt, kann auch die verdichtete, in verhältnissmässiger Ruhe befindliche Luftschicht, welche wie ein Mantel feste Oberflächen überzieht, als Schutz dienen. Sind die Körperchen so klein, dass sie ganz darin eingebettet, vielleicht selbst tief darin begraben sind, so vermögen ihnen offenbar die Luftströmungen nur wenig anzuhaben.

Immerhin wird der Schutz, den die angetrockneten Staubkörperchen in der Adhäsion und in dem ruhenden Luftmantel finden, ausserordentlich verschieden sein, und die Beantwortung der Frage, durch welche Luftströmungen sie fortgeführt werden, auch sehr ungleich ausfallen. Ich will daher nur ein bestimmtes Beispiel, nämlich die Spaltpilze berücksichtigen, da die Verbreitung derselben in die Atmosphäre ein hervorragendes Interesse gewährt.

Wenn das Wasser organische, nicht crystallisirende Verbindungen gelöst enthält, so zeigen die Spaltpilze nach dem Eintrocknen, da sie schon an und für sich ziemlich fest anhaften, nach der Menge und Beschaffenheit der Klebsubstanzen eine Reihe von Adhäsionsgraden, von denen auch die geringsten mit Leichtigkeit die Gewalt der stärksten Luftstösse aushalten. Denken wir uns eine Mücke mit Leim oder Gummi an eine Wand gepappt und noch mit einer dünnen Schicht von Leim oder Gummi überzogen, so haben wir im Grossen ein Bild von dem, was der Spaltpilz im Kleinen zeigt. Der letztere vermag aber einen viel heftigeren Angriff zu widerstehen als die Mücke, weil die Angriffsfläche um das Millionenfache kleiner und weil für ihn überdem ein Schutz in dem Luftmantel gegeben ist. Die Mücke würde, wenn eine Wiederbenetzung ausbliebe, nach längerer Zeit doch etwas gelockert, weil die Klebmasse mit dem Wechsel der Temperatur sowie mit dem temporär eintretenden schärferen Austrocknen kleine Sprünge bekommt, die sich mit der Zeit erweitern. Für den angepappten Spaltpilz ist diese Gefahr viel geringer, da seine Klebmasse eine viel dünnere Schicht bildet, und für ihn besteht eine Aussicht, unter den angegebenen Verhältnissen in die Luft entführt zu werden, bloss für den Fall, dass irgend eine mechanische Action zu Hilfe kommt.

Ebenso verhält es sich, wenn grössere Mengen von Spaltpilzen mit Klebstoffen eintrocknen. Selbst bei scharfem Austrocknen bilden sich in der immerhin dünnen und unhomogenen Masse kaum Risse, und dieselben können nie ein Lostrennen einzelner Pilze zur Folge haben. Nur wenn auf mechanischem Wege die angeklebte Masse in ein Pulver verwandelt wird, vermögen mit den Splittern derselben die Pilze in die Luft zu gelangen, und es unterliegt gar keinem Zweifel, dass die grosse Mehrzahl der als Stäubchen herumfliegenden Spaltpilze diesen Ursprung hat.

Befinden sich aber die Spaltpilze in einer feuchten Atmosphäre, in der das Austrocknen nur unvollständig eintritt, oder enthält die Substanz, vermittels welcher sie festkleben, eine Verbindung, die eine grosse Verwandtschaft zu Wasser hat und feucht bleibt, so sind sie für immer vor dem Entführen durch einen Luftstrom bewahrt. Dieses Schicksal haben beispielsweise diejenigen Spaltpilze, die an der Oberfläche eines von Zeit zu Zeit durch Auswurfsstoffe verunreinigten Bodens sich befinden. Die organischen Verbindungen des Harns, des Koths, des Küchenspülwassers bilden ein vorzügliches Klebmittel, welches auf einem nicht sehr trockenen Boden längere Zeit zähe bleibt.

Ich habe bis jetzt angenommen, dass die mit einem Klebstoff angetrockneten Spaltpilze entweder gar nicht oder dann wieder mit einer den nämlichen Klebstoff enthaltenden Flüssigkeit benetzt werden. Tritt dagegen Benetzung durch reines Wasser, z. B. durch Regen- oder Brunnenwasser ein, so können die Klebstoffe ausgewaschen werden, und die Spaltpilze zeigen dann das nämliche Verhalten, als ob sie aus reinem Wasser angetrocknet wären. Es ist daher noch zu untersuchen, welche Wahrscheinlichkeit für das Wegführen von Spaltpilzen besteht, die aus Flüssigkeiten ohne wirksame Mengen von Klebstoffen antrocknen. Eine solche Flüssigkeit ist im Allgemeinen das Wasser der Flüsse, Seen, Sümpfe, sowie das Grundwasser. Die organischen Nährstoffe sind hier humussaures Ammoniak, vielleicht auch Ammoniaksalze von andern organischen Säuren und vielleicht einfache, Kohlenstoff und Stickstoff enthaltende Verbindungen.

An der Erdoberfläche, an Steinen und Pflanzen, die bei Ueberschwemmungen und hohem Stand des Sumpfwassers, ebenso an den Bodentheilen, die bei hohem Grundwasserstande bespült werden, bleiben nach dem Sinken des Wassers Spaltpilze zurück und trocknen fast ohne Klebstoffe ein. Weil auch die Unterlage, wie vorausgesetzt wird, solcher Stoffe entbehrt, so muss der erfolgende Adhäsionsgrad von der Beschaffenheit der Zellmembran abhängen. Da nun die einzelnen Pilze viel zu klein sind, um eine direkte Beobachtung zu gestatten, so kann auf ihr Verhalten nur aus dem Verhalten der morphologisch verwandten Algen sowie aus demjenigen ganzer Spaltpilzlager geschlossen werden.

Was die Algen betrifft, so haften die auf Stein, Holz oder ungeleimtem Papier angetrockneten Zellen um so besser, je dicker und weicher ihre Membranen sind, und solche mit schleimigen Membranen kleben, wie bereits bemerkt, so fest an, dass man sie mit einem Klebmittel nicht besser aufpappen könnte, während Zellen mit derben Membranen wenig oder gar nicht adhäriren.

Bei den Spaltpilzen scheinen, wie bei der verwandten Algengruppe der Nostochinen, alle Festigkeitsgrade in den Zellmembranen vertreten zu sein. Es lassen sich zwar nur die dicken schleimigen oder gallertartigen Membranen direct sehen, und Spaltpilze mit solchen Membranen kleben in ganzen Massen, auch wenn sie in reinem Wasser gewachsen sind, aufs innigste dem Papier an. Aber schon die Essigmutter, deren Zellen zwar dicke aber ziemlich feste Häute haben, haftet weniger gut. Ueber die Beschaffenheit der äusserst dünnen Membranen, wie sie die meisten Spaltpilze haben, lässt sich im Einzelnen nichts Sicheres aussagen; und es ist bloss im Allgemeinen nach den analogen Erscheinungen wahrscheinlich, dass sie in allen Graden adhäriren.

Sollte aber auch die Adhäsion solcher aus einer Flüssigkeit ohne Klebstoffe angetrockneter Spaltpilze nur eine geringe sein, so werden sie überdem, wenn sie einzeln liegen, durch die ruhende verdichtete Luftschicht so bedeckt und geschützt sein, dass keine Luftströmung sie von einer freien Oberfläche wegzuführen vermag. Bloss von ganzen Flocken, die aus zahlreichen mit einander verbundenen Spaltpilzen bestehen, lässt sich allenfalls annehmen, dass dieselben, da sie mehr vorragen, zuweilen losgerissen werden.

Es ist drittens zu untersuchen, wie sich trocken angeflogene Staubkörperchen bezüglich des Wiederwegführens in die Luft verhalten, wobei natürlich vorausgesetzt wird, dass sie seit dem Anfliegen nie benetzt wurden, weil sie sonst den angetrockneten gleich wären. Solche Körperchen haben im Allgemeinen eine äusserst geringe Adhäsion zu der festen Oberfläche, an der sie sich befinden, weil sie dieselbe nur mit einer kleinen Stelle ihrer runden oder unregelmässigen Gestalt berühren. Doch ist die Adhäsion immerhin so gross, um nicht von dem Gewicht der Körperchen überwunden zu werden, da diese nicht bloss an einer glatten senkrechten Fläche nicht hinunterrutschen, sondern auch von einer horizontalen, abwärts schauenden Fläche nicht hinunterfallen.

Solche trocken angeflogene Körperchen werden von Luftströmungen leicht wieder fortgeführt, insofern sie nicht in dem ruhenden Luftmantel Schutz finden. Bei ihnen ist die Grösse und zwar der zur festen Oberfläche rechtwinklige Durchmesser von entscheidender Bedeutung, weil mit der Zunahme dieses Durchmessers jener Schutz geringer wird. Während kleine vereinzelte Körperchen starken Luftströmungen trotzen, werden grosse Körperchen oder flockenförmige Verbände kleiner Körperchen schon von viel schwächeren Luftbewegungen fortgerissen. Man kann sich von dieser Thatsache leicht überzeugen, wenn man eine Glasplatte mit Stärkemehl bestreut, dieselbe mit dem Mikroskop betrachtet, dann einen Luftstrom darauf treffen lässt und nachher wieder beobachtet. Uebrigens hängt die Wirkung selbstverständlich von der Richtung des Stromes gegen die feste Oberfläche ab; eine mit derselben parallel gehende Luftbewegung lässt bestimmte Körperchen ruhig liegen, während eine schiefe Bewegung sie wegreisst.

Das Wegführen trocken angeflogener Staubkörperchen durch einen Luftstrom lässt sich in manchen Fällen am besten beurtheilen, wenn man beobachtet, unter welchen Umständen sie anfliegen. Denn es kann natürlicherweise der bei einer bestimmten Luftbewegung angeflogene Körper nur losgerissen werden, wenn entweder die Luftbewegung bei gleicher Richtung stärker wird, oder wenn sie bei gleicher Stärke eine wirksamere Richtung annimmt. Ich will bezüglich des Anfliegens nur den einen Fall kurz besprechen, wie sich dasselbe in Kanälen gestaltet, weil dieser Fall gerade die wichtigste praktische Anwendung findet.

Lassen wir in einer cylindrischen und genau senkrecht stehenden Glasröhre einen Luftstrom, in welchem Staubkörperchen, z. B. Stärkekörnchen, suspendirt sind, aufsteigen, so bedeckt sich die innere Röhrenwand nach und nach mit einem Anflug von Stärkemehl. Die Ursachen dieser Erscheinung sind leicht einzusehen. Die aufsteigende Luft hat bei verschiedenen Abständen von der Peripherie eine ungleiche Geschwindigkeit. Im Innern ist die Geschwindigkeit am grössten; sie nimmt nach der ruhenden Luftschicht, welche die Wandung überzieht, immer mehr ab. Aber diese Abnahme ist keine ganz regelmässige. Zerlegen wir den ganzen Luftcylinder in einzelne Strömungsfäden, so haben diese, und zwar schon wegen der beim Ein- und Ausströmen eintretenden Unregelmässigkeiten, keinen vollkommen parallelen Verlauf, sondern es findet fortwährend das allmähliche Uebertreten von Luftmassen aus einer Region des Querschnittes in eine andere statt. Verfolgt man eine dem blossen Auge deutlich sichtbare Stärkemehlflocke, so bemerkt man oft, dass dieselbe eine Strecke weit aufsteigt und dann wieder hinunterfällt, um später vielleicht wieder aufzusteigen. Nur ein innerer Luftcylinder vermag Körner und Flocken von einer bestimmten Grösse aufwärts zu tragen. In dem ausserhalb dieses Cylinders befindlichen Hohlcylinder sinken sie nieder. Treten sie aber noch näher an die Peripherie und kommen sie in die ruhende Luftschicht und in Berührung mit der Wandung, so bleiben sie fest sitzen.

In einer horizontal- oder schiefliegenden, im Uebrigen aber geraden und cylindrischen Glasröhre ist die Strömung zwar noch ziemlich regelmässig, aber es legt sich eine grössere Zahl von Staubkörperchen auf der unteren Seite des Hohlraums an. In cylindrischen gebogenen, in cylindrischen stellenweise erweiterten oder verengten Röhren, in solchen mit elliptischem Querschnitt wird das Absetzen noch ungleichmässiger und lässt auf ungleich vertheilte und unregelmässige Strömungen schliessen. Streicht die Luft durch Röhren mit sehr kleinem Querschnitt, so muss auch der in weiten Röhren unbewegliche Luftmantel zum grössten Theil strömen. In solchen engen Röhren setzen sich die Staubkörperchen viel weniger leicht an und werden, wenn sie einmal angeflogen sind, durch viel schwächere Luftströmungen weggeführt, als dies in weiten Röhren der Fall ist. Im Uebrigen müssen die Modalitäten dieser Erscheinungen durch eigens hierfür angestellte Versuche ermittelt werden.

Zum Schlusse halte ich es für zweckmässig, noch eine allgemeine Betrachtung über das Entweichen von Staubkörperchen aus einer porösen Substanz und zwar speciell der Spaltpilze aus dem Boden anzustellen, da bei diesem Vorgang die verschiedenen bis jetzt besprochenen Gesichtspunkte in Berücksichtigung kommen. — Der ganze Vorgang zerfällt in zwei Theile: das Ablösen der Pilze von den Bodentheilchen und der Transport derselben durch den Boden bis in die Atmosphäre.

Die Spaltpilze bilden sich nur in einem benetzten Boden und können daraus, so lange die Benetzung andauert, von Luftströmungen noch weniger fortgeführt werden, als von einer freien Fläche. Trocknen sie mit einem Klebstoff an, der in einem durch Auswurfstoffe verunreinigten Boden immer enthalten ist, so sind sie jedenfalls, insofern nicht eine mechanische Action das Ablösen und Verkleinern wirksam unterstützt, so lange festgebannt, bis der Klebstoff ausgewaschen oder zerstört ist. Ist das Letztere eingetreten, oder sind die Spaltpilze von Anfang an aus Wasser ohne Klebstoff angetrocknet, so ist die Frage, welchen Grad der Adhäsion sie durch ihre eigene Membran erlangt haben, und welchen Schutz ihnen der ruhende Luftmantel, der alle Bodentheilchen umgibt, gewährt. Wenn man berücksichtigt, dass die Spaltpilze immer einigermassen adhäriren, und dass sie so klein sind, um von dem Luftmantel ganz eingehüllt zu werden, so könnte man vermuthen, dass die schwachen Luftströmungen des Bodens überhaupt keine in demselben angetrockneten Spaltpilze wegzuführen vermöchten.

Dies wäre indess ein irrthümlicher Schluss. Ebenso wie die Erfahrung uns zeigt, dass die Spaltpilze wirklich aus dem Boden herauskommen, gibt es auch einige Thatsachen, welche uns dieses Herauskommen unter gewissen Umständen als nothwendig voraussehen lassen. Einmal ist zu berücksichtigen, dass in den engen Poren des Bodens oft beinahe der ganze Luftmantel sich in Bewegung setzen und daher auch die in diesen Poren angetrockneten Stäubchen leichter fortführen wird. Ferner werden sehr häufig die Pilze nicht einzeln, sondern in zusammenhängenden Gruppen an den Bodentheilchen haften. Die Spaltpilze haben nämlich die Neigung, an der Oberfläche von Flüssigkeiten dünne Häute zu bilden. Dies wird auch im Boden der Fall sein. Füllt das Wasser einen capillaren Raum aus, so entsteht auf dem Meniscus desselben, unter dem begünstigenden Einfluss des frei zutretenden Sauerstoffs, ein äusserst zartes Häutchen, welches nach dem Austrocknen von den schwachen Luftströmungen zerrissen werden muss. — In den so mannigfaltig gestalteten kleinen Bodenräumen können sich auch andere Verbände von Spaltpilzen bilden, die im trockenen Zustande als Flocken eine im Verhältniss zu ihrem Querschnitt, der den Strömungen als Angriffsfläche dient, nur geringe Adhäsion zeigen und denen auch wegen ihrer beträchtlicheren Grösse der Luftmantel wenig Schutz gewährt. Den nämlichen Vortheil für den Transport finden die Spaltpilze, wenn sie an lose liegenden, hinreichend leichten Bodentheilchen ankleben.

Für das wichtigste Hilfsmittel indess, welches das Entweichen der Spaltpilze aus dem Boden möglich macht, halte ich die Bewegungen, die in der Masse des Bodens selbst thätig sind und eine unausgesetzte Lockerung der kleinen Theilchen bewirken. Ursache dieser Bewegungen sind die Temperaturveränderungen. Wenn feste Mineralsubstanzen sich um 1° C. erwärmen, so beträgt der mittlere lineare Ausdehnungscoefficient, so weit er bis jetzt bekannt ist, zwischen 0,0000005 und 0,00004. Nehmen wir denjenigen des Kalkspaths (0,000005) als Maasstab für den Kalkboden an, so nimmt 1 Meter bei einer Temperaturänderung von 1° in jeder Richtung um 0,005^{mm} zu oder ab, bei einer Temperaturänderung von 10° um 0,05^{mm}. Es ist dies allerdings eine geringe Bewegung und ohne Belang für die meisten Bodentheile, für die kleinsten derselben aber doch sehr bemerkbar. Die Verschiebung auf 1^{m} Länge beträgt nämlich in den beiden angenommenen Fällen (bei Temperaturschwankungen von 1 und 10°) 10- und 100mal die Dicke eines mittelgrossen Spaltpilzes (von 0,5$^{mik.}$ Durchmesser trocken). Während demnach grössere Körper ihre relative Lage nicht verändern, können Staubkörperchen ganz verschoben werden.

Die beständige Bewegung, in der die Bodentheile wegen der fortwährenden Temperaturveränderungen begriffen sind, muss in einem trockenen Boden um so mehr die Verkleinerung und Lostrennung der Theilchen bewirken, je kleiner dieselben sind und je geringeren Widerstand sie zu leisten vermögen; die Conglomerate von mineralischen Staubkörperchen werden zerrieben, Spaltpilzgruppen und einzelne Spaltpilze von ihrer Unterlage abgestossen. Wie auf der Bodenoberfläche die angetrockneten Spaltpilzmassen durch den Tritt der Menschen und Thiere und durch andere mechanische Ursachen zerkleinert und in Pulver verwandelt werden, erfahren sie das nämliche Schicksal unter der Bodenoberfläche fast allein durch die mit dem Temperaturwechsel verbundenen Bewegungen.

Die dadurch freigemachten Spaltpilze können nun durch Luftströmungen fortgeführt werden, sei es einzeln, sei es zu vielen in Verbänden, sei es auf mikroskopischen Splittern von Bodentheilen, denen sie aufsitzen. Ihr weiteres Schicksal hängt davon ab, ob sie den Weg durch den Boden in die Luft zurückzulegen vermögen oder nicht. Im Allgemeinen treffen sie dabei auf nicht geringe Hindernisse, auch wenn der Boden vollkommen trocken ist und wenn die Luftströmungen die günstigste Richtung einhalten. Es ist ja bekannt, dass die Luft, die man durch eine feinporöse Substanz, z. B. durch Baumwolle filtrirt, von Staubkörperchen, auch von den kleinsten Spaltpilzen befreit werden kann. Doch erweist sich selbst ein dichter Baumwollpfropf von bestimmter Länge mit seinen so äusserst feinen Poren nur für eine bestimmte Luftgeschwindigkeit und während einer bestimmten Zeit als vollkommenes Filter.

Der poröse Boden verhält sich, wenn die veränderten Verhältnisse in Anschlag gebracht werden, ähnlich wie ein Baumwollpfropf. Er hält die Staubkörperchen je nach seiner Beschaffenheit bis auf eine bestimmte Luftgeschwindigkeit und bis auf eine bestimmte Zeitdauer zurück und wird über diese Grenze hinaus durchlässig. Im Allgemeinen erfolgt natürlich der Transport um so leichter, je weiter die Poren sind, und steht damit in gewissem Gegensatz zur Produktion der Spaltpilze, für welche in vielen Fällen der aus kleinen Theilen bestehende Boden sich günstiger erweist. Es darf jedoch nicht der umgekehrte Satz aufgestellt werden, dass die Durchlässigkeit des Bodens für Staubkörperchen um so geringer werde, je kleiner die Poren sind; denn das letztere Moment kann, wenn die Luft keinen anderen Ausweg hat, sich gerade als günstig erweisen.

Ueberhaupt lässt sich bezüglich der Frage, wie sich der Transport in einem feinporösen Boden gestalten werde, welche Gunstfälle sich hier den einzelnen Spaltpilzen, den aus vielen Pilzen bestehenden Flocken und den winzigen pilzführenden Bodensplittern sowohl rücksichtlich des Hängenbleibens als rücksichtlich des Weiterfliegens eröffnen, — hierüber lässt sich bei der grossen Mannigfaltigkeit der Möglichkeiten nichts Bestimmtes aussagen. Wir vermögen nur einzusehen, dass für jeden einzelnen Fall der Bodenbeschaffenheit, den wir construiren, der Stillstand und der Fortschritt der Staubkörperchen eine Function der Luftgeschwindigkeit, der Zeitdauer, der Grösse und des Gewichtes der Körperchen ist.

Für den Fall, dass der Boden hinreichend austrocknet, ist also die Möglichkeit immer vorhanden, dass die früher darin entstandenen Spaltpilze in die Luft gelangen. Sie werden aber trotz der Bewegungen im Boden denselben um so weniger verlassen können, je mehr er feucht bleibt und je mehr er mit Auswurfstoffen verunreinigt ist, weil die Klebstoffe des Harns, des Koths und des Küchenspülwassers in dem Boden nicht leicht so stark austrocknen, dass die vermittels derselben unter einander und mit den Bodentheilchen zusammenklebenden Spaltpilzmassen in transportabeln Staub zerfallen. Es ist endlich selbstverständlich, dass ein Boden, der von Zeit zu Zeit mit Wasser oder gar mit Auswurfsstoffen benetzt wird, überhaupt keine Spaltpilze in die Luft entlässt.

Ich habe in der heutigen Mittheilung untersucht, was sich aus den bekannten physikalischen Thatsachen auf die verschiedenartigen Bewegungen der Staubkörperchen schliessen lasse. Diese theoretische Betrachtung weist in manchen Punkten auf Lücken in unserem Wissen hin, welche auf experimentellem Wege auszufüllen sind. In Folge dessen haben Herr Dr. Hans Buchner und ich gemeinschaftlich mehrere Versuchsreihen begonnen, welche namentlich die für die Lehre von der Verbreitung der Spaltpilze besonders wichtigen Fragen thatsächlich beantworten sollen. Die gewonnenen Resultate werde ich später ausführlich darlegen.

Für heute beschränke ich mich darauf, das Ergebniss derjenigen Versuche, welche durch den Eingangs erwähnten Widerspruch Soyka's veranlasst wurden, im Voraus kurz mitzutheilen. Nach seinen im Hygienischen Institut angestellten Experimenten sollte eine Luftgeschwindigkeit von weniger als 3^{cm} in der Secunde Spaltpilze von einer faulenden Flüssigkeit (die in verdünntem Blut bestand) losreissen.

Unsere Versuche stehen hierzu im schärfsten Gegensatze. Wir bedienten uns einiger Flüssigkeiten von viel geringerer Klebrigkeit, nämlich faulender 1/2 proc. Fleischextractlösung und faulenden Harns. Gleichwohl war es uns bis jetzt nicht möglich, einen Luftstrom von solcher Stärke hervorzubringen, welcher die nassen oder auch die angetrockneten Spaltpilze wegzuführen vermöchte, weder von der horizontalen Oberfläche der Flüssigkeit, noch von benetzten Glaswänden und benetzten feinen Drahtnetzen, noch auch von Glaswänden und Drahtnetzen, auf denen die faulende Flüssigkeit vorher oder während des Luftdurchziehens antrocknete. Die Geschwindigkeit der Luftströmung wurde in den successiven Versuchen gesteigert auf 10 und 20^{m} in der Secunde, also bis zur Heftigkeit des Sturmwindes. Die einzelnen Versuche dauerten 6—8 Stunden.

Bei dem vollkommenen Widerspruche, in dem sich unsere Ergebnisse mit den Soyka'schen befinden, muss bei der Gewinnung der einen oder anderen ein experimenteller Fehler untergelaufen sein. Um unser Verfahren klar zu stellen und zu rechtfertigen, bemerke ich über Versuchsanordnung und Controlversuche Folgendes.

Wir bedienten uns dreifach gebogener Glasröhren, die an beiden Enden mit Baumwollpfropfen verschlossen waren. In der einen Biegung befand sich die faulende Flüssigkeit, in der anderen eine durch Erhitzen pilzfrei gemachte Nährlösung. Die durchgezogene Luft strich zuerst über jene, dann über diese. — Controlversuche beweisen die vollkommene Leistungsfähigkeit der gebogenen Röhren und widerlegen den von Soyka in dieser Beziehung erhobenen Einwurf.

Die durch den Apparat hindurchgehende Luft muss pilzfrei sein, weil der Versuch zeigen soll, ob dieselbe von der faulenden Flüssigkeit Pilze oder deren Keime fortführe und damit die pilzfreie Nährlösung inficire. Zum Reinigen der Luft empfiehlt sich am meisten ein Baumwollpfropf, der auch von jeher als staubdichter Verschluss von Versuchsflaschen angewendet worden ist. Da es sich aber in diesem Falle nicht wie gewöhnlich um einen Verschluss gegen ruhende oder nur unmerklich bewegte Luft, sondern gegen einen durchgehenden Luftstrom von grösserer Geschwindigkeit handelte, so musste die Leistungsfähigkeit des Pfropfs in dieser Beziehung zuerst festgestellt werden.

Diese Controlversuche ergaben, dass kein Baumwollpfropf absolut brauchbar ist. Seine Leistungsfähigkeit hängt ab von seiner Dichtigkeit und Länge, von der Geschwindigkeit des durchgehenden Luftstroms und von der Zeitdauer desselben. Ich führe beispielsweise an, dass ein möglichst dichter Pfropf von 2 ^{cm} Länge (die lockeren Enden nicht gerechnet) sich schon für eine kurze Versuchsdauer nicht mehr als staubdicht erweist, wenn die durchstreichende Luft in einer leeren Röhre von gleichem Querschnitt die Geschwindigkeit von 10—12 ^{cm} in der Secunde erreicht (die Geschwindigkeit in den Poren des Baumwollpfropfes ist natürlich viel grösser).

Es ergibt sich hieraus, dass für jeden Versuch der Verschluss geprüft werden musste. War der letztere nicht ausreichend, so wurde die pilzfreie und klare Nährlösung inficirt und getrübt, aber, insofern einer der vorhin genannten Versuchsapparate angewendet wurde, nicht durch die von der faulenden Flüssigkeit entführten, sondern durch die mit der Luft durch den Pfropf hindurchgegangenen Pilze. Die Richtigkeit dieser Deutung ergab sich schon aus der mikroskopischen Untersuchung, indem wir in der getrübten Nährlösung die verschiedenen in der Luft vorkommenden Spaltpilzformen und darunter auch solche fanden, die der in Fäulniss versetzten Flüssigkeit mangelten.

Sehr überzeugend sind auch folgende Versuche. Es wurden mehrere Apparate, von denen jeder aus einer dreifach gebogenen Röhre mit einer faulenden Flüssigkeit und einer pilzfreien Nährlösung bestand, durch Kautschukröhren verbunden. Die einzelnen Apparate, die durch ihre Verkoppelung eine einzige Leitung darstellten, seien durch I, II, III, IV, V bezeichnet. Da jeder Apparat an beiden Enden mit einem Baumwollpfropf versehen war, so wurde die in I eintretende Luft durch 1, die in II eintretende Luft durch 3 Pfropfe filtrirt, ebenso die Luft in III durch 5, die in IV durch 7, die in V durch 9 Pfropfe.

Es hing nun lediglich von der Geschwindigkeit der durchgehenden Luftströmung ab, ob in keinem der einzelnen Apparate, ob in allen oder nur in den ersten (in I, oder I und II, oder I, II und III) die pilzfreie Nährlösung inficirt wurde. Da bei jedem einzelnen Versuch die Strömungsgeschwindigkeit in allen Apparaten die nämliche war, so konnte das ungleiche Verhalten derselben nur von der ungleichen Filtration der Luft herrühren. Dies zeigte sich auch bei partieller Infection ausserordentlich deutlich in dem Umstande, dass z. B. in I die Nährlösung rasch und stark, in II langsam und schwach getrübt wurde, während die Trübung in den folgenden Apparaten ganz ausblieb. Solche Versuche thun in zwingender Weise dar, dass die angewendete Luftgeschwindigkeit von den faulenden Flüssigkeiten nichts entführte.

Was alle übrigen Versuche betrifft, so ist bei denselben das negative Resultat immer entscheidend und lässt keine andere Deutung zu. Bleibt z. B. bei einer Strömungsgeschwindigkeit von 20^m in der Secunde die Infection der pilzfreien Nährlösung aus, so wird dadurch bewiesen, nicht nur dass der angewendete Verschluss staubdicht war, sondern auch dass von der faulenden Flüssigkeit nichts weggeführt wurde.

Man könnte nur den einen Einwurf machen, dass die von der faulenden Flüssigkeit weggeführten Pilze wegen der grossen Luftgeschwindigkeit bei der pilzfreien Nährflüssigkeit vorbeiflogen und deshalb dieselbe nicht inficirten. Diesem Einwurf wurde aber zum Voraus dadurch begegnet, dass die bei der Nährlösung vorbeigegangene Luft durch einen besondern über derselben befindlichen Baumwollpfropf hindurchstreichen musste, in welchem die Pilze, die sie allenfalls mitbrachte, zurückgeblieben wären. Der genannte Pfropf wurde nach dem Versuch in die Nährlösung hinuntergestossen, so dass also dieser keine von der faulenden Flüssigkeit weggerissenen Pilze entgehen konnten.

Die angeführten Thatsachen sind für die daraus zu ziehenden Schlüsse durchaus zwingend, und befriedigen um so mehr, als sie mit den physikalischen Gesetzen und mit anderweitigen Versuchen im Einklange stehen[1]). Wir werden daher zu der Vermuthung gedrängt, dass der schwache Punkt in den Versuchen Soyka's

1) Bei meinen früheren Versuchen (1873) hatte ich ungereinigte Luft durch Kies gezogen, welcher mit faulender Flüssigkeit benetzt worden war, und dabei gefunden, dass die Luft nicht nur keine Pilze oder Pilzkeime daraus entführte, sondern auch diejenigen, die sie enthielt, darin zurückliess, also filtrirt wurde.

die ungenügende Filtration der Luft ist. Derselbe bemerkt zwar, dass er den Baumwollverschluss als genügendes Mittel, um Pilze abzuhalten, erprobt habe. Er scheint aber dieser Frage weniger Aufmerksamkeit geschenkt zu haben, da er nichts Näheres über die betreffenden Versuche sagt und da ihm die wichtige Thatsache, dass jeder Pfropf nur eine beschränkte Staubdichtigkeit besitzt, entgangen zu sein scheint. Auch hat derselbe nicht die inficirte Nährlösung mikroskopisch untersucht, um sich davon zu überzeugen, dass dieselbe die Pilze aus der faulenden Blutflüssigkeit und nicht etwa Pilze aus der Luft enthalte. Endlich konnte der von ihm angewendete Verschluss, wenn aus den Dimensionen des Apparates die Geschwindigkeit der durchstreichenden Luft berechnet wird, nach unseren Versuchen unmöglich staubdicht sein.

Aus den Soyka'schen Versuchen wurde von Pettenkofer und Andern der Schluss gezogen, dass aus einem verunreinigten feuchten Boden schon von den schwächsten Luftströmungen Spaltpilze in die Luft geführt werden und dass meine gegentheiligen Behauptungen damit widerlegt seien. Da nun die genannten Versuche sich als unrichtig erwiesen haben, so fallen auch die daraus gezogenen Schlussfolgerungen hinweg, welche ohnehin, weil im Widerspruche mit meinen früheren direkten Versuchen mit benetztem Kiesboden, gewagt waren.

Wir haben zu unseren jetzigen Versuchen vorzugsweise faulenden Harn benützt, weil sie dadurch für die Beurtheilung der Bodenverunreinigung besonders brauchbar werden. Die gewonnenen Resultate, wonach selbst die stärkste Luftströmung von einer mit dieser Flüssigkeit benetzten oder mit derselben angetrockneten Oberfläche keine Pilze oder Pilzkeime wegzuführen vermag, bestätigen abermals die Richtigkeit der Behauptung, dass die Bodenverunreinigung nicht bloss unschädlich, sondern selbst entschieden nützlich sei, und dass ein Boden, je ausgiebiger und häufiger derselbe mit Auswurfsstoffen verunreinigt wird, um so weniger schädliche Keime in die Luft entweichen lassen kann.

Zur Umwandlung der Spaltpilzformen.

Von

C. v. Nägeli.

Gegenüber der allgemein verbreiteten und namentlich von Cohn vertretenen Ansicht, dass die Spaltpilze nach ihren Verschiedenheiten im äusseren Ansehen und in der Wirkungsweise eine Menge von verschiedenen Gattungen und Arten darstellten, habe ich im Jahre 1877 (in den „Niederen Pilzen") die Unbegründetheit eines solchen Verfahrens dargethan.

Ich sagte dort, die morphologischen Merkmale seien so variabel, dass, Sarcine etwa ausgenommen, zur Trennung in zwei specifisch verschiedene Formen keine Nöthigung vorhanden sei. Ferner zeigte ich, dass die besondere Wirksamkeit eines Spaltpilzes, z. B. die Fähigkeit aus Zucker Säure zu bilden, schon durch Einwirkung von Wärme gänzlich verändert werden könne.

Seitdem habe ich gesehen, dass die allgemein verbreitete und als Stäubchen in der Luft herumfliegende Sarcine in ihrer eigenthümlichen Zelltheilung und Anordnung der Zellen auch nicht constant ist, — dass in Reinkulturen stäbchen- und fadenförmige Spaltpilze in die Micrococcusform übergehen, — dass die sonst für so charakteristisch gehaltenen Spirillen zu geraden Stäbchen (Bacterien) werden, — dass gefärbte Spaltpilze ihre Farbe verlieren und farblose einen sehr ausgesprochenen Farbenton annehmen. Endlich hat sich die Wirksamkeit der Spaltpilze, besonders bei ungleicher Ernährung, als noch unbeständiger erwiesen als ich früher glaubte.

Man hat mir mehrfach nachgesagt, ich werfe alle Spaltpilze in eine einzige naturhistorische Species zusammen. Es gibt immer Leute, welche einen Ausspruch, es liege in den vorhandenen Merkmalen kein zwingendes Motiv zur specifischen Trennung, für identisch halten mit der Behauptung der specifischen Identität.

Auch Brefeld hat sich diese Deutung zu Nutze gemacht, um einen eigenen Standpunkt zwischen dem angeblich von mir eingenommenen (es gebe nur eine einzige Species) und dem Cohnschen zu gewinnen. Indessen hat er mit seiner Meinung so ziemlich das gesagt, was ich in den „Niederen Pilzen“ schon ausgesprochen hatte. Denn ich erklärte ausdrücklich, es liege mir ferne, die generische und specifische Einheit der Spaltpilze wirklich anzunehmen, ich vermuthe vielmehr, dass es verschiedene naturhistorische Arten gäbe, die aber mit den jetzigen Gattungen und Arten wenig gemein hätten.

Mein Zweifel an der specifischen Natur der jetzt unterschiedenen Spaltpilzformen hat besonders bei den Pathologen Aergerniss erregt; er wurde mit dem souveränen Ausspruch zurückgewiesen, die specifische Verschiedenheit der Krankheitsbilder verlangte absolut die specifische Verschiedenheit der Pilze. Ich glaube diese sonst unbegreifliche Behauptung aus zwei Ursachen herleiten zu können. Einmal wiederholt sich hierbei, was wir bei dem Wiederaufleben der Abstammungslehre durch Darwin erlebt haben. Die Systematiker, die bezüglich der specifischen Verschiedenheit unter einander in beständigem Krieg leben und ihre Ansichten selber sehr häufig wechseln, behaupteten dafür um so hartnäckiger, gleichsam als Gegengewicht gegen die eigene Unsicherheit und Unbeständigkeit, die specifische Unveränderlichkeit der Pflanzen und Thiere.

Ferner waltete offenbar ein Missverständniss ob, das von der doppelten Bedeutung herrührte, in der man das Wort „specifisch“ braucht. Dasselbe bedeutet einerseits „dem Rang der naturhistorischen Species oder Art entsprechend“ und andrerseits bloss „eigenthümlich“. Im letzteren Sinne spricht man von specifischem Gewicht, specifischen Krankheitsformen, specifischen Heilmitteln u. s. w. Ich hatte nun bei Abfassung der Schrift über die „Niederen Pilze“ geglaubt, dieser Unterschied sei besonders in Folge der reichen

Litteratur über die Abstammungslehre allen Gebildeten geläufig geworden und ich könne, da ich ausdrücklich von der Verschiedenheit der Spaltpilze als „naturhistorischen Species“ gesprochen hatte, ein richtiges Verständniss dieses Ausdruckes voraussetzen. Von der Speciesnatur in diesem Sinne habe ich gegenüber der Cohnschen Darstellung, welche die Spaltpilze als Species in das Pflanzensystem eingeordnet hatte, gesprochen und sprechen müssen.

Ich sehe aber in der That nicht ein, wozu der Pathologe „naturhistorisch verschiedene Spaltpilze“ für seine Krankheiten bedarf und warum nicht überhaupt „eigenthümliche“ Pilze dafür ausreichen, mögen es nun Species, oder Varietäten, oder Rassen (im gewöhnlichen Sinne), oder irgend etwas anderes in der Stufenleiter der systematischen Begriffe sein. Ich meine für eine eigenthümliche Krankheitserscheinung bedarf es eigenthümlicher Ursachen, und wenn dieses Pilze sind, Pilze mit eigenthümlicher Wirkungsweise, ebenso wie es für eine bestimmte Gärung einer Pilzform mit eigenthümlichem Vermögen gegenüber dem Gärmaterial bedarf. In dieser Beziehung thut der Pilz immer seine Schuldigkeit, je nach seiner eigenthümlichen Natur und ohne Rücksicht auf den Rang, den er in der Hierarchie der Systematik einnimmt. Demgemäss sehen wir einerseits, dass Pilze, die nicht bloss anderen Arten und Gattungen, sondern sogar anderen Ordnungen und Klassen angehören, das Gleiche verrichten, wie z. B. der gewöhnliche Alkohol sowohl von einigen unter sich generisch verschiedenen Sprosspilzen, als auch von einigen Spaltpilzen, also von einer verschiedenen Pilzklasse erzeugt wird. Und andrerseits lassen sich gewisse Spaltpilze so verändern, dass schon ihre eigenen Kinder und Enkel eine andere Wirksamkeit besitzen, also andersartig geworden sind.

Die Frage nach der specifischen Verschiedenheit (im naturhistorischen Sinne) der Krankheitspilze ist für den Pathologen ganz bedeutungslos, sie gewährt nur dem Naturforscher Interesse. Wenn ein gewöhnlicher Spaltpilz sich in ein Contagium oder wenn ein Contagium sich in ein anderes umwandelt, so sind dadurch die Krankheitsformen in nichts gefährdet. Milchsäure und Buttersäure sind gewiss eben so scharf oder vielmehr unendlich viel schärfer von einander geschieden, als die bestcharakterisirten Krankheitsbilder. Gleichwohl wäre es unstatthaft von dem Chemiker, wenn er die Umwandlung des Milchsäurepilzes in den Buttersäurepilz aus dem Grunde leugnen wollte, weil es keine Zwischenverbindungen zwischen Milchsäure und Buttersäure gibt.

Wie die Umwandlung einer Pilzform in eine andere physiologisch vor sich geht, davon haben wir keine genaue Vorstellung, aber wir begreifen sehr wohl, dass die Wirksamkeit sich sprungweise verändert, wenn eine allmähliche Umänderung physisch unmöglich ist. Wir haben ja aus dem nämlichen Grunde eine ganze Zahl von sprungweisen Veränderungen in der organischen Welt. Die „specifische“ Verschiedenheit von Milch- und Buttersäure berechtigt also keineswegs zu der Behauptung, dass die betreffenden Pilze nicht in einander übergehen können, und es ist lediglich Sache der experimentellen Forschung, ob dieser Uebergang vorkomme oder nicht.

Wenn ein Krankheitspilz in einen anderen Krankheitspilz sich umwandelt, so folgt daraus keineswegs, dass auch die Krankheitsformen durch Zwischenformen in einander übergehen müssen, denn es wäre wohl eine arge Täuschung, wenn man annehmen wollte, dass alle die verschiedenen Momente, aus denen ein Krankheitsbild besteht, einzeln durch den Pilz verursacht werden. Der Pilz verändert seine frühere eigenartige Wirksamkeit in eine neue besondere Wirksamkeit. Die eigenthümliche Wirksamkeit aber verursacht eine eigenthümliche Störung des Lebensprocesses vielleicht bloss in einer einzigen Funktion desselben, und aus dieser bestimmten Störung geht in Folge der Verkettung aller Funktionen des Organismus das eigenthümliche Krankheitsbild hervor. Der Pathologe kann also von seinen pathologischen Beobachtungen aus keineswegs darüber entscheiden, ob zwei Krankheitspilze in einander übergehen oder nicht.

Ganz ebenso verhält es sich mit der Entstehung der Krankheitspilze aus gewöhnlichen unschädlichen Pilzen. Man darf diese Entstehung nicht etwa aus dem Grunde leugnen, weil die Krankheit nicht ebenfalls allmählich sich in den gesunden Zustand abstufe. Auch wenn der gewöhnliche Pilz seine Natur allmählich verändert, bis er zum ausgesprochenen Contagium geworden ist, und er somit seine Wirksamkeit ganz allmählich erlangt, so bleibt er doch ungefährlich, bis er in hinreichender Zahl und mit hinreichenden Angriffskräften begabt in den menschlichen Organismus eindringt, den Widerstand der lebenden Zellen überwindet und die Krankheit in voller Stärke zum Ausbruche bringt. So ist es beispielsweise beim Milzbrand, während septische Krankheiten sich zu leichten Diarrhöen abstufen können.

Ich habe die Theorie, dass die Krankheitspilze aus gewöhnlichen und unschädlichen Pilzen entstehen, in den „Niederen Pilzen" als allgemein gültig angenommen, obgleich noch keine Erfahrung darüber vorlag. Ich konnte und musste das thun, weil es die einzige mögliche Annahme war. Eine Annahme ist aber immer sicher, wenn die anderen denkbaren Annahmen unmöglich sind.

Die Contagien müssen entweder von jeher vorhanden, d. h. mit dem Menschen erschaffen worden sein, was nicht nur den Naturgesetzen, sondern auch der Erfahrung widerspricht, oder sie müssen einmal später entstanden sein. Tertium non datur. Sind sie aber einmal entstanden, so müssen sie entweder von selbst (aus anderen Stoffen) geworden, was gleichfalls ebenso sehr mit den Naturgesetzen als mit der Erfahrung im Widerspruch ist, oder sie müssen aus anderen Spaltpilzen hervorgegangen sein. Tertium non datur. Ergo — konnte ich mit gutem Rechte die Provenienz der Krankheitspilze auf dem einzig gegebenen natürlichen Wege lehren.

Die Bestätigung der Theorie durch Thatsachen hat nicht lange auf sich warten lassen. Schon die allgemeine Erfahrung der Chirurgen, dass die gewöhnliche Fäulniss in ansteckende Septikämie und Hospitalbrand übergehen kann, liess keine andere Deutung zu, als dass die unschädlichen Fäulnisspilze zu septischen Contagien werden. Besonders aber sind die experimentellen Entdeckungen von H. Buchner über die Umwandlung der Heupilze in Milzbrandcontagium und von Grawitz über die contagiöse Umbildung von Penicillium von grossem Werth, weil sie in genauer Weise darthun, unter welchen Umständen die Umwandlung geschieht.

Die beiden genannten experimentellen Arbeiten zeigen, dass die Contagien durch besondere Ernährung aus gewöhnlichen Pilzen gezüchtet und abermals durch besondere nutritive Behandlung in die gewöhnlichen Pilze zurückgeführt werden. Damit ist ihr systematischer Werth genau bestimmt.

Es gibt, wie ich an einem anderen Orte darlegen werde, drei der Species subordinirte Begriffe, die bis jetzt stets mit einander vermengt wurden, die aber ihrer ursächlichen Bedeutung nach strenge von einander verschieden sind: Varietäten, Rassen und Ernährungs- oder Standorts-Modificationen. Die Varietäten sind wie die Arten von säcularer Constanz; ihre Umwandlung erfordert Zeiträume, die nach Erdperioden gemessen werden; sie entziehen sich aller experimentellen Behandlung; die Züchtung vermag an ihnen nichts zu ändern. Rassen und Modificationen dagegen sind vorübergehende Erscheinungen, die durch unseren Einfluss bestimmt und geregelt werden können. Und zwar entstehen die Rassen durch Kreuzung verschiedener Varietäten und Arten, können also bloss bei Organismen mit Geschlechtsdifferenz vorkommen. Die Modificationen aber werden durch die unmittelbare Einwirkung des Klimas und der Nahrung erzeugt und können nur bestehen, so lange die sie bedingenden Einflüsse andauern.

Bei den Spaltpilzen sowie überhaupt bei den niedersten Pflanzen ist die Rassenbildung ausgeschlossen, bei ihnen können innerhalb der constanten Arten und Varietäten bloss Ernährungsmodificationen vorkommen, zu welchen nun auch die Contagien gehören. Dieselben verlieren, wenn die günstigen Bedingungen ihrer Existenz mangeln, nach wenigen Generationen nothwendig ihre contagiösen Eigenschaften und werden zu unschädlichen Pilzen. Eine längere Conservirung derselben ist nur möglich, wenn sie im latenten Zustande (ohne Wachsthum und Ernährung) verharren, oder wenn ihnen zur Vermehrung die engbegrenzten günstigen Bedingungen geboten sind, und das sicherste Mittel zur Vernichtung ihrer contagiösen Eigenschaften besteht darin, dass man sie unter anderen Bedingungen vegetiren lässt.

Ueber die systematische Bedeutung einer Form, ob es Species (Varietät) oder Modification ist, gibt bloss die Erfahrung Auskunft, und eine sichere Erfahrung ist im Gebiete der Spaltpilze fast einzig durch das richtige Experiment möglich. Die an einer Form beobachteten Merkmale, mögen sie morphologischer oder physiologischer Natur sein, sind an und für sich durchaus zweideutig.

Ob ein Spaltpilz rundlich, stäbchenförmig, fadenförmig oder schraubenförmig sei, dicker oder dünner, deutlich oder undeutlich gegliedert, dünnhäutig oder mit dicker weicher Membran und zu Gallertmassen zusammenklebend, beweglich oder ruhend, wimpertragend oder wimperlos, gefärbt oder ungefärbt, sauerstoffbedürftig oder nicht, gärungserregend oder nicht, sporenbildend oder nicht, ob er Zucker oder Glycerin oder eine organische Säure vergäre, ob er Fermente ausscheide oder nicht, bei welcher Temperatur er am besten gedeihe, welcher Nährstoffe er bedürfe, bei welcher Temperatur und durch welche chemische Verbindung er das Gärvermögen, das Wachsthum- und Fortpflanzungsvermögen, endlich das Leben einbüsse, — das alles zu wissen ist unumgänglich nöthig für die Charakteristik einer Form. Allein kein einzelnes dieser Merkmale und auch keine Gesammtheit derselben gibt uns Aufschluss darüber, ob eine Spaltpilzform eine Species (Varietät) oder ob es bloss eine Modification sei. Denn alle diese Merkmale ohne Ausnahme haben sich bei Reinkulturen unter verschiedenen Umständen schon als veränderlich erwiesen, womit natürlich nicht gesagt ist, dass sie auch bei allen Formen veränderlich sein müssen.

Das ist nun eine für die Systematik der Spaltpilze gewiss nicht sehr erfreuliche Thatsache. Aber es ist einmal Thatsache und daran lässt sich, so sehr es auch unserer vorgefassten Meinung widerstreiten mag, nichts ändern. Wir müssen uns nur darüber klar werden, was aus dem thatsächlich Gegebenen für die Spaltpilzsystematik folgt.

Um diese Frage zu beantworten, muss ich einen Blick auf die Systematik überhaupt werfen. Zur Unterscheidung der verschiedenen Formen von Pflanzen und Thieren dienen die wahrnehmbaren Merkmale. Die Bedeutung der letzteren hängt aber einzig von ihrer grösseren oder geringeren Constanz ab. Wir sehen auch, dass das nämliche Merkmal bei einer Gruppe von Organismen sehr constant und daher sehr wichtig, bei einer anderen sehr variabel und daher von geringer Wichtigkeit ist. Bei den Varietäten, Species und den ihnen übergeordneten systematischen Kategorien, wo die Constanz die Dauer von Erdperioden hat, kann der Grad der Constanz nicht direct durch Erfahrung bestimmt werden. Die Schätzung desselben wird durch verschiedene Erwägungen vollzogen; daher rührt es, dass die Systematik bei der Gliederung ins Einzelne immer eine stark subjective Färbung bewahrt.

Die Merkmale der Arten und Varietäten sind für unsere Erfahrung schlechthin constant, da wir in den auf einander folgenden Generationen sie sich nicht verändern sehen. Ihnen gegenüber sind die Modificationen als schlechthin veränderlich zu bezeichnen. Die letzteren bleiben zwar unverändert, solange sie unter den nämlichen äusseren Verhältnissen leben. Dies ist aber nicht Constanz im naturwissenschaftlichen Sinne, welcher nur dasjenige als constant anerkennt, was unter den verschiedensten äusseren Verhältnissen in bestimmbaren Zeiten unverändert bleibt, wie dies mit den Species und den echten Varietäten der Fall ist.

Die Unveränderlichkeit einer Spaltpilzform, die unter gleichbleibenden äusseren Einflüssen sich befindet, wird daher mit Unrecht der Constanz der Varietäten oder Species gleichgestellt, und mit Unrecht wird damit die Speciesnatur der Spaltpilzformen behauptet.

Den Modificationen kommt nur ein Schein von wirklicher Constanz zu, insoferne als sie den äusseren Verhältnissen eine gewisse Zähigkeit entgegensetzen und nicht sofort, sondern erst nach einiger Zeit sich ihnen entsprechend umwandeln. Wenn a, b, c, d, e eine Stufenreihe von verschiedenen Ernährungsverhältnissen darstellen, denen die Modificationen A, B, C, D, E eines Spaltpilzes entsprechen, so muss A unter den neuen Verhältnissen b einige Generationen durchlaufen, ehe er zu B geworden ist. Plötzlich unter die Verhältnisse d oder e gebracht, geht der Spaltpilz zu Grunde, während er nach einander unter c, d, e verweilend, sich zuletzt auch diesem Extrem anzupassen vermag. Kommen die Formen A und E gleichzeitig unter die Verhältnisse c, so bleiben sie durch einige Generationen noch verschieden von einander; schliesslich aber werden sie einander gleich.

In dem eben angeführten Beispiele ist der Grad der Scheinconstanz erläutert, dessen die Spaltpilzmodificationen fähig sind, den sie aber nicht immer zeigen. Diese Scheinconstanz unter veränderten Verhältnissen ist selbstverständlich ebenso wenig als die Beständigkeit unter gleichbleibenden Verhältnissen im Stande, die Modificationen den Varietäten oder Species ebenbürtig an die Seite zu stellen.

Dem Systematiker, der sich in den verschiedenen Gebieten der organischen Reiche mit Gattungen, Arten und (echten) Varietäten beschäftigt, stehen bloss die Benützung der wahrnehmbaren Merkmale und die mehr oder weniger willkürliche Werthschätzung derselben zu Gebote. Er theilt sein Material mit mehr oder weniger Geschick in Gattungen, Arten und Varietäten. Er ist dazu vollauf berechtigt, da er es mit schlechthin constanten Formen zu thun hat, und die einzigen Fehler, die er begehen kann, sind die, dass er die wahre Verwandtschaft verkennt oder dass er die Formenkreise seiner systematischen Begriffe anders fasst als bei den übrigen Gruppen der Reiche.

Wenn aber der Systematiker oder der Nichtsystematiker die Spaltpilze nach dem nämlichen Schema behandeln will, so begeht er einen Irrthum, denn er hat es hier nicht mehr mit schlechthin constanten sondern mit schlechthin veränderlichen Merkmalen zu thun. Er läuft Gefahr in einen ähnlichen, wenn auch weniger gravirenden Fehler zu verfallen, wie derjenige, der die Individuen einer Nation nach ihren Merkmalen in Gattungen, Arten und Varietäten im Sinne der Naturgeschichte bringen wollte.

Der Systematiker befolgt die Regel, alle diejenigen Formen, die durch ununterbrochene Uebergangsreihen zusammenhängen, sowie alle diejenigen, die er aus Erfahrung als veränderlich erkannt hat, in eine Art zusammenzustellen. Bei den Spaltpilzen muss der genaue Beobachter durchaus zu der Ueberzeugung gelangen, dass alle wahrnehmbaren Formen durch Uebergänge verbunden sind, und der exacte Forscher muss zu der Einsicht kommen, dass kein der Beobachtung zugängliches Merkmal sich gegenüber von richtig angestellten Kulturversuchen als beständig erweist. Daher wird derjenige, der die Naturforschung bloss von ihrer beschreibenden Seite kennt, freilich keinen anderen Ausweg sehen, als den, dass alle Spaltpilze in eine einzige Art zu vereinigen seien. Und dies wäre auch richtig, wenn es ausser den wahrnehmbaren Merkmalen nichts an den Organismen gäbe. Aber diese Merkmale machen nicht das Wesen der Organismen aus, sie sind bloss Aeusserungen desselben. Das Wesen besteht in der chemisch-physikalischen Beschaffenheit der lebendigen Substanz, und es ist selbstverständlich, dass die Verschiedenheit seiner Aeusserungen bei einzelligen Organismen von so unendlicher Kleinheit äusserst gering ist. Stände uns statt 1000maliger, eine 10000- oder 20000malige Linearvergrösserung zu Gebote, so würden wir vielleicht an den wirklichen Species (Varietäten) auch brauchbare Unterscheidungsmerkmale beobachten. Jetzt bleibt uns nur der mühsame Ausweg übrig, durch Züchtungen, die hinreichend lange unter den verschiedensten äusseren Umständen fortgesetzt werden, zu bestimmen, welche Formen sich in einander überführen lassen und welche nicht. Es wird bei den Spaltpilzen die nämliche Erfahrung sich wiederholen, die in neuerer Zeit an den übrigen Pilzen gemacht wurde, wo die verschiedenartigsten morphologischen und physiologischen Erscheinungen als verschiedene Generationen einer und derselben Species erkannt wurden. Bei den Spaltpilzen wird man Reihen von Ernährungsmodificationen herausfinden, welche die verschiedenen Erscheinungsweisen einer Species darstellen. Die Species wird nicht durch absolute Merkmale kenntlich sein, sondern dadurch, dass sie unter bestimmten äusseren Umständen bestimmte Modificationen des morphologischen und physiologischen Verhaltens, unter anderen Umständen andere Modificationen zeigt. Wie mancherlei Modificationen eine Spaltpilzspecies annehmen kann, darüber lässt sich keine Vermuthung aufstellen. Möglicherweise vollenden die Heubacterien und Milzbrandbacterien schon allein den Formenkreis dieser Species. Wahrscheinlich ist es aber durchaus nicht. Es ist möglich, dass auch micrococcusartige, spirillumartige und gärungserregende Modificationen dazu gehören.

Ein System der Spaltpilze nach Gattungen und Arten mit den jetzigen Hilfsmitteln aufzustellen hat keinen wissenschaftlichen Werth. Es war aber praktisch wichtig, die bekannten Formen zu unterscheiden, um weitere Forschungen daran anzuknüpfen. Dies konnte in irgend einer Weise geschehen; bei der Unbeständigkeit der beobachteten Charaktere war es gewagt, eine so anspruchsvolle Form zu wählen, wie es geschehen ist. Denn wollte Jemand wirklich behaupten, dass er mit den beschreibenden Merkmalen Genera oder Species erkennen und unterscheiden könne, so würde er nur seine wissenschaftliche Unfähigkeit beurkunden. Für die systematische Erkenntniss der Spaltpilze sind erst schwache Anfänge vorhanden. Auf das leichte und subjectiv willkürliche Geschäft der beschreibenden Unterscheidung muss nun erst die eigentliche wissenschaftlich objective Arbeit der exacten experimentellen Untersuchung folgen.

Ueber die experimentelle Erzeugung des Milzbrandcontagiums aus den Heupilzen.

I. Mittheilung.

Von

Dr. Hans Buchner.

Die Annahme, dass bestimmte Spaltpilzformen als Ursache der Infectionskrankheiten zu betrachten seien, brachte zunächst noch keine Aufklärung über den Ursprung der Contagien. Denn es gelang nicht, contagiös wirkende Schizomyceten in der Natur aufzufinden, während andrerseits die gelegentliche spontane Entstehung mancher contagiöser Krankheiten doch unbezweifelt feststand. Erst die durch Nägeli auf Grund allgemeiner physiologischer Thatsachen aufgestellte Theorie von der functionellen Anpassung der Spaltpilze als Krankheitserreger gewährte eine befriedigende Vorstellung über diese Fragen.

Von diesem Gesichtspunkte ausgehend wurde die folgende experimentelle Untersuchung unternommen, welche in dem Pflanzenphysiologischen Institut des Herrn Prof. v. Nägeli ausgeführt worden ist. Dieselbe hat den erwarteten genetischen Zusammenhang derjenigen Pilze, welche das Milzbrandcontagium bilden, mit einer bestimmten, natürlich und in grosser Verbreitung vorkommenden, an und für sich nicht infectionstüchtigen Pilzform, und die Möglichkeit wechselweiser Umwandlung der einen in die andere ergeben.

Diese verwandte Form bilden die sog. Heupilze, welche in Heuaufgüssen sich finden und vor den übrigen, dort vorkommenden Schizomyceten dadurch ausgezeichnet sind, dass sie bei mehrstündigem Kochen solcher Aufgüsse ihre Lebensfähigkeit bewahren, während alle übrigen Formen getödtet werden. Hierdurch bietet sich ein einfaches Mittel, dieselben rein zu cultiviren und auf ihre Eigenschaften zu untersuchen. Es zeigt sich denn, dass weitgehende

Analogien im morphologischen und chemischen Verhalten zwischen diesen Heupilzen und den Bacterien des Milzbrandes vorhanden sind.

Die morphologische Uebereinstimmung war schon seit einigen Jahren (zuerst durch F. Cohn) bekannt. In beiden Fällen finden sich cylindrische Stäbchen oder Fäden von 0,6—1,2 μ Breite, an denen entweder unmittelbar oder durch Jodtinctur, Eintrocknen etc., oder erst nach Einwirkung einer bestimmten, hierzu geeigneten Ernährungsweise die Zusammensetzung aus Gliedern erkannt wird, deren Länge bald dem Breitendurchmesser entspricht, bald um das 2—3fache denselben übertrifft. Die kürzeren Glieder entsprechen je einer einzelnen, die längeren je zwei, noch unvollständig getrennten Zellen[1]). Charakteristisch ist dabei das Vorkommen von Winkelstäbchen, welche aus je zwei, an den Enden noch lose zusammenhangenden und in einem stumpfen Winkel gegen einander geneigten, einfachen Stäbchen bestehen. Die Sporenbildung erfolgt in der Weise, dass die Zellen sich ein wenig in die Länge strecken und dann die stark lichtbrechende, etwas längliche Spore in ihrem Inneren entwickeln[2]). Die physiologische Ursache der Sporenbildung aber liegt in dem eintretenden Mangel an Ernährungsmaterial.

In chemischer Hinsicht ist beiden Formen ein hohes Sauerstoffbedürfniss und ausserdem noch eine Reihe anderer Merkmale gemeinsam. Zur Ernährung dienen beiden am besten Eiweiss und peptonartige Substanzen, während einfachere Verbindungen beispielsweise weinsaures Ammoniak, auch bei Zuckerzusatz, dazu nicht geeignet sind. Die Zersetzung der Nährsubstanzen, welche in Folge des Wachsthums der Pilze eintritt, zeigt mit der Fäulniss mannigfache Analogien, ohne jedoch mit ihr identisch zu sein. Vorhandene

1) Dies ist der Grund, weshalb Cohn's Bezeichnung dieser Pilzformen als „Bacillen" hier nicht beibehalten wird, da mit diesem Namen die irrige Vorstellung verknüpft ist, als beständen die Stäbchen je aus einer einzigen langgestreckten Zelle. — Die Behauptung A. Frisch's, dass die Milzbrandstäbchen nicht cylindrische, sondern platte bandförmige Gebilde seien, beruht auf Täuschung, wie sich beim Rollenlassen der Pilze unter dem Mikroskop leicht ergibt.

2) Es ist durchaus unnöthig, dass die Stäbchen, wie Koch (Beiträge zur Biologie der Pflanzen von F. Cohn Bd. 2 H. 3, 1877) meint, vor der Sporenbildung erst zu langen Fäden auswachsen müssten. Auch die kürzesten Stäbchen können Sporen entwickeln, wenn die Bedingungen dazu gegeben sind.

Formelemente, z. B. Muskelfasern, zerfallen wie dort zu einem Brei von schmutziggrauer Farbe; die Reaction der Lösung wird stark alkalisch, und theilweise finden sich auch die nämlichen krystallinischen Zersetzungsproducte. Ebenso wie dort bilden sich Stoffe, die auf den Thierkörper als chemische Gifte wirken, in ähnlicher Weise wie das putride Gift. Im Gegensatze zur Fäulniss aber wird hier kein eigenthümlich widriger, sondern nur ein rein ammoniakalischer Geruch wahrgenommen, der unter Umständen sehr intensiv sein kann. Milchzucker wird von diesen Pilzformen nicht vergoren. Dagegen gelangen Fermente zur Ausscheidung, die coagulirtes Albumin zu lösen im Stande sind. Eiweisswürfel in Flüssigkeiten, welche Reinculturen von Heu- oder Milzbrandbacterien enthalten, werden nach einiger Zeit durchscheinend und zerfallen nach und nach vollständig.

In allen diesen Beziehungen verhalten sich beide Pilzformen in gleicher Weise. Dennoch existirt aber eine Reihe von unterscheidenden Merkmalen. Bezüglich des Wachsthums zeigt sich, dass bei ruhender Nährlösung die Milzbrandbacterien stets am Boden in Form zarter Wolken vegetiren, während die Heupilze durch eine besondere Neigung und Fähigkeit zur Bildung fester und oberflächlich trockner Decken ausgezeichnet sind. Diese sehr auffallende Verschiedenheit ist für die Beurtheilung, mit welcher der beiden Pilzformen man im gegebenen Falle zu thun habe, von grosser Bedeutung. Physiologisch wichtiger aber ist der Unterschied in den quantitativen Verhältnissen des Wachsthums.

In dieser Beziehung lehren die Versuche, dass in künstlichen Nährlösungen die Heubacterien stets reichlicher vegetiren als die andern. Bei gleichzeitiger Aussaat gleicher Mengen von Heupilzen und Milzbrandbacterien in gleiche Quantitäten von Nährlösung findet sich in jedem Zeitabschnitt die Menge der gebildeten Heubacterien grösser als diejenige der andern Pilzform. Und dieses Verhältniss bleibt dasselbe, wenn auch in beiden Fällen die Nährlösungen continuirlich geschüttelt werden, wodurch jeder Unterschied hinsichtlich der Sauerstoffzufuhr hinwegfällt. Denn bei Ruhe wären allerdings die deckenbildenden Heupilze in dieser Beziehung gegenüber den anderen bevorzugt.

Zweierlei Thatsachen dienen zur Erläuterung dieses Verhaltens. Erstens vermögen die Heubacterien nicht nur Eiweiss resp. Pepton, sondern auch gewisse einfachere krystallisirende Verbindungen noch zu assimiliren, wie z. B. Leucin und Asparagin, welche den Milzbrandbacterien unzugänglich sind, und sie werden auch durch Zuckerzusatz zur Nährlösung sehr begünstigt, während derselbe auf die Menge der sich bildenden Milzbrandbacterien ohne wahrnehmbaren Einfluss bleibt. Letztere haben deshalb nur eine äusserst beschränkte Auswahl von Nahrungsstoffen, da ihnen fast nur Eiweiss und Pepton zu taugen scheint. Zweitens zeigen sich die Heubacterien bei weitem widerstandsfähiger gegen nachtheilige Einwirkungen; sie ertragen, im Gegensatze zu den Milzbrandbacterien, eine bestimmte schwach saure und eine stark alkalische Reaction der Nährlösung noch ohne merkliche Behinderung des Wachsthums[1]) und werden auch weniger benachtheiligt durch die Anwesenheit anderer schädlich wirkender Substanzen, z. B. ihrer eigenen Zersetzungsstoffe.

Die Wirkung dieser beiden Umstände wird in den meisten Fällen nicht von einander zu trennen sein. Uebrigens sind die Heupilze noch in einer andern Hinsicht ausgezeichnet, nämlich in der schon erwähnten Widerstandsfähigkeit gegen hohe Temperaturen, worin sie alle bekannten Organismen und namentlich die Milzbrandbacterien bei weitem übertreffen.

In allen diesen Beziehungen sind sonach die Heubacterien erheblich günstiger situirt als jene andern, und bei Aussaat beider Pilzformen in die nämliche künstliche Nährlösung dürfte man mit Sicherheit darauf rechnen, stets in Kurzem eine Ueberflügelung und Verdrängung der Milzbrandbacterien zu erhalten.

---

1) Das verschiedene Verhalten gegen geringe Säuremengen bietet ein weiteres Mittel zur Unterscheidung beider Pilzformen. Eine Lösung von passendem Säuregrad ist z. B. kaltbereiteter, während einiger Zeit auf 110—120° C. (zur Tödtung aller Pilze) erhitzter Heuaufguss. In dieser Flüssigkeit vermehren sich ausgesäte Heupilze rasch und reichlich, und es erfolgt jedesmal die Bildung einer trockenen, gekräuselten Decke, die vorzugsweise aus Sporen besteht. Milzbrandbacterien dagegen sind überhaupt unfähig, in dieser, wenn auch nur sehr schwach sauren Lösung sich zu vermehren, und es entsteht deshalb keine Vegetation, mag man auch die Aussaat derselben beliebig oft wiederholen.

Merkwürdigerweise kehrt sich aber dieses Verhalten vollständig um, .sobald die beiden Pilzformen in den lebenden thierischen Organismus gebracht werden. Während die Heubacterien, zum Wachsthum unfähig, wie eine todte Masse im Gewebe liegen, und etwa durch Eiterung eliminirt werden oder, ins Blut eingespritzt, spurlos zu Grunde gehen, so finden die Milzbrandbacterien im Gegentheil gerade dort ihre günstigste Vermehrungsstätte. Bei geeigneten Thierarten zeigt sich, dass jedesmal auf die Einbringung einer verhältnissmässig sehr geringen Anzahl dieser Pilze in den Körper innerhalb bestimmter, kurzer Zeit der Tod des Thieres erfolgt, und dass dann im Blute, namentlich aber in gewissen Organen die Milzbrandbacterien sich ganz ausserordentlich vermehrt haben.

Um nun die Frage des genetischen Zusammenhangs dieser beiden Pilzformen aufzuhellen, war es nöthig, die Constanz der Eigenschaften zu prüfen. Hierzu aber waren Reinculturen erforderlich, zu denen es bei den Milzbrandbacterien erst eines besondern Verfahrens bedurfte. Es scheint mir vor allem nöthig, auf diesen Punkt etwas näher einzugehen.

Methode der Reincultur.

Bisher sind hauptsächlich zwei Methoden zur Gewinnung von Reinculturen pathogener Pilze angegeben und benützt worden.

Die eine ist die „Methode der fractionirten Cultur" von Klebs. Sie besteht wesentlich in der fortgesetzten Uebertragung kleiner Mengen von Pilzflüssigkeit aus den abgelaufenen Culturen in neue pilzfreie Nährlösung. Auf diese Weise hofft Klebs, „etwaige Verunreinigungen, die in der Ursprungsflüssigkeit enthalten sein mögen, zu entfernen und denjenigen Körper rein zu erhalten, welcher in der ersteren in überwiegender Menge vorhanden war"[1]).

Es wird nöthig sein, auf die Voraussetzungen dieses Verfahrens mit einigen Worten einzugehen. Dabei sei bemerkt, dass unter den von Klebs erwähnten „Verunreinigungen" jedenfalls nur vermehrungsfähige Organismen verstanden werden können, und zwar irgend welche Formen von Schizomyceten, z. B. Fäulnisspilze, wie

1) Archiv f. experimentelle Pathologie Bd. 1 S. 46.

solche fast stets in grösserer und geringerer Zahl in den pathologischen Flüssigkeiten und krankhaften Geweben sich vorfinden werden, von denen der Ausgang zur Gewinnung von Reinculturen pathogener Pilze zu nehmen ist. Angehörige einer andern Gruppe der niederen Pilze, z. B. die Schimmelpilze, auszuschliessen, dies ist durch die Wahl der Ernährungsbedingungen in der Regel so leicht, dass es hierzu keines besonderen Verfahrens bedarf.

Das Zahlenverhältniss zweier Spaltpilzformen in der gleichen Cultur wird nun bestimmt, einmal durch die anfänglich vorhandene Individuenzahl der einen und andern Form, alsdann durch die Schnelligkeit der Vermehrung, welche für jede Pilzform von deren Organisation und von den besondern Ernährungsbedingungen des Versuchs abhängt. Setzen wir den mittleren Fall, dass beiderlei Formen gleichschnell ihre Zahl verdoppeln und demnach gleichviel Generationen in derselben Zeit zurücklegen, so ist ersichtlich, dass dann niemals auf dem Wege der fractionirten Züchtung eine Reincultur erzielt werden kann. In allen übrigen Fällen dagegen wird es allerdings, bei fortgesetzter Uebertragung kleiner Mengen der Züchtung in einen Vorrath neuer (als völlig pilzfrei vorausgesetzter) Nährlösung, dahin kommen müssen, dass der eine Organismus, nämlich der schneller wachsende, den andern schliesslich vollständig aus der Cultur verdrängt. Für diesen Erfolg ist es aber natürlich gleichgültig, welches das Verhältniss der Individuenzahl beider Pilzformen in der Ausgangscultur gewesen. Nur die Zeit wird hierdurch beeinflusst, welche unter sonst gleichen Umständen zur Verdrängung der einen Pilzform benöthigt ist.[1])

---

1) Um eine Vorstellung zu geben, wie rasch unter Umständen diese Verdrängung erfolgen kann, will ich ein bestimmtes Beispiel anführen. Es betrage die Generationsdauer der schneller wachsenden Pilzform 25 Minuten — eine Zahl, die als Durchschnittswerth für die gewöhnlichen Fäulnissbacterien aus vielfachen, mit Dr. Walter Nägeli gemeinschaftlich angestellten Versuchsreihen erhalten wurde, jene der langsamer wachsenden dagegen 40 Minuten. In diesem Falle zeigt sich, dass, selbst unter der Annahme einer tausendmillionenmal grösseren Menge der langsamer wachsenden Form in der Ausgangsflüssigkeit, dennoch bei häufiger (etwa 10maliger) Umzüchtung schon nach 80 Stunden eine nahezu vollständige Verdrängung dieser letzteren Pilzform aus der Cultur stattfindet.

Es ergibt sich hieraus, dass die „Methode der fractionirten Cultur“ in der That in den allermeisten Fällen schliesslich zu einer Reincultur führen wird. Diese Reincultur aber enthält denjenigen Pilz, der unter den vorhandenen Bedingungen sich schneller vermehrt, und nicht, wie Klebs meint, denjenigen, der „in der Ursprungsflüssigkeit in überwiegender Menge vorhanden war“.

Sollte daher die erwähnte Methode ihren Zweck erfüllen, so müsste der pathogene Pilz jedesmal zugleich der schneller wachsende sein. Da man jedoch hierfür keine Sicherheit besitzt, schon deshalb weil die Verunreinigungen zufällige und darum ihrer Natur nach unbekannt sind, so ergibt sich, dass die „Methode der fractionirten Cultur“ zur Reinzüchtung pathogener Pilze unbrauchbar ist[1]).

Eine zweite Methode ist die neuerdings von Pasteur[2]), speciell zur Reincultur der Milzbrandbacterien in Anwendung gebrachte. Anthraxkranken Thieren wurde unter gewissen Vorsichtsmaassregeln gegen das Eindringen fremder Keime, nach einem schon seit 1863 geübten Verfahren, Blut entnommen, und davon eine kleine Menge zur Aussaat in pilzfreien Harn verwendet.

Es ist kein Zweifel, dass Pasteur wirkliche Reinculturen der genannten Pilze erhalten hat, da er das sicherste Kennzeichen derselben erwähnt, nämlich das mit blossem Auge erkennbare Wachsthum der Pilze „en filaments tout enchevêtrés, cotonneux“ (verwickelte, wollige Fäden), ohne dass die in den Zwischenräumen dieser Fäden (die aus ganzen Bündeln von Pilzfäden bestehen) befindliche Flüssigkeit nur im geringsten getrübt wäre. Diese Trübung müsste nämlich eintreten, wenn andere, sich vermehrende und in der Lösung umherschwimmende Schizomyceten, z. B. Fäulnisspilze, wie sie gewöhnlich die Verunreinigungen bilden, zugegen wären.

---

1) Die Milzbrandbacterien vermehren sich in allen künstlichen Nährlösungen langsamer als die gewöhnlichen Fäulnisspilze, weshalb die Anwesenheit der letzteren in einer Züchtung von Antraxpilzen bei fractionirter Cultur stets eine Verdrängung der pathogenen Pilze zur Folge hat. Es ist sehr wahrscheinlich, dass auch andere Krankheitspilze in dieser Beziehung den Milzbrandbacterien sich analog verhalten, weil sie ja stets an die Ernährungsverhältnisse im thierischen Körper und nicht an künstliche Nährlösungen angepasst sind.

2) Compt. rend. T. 84 p. 900.

Gleichwohl mangelt diesem Verfahren die wünschenswerthe Sicherheit und eine allgemeine Anwendbarkeit. Denn zu seinem Gelingen wird erfordert, dass in der ursprünglichen Blutportion kein einziger fremder Pilz zugegen sei, der sich bei der Züchtung rascher vermehren könnte als der pathogene. Ausserdem ist die Methode nur dann ausführbar, wenn die Pilze im Blute sich finden, und auch für diesen Fall nur bei grösseren Thieren, deren Blutgefässe die nöthigen Dimensionen besitzen.

Aus diesen Gründen habe ich ein anderes Verfahren in Anwendung gebracht, welches die erwähnten Nachtheile nicht besitzt. In der Milz von Thieren, die an Antrax verendet sind, finden sich Milzbrandbacterien in grosser Zahl und jedenfalls bei weitem in überwiegender Menge gegen andere, zufällig anwesende Spaltpilze. Es ist also nur erforderlich, die Milzpulpa zu zerreiben und mit pilzfreiem Wasser so hochgradig zu verdünnen, dass auf einen nicht zu kleinen Raumtheil, z. B. 10 ^{cmm}, nur mehr durchschnittlich je ein einziger Pilz trifft. Nimmt man nun diese letztere Menge zur Infection der Nährlösung, so ist der e i n e Pilz, den man damit durchschnittlich zur Aussaat bringt, höchst wahrscheinlich von derjenigen Form, die in der Milz bei weitem in Ueberzahl vorhanden war, d. h. also ein Anthraxpilz[1]).

Dieses Isolirungsverfahren hat mir in der That sehr brauchbare Resultate und nur selten einen Misserfolg ergeben. Die Erlangung einer Reincultur von Milzbrandbacterien kann nach den oben gemachten Bemerkungen mit voller Sicherheit constatirt werden, weil das Wachsthum dieser Pilze in eigenthümlicher, schon dem blossen Auge erkennbarer Weise erfolgt.

1) Sobald die richtige Grenze der Verdünnung überschritten wird, bleibt natürlich ein Theil der Aussaaten erfolglos, weil kein Pilz mehr durch dieselben übertragen wurde. Hierin bietet sich, nebenbei bemerkt, ein Mittel, um die Menge der Pilze im Ausgangsmateriale zu bestimmen. Wenn z. B. von einer grösseren Zahl gleichzeitiger Aussaaten die Hälfte ohne Erfolg bleibt, so ist die Wahrscheinlichkeit, dass in dem zu den Infectionen verwendeten Raumtheil der Verdünnung noch ein Pilz vorhanden war, gleich $1/2$. Aus dieser Grösse und der bekannten Verdünnungszahl lässt sich die ursprüngliche Pilzmenge berechnen. Beispielsweise habe ich in einem bestimmten Falle den Bacteriengehalt der Milz einer an Anthrax verendeten Maus zu $7 1/2$ Millionen im Cubikmillimeter gefunden.

Eine klare, pilzfreie Nährlösung, z. B. von 0,5% Liebig'schem Fleischextract, die mit hoher Verdünnung von zerriebener Anthraxmilz inficirt wurde, zeigt bei Körpertemperatur folgendes Verhalten. Nach Ablauf von etwa 18 Stunden erscheinen die ersten Spuren der Vegetation in Gestalt vereinzelter, zierlich gekräuselter Wölkchen am Boden der völlig klaren Flüssigkeit. Allmählich breiten sich diese nun aus und überdecken den ganzen Boden des Gefässes mit einer zarten, leicht beweglichen Wolke von geringer Höhe. Damit ist die Vegetation zu Ende. Modificationen dieses Vorganges treten nur insoferne ein, als sehr häufig schon frühzeitig gekräuselte Ranken, welche aus Bündeln von Milzbrandfäden bestehen, von den am Boden lagernden Wolken sich erheben und die klare Flüssigkeit mit einem ungemein zierlichen Flechtwerk durchziehen. Eine geringe Erschütterung genügt schon, diese zarten Bildungen zu zerstören. Ihr Aussehen stimmt vollständig überein mit der oben citirten Beschreibung, welche Pasteur von den mit blossem Auge wahrnehmbaren „verwickelten, wolligen" Fäden gibt, die sich bei seinen Reinculturen der Milzbrandbacterien in der vollständig klaren Nährlösung gebildet hatten.

Diese zierlichen Gebilde sind so charakteristisch, dass sie bei einiger Uebung kaum mit irgend welchen Vegetationserscheinungen anderer Pilze verwechselt werden können. Die mikroskopische Untersuchung ergibt, dass dieselben ausschliesslich aus Stäbchen oder Fäden des Antraxpilzes bestehen. Ungemein viel sicherer zeugt aber das fortwährende Hellbleiben der Nährlösung dafür, dass keine fremden Schizomyceten, insbesondere keine vermehrungsfähigen Fäulniss- oder Heupilze zugegen sind. Denn ein einziges ursprünglich vorhandenes Individuum der letzteren Formen müsste sich sehr bald soweit vermehrt haben, dass dadurch, in Folge des Umherschwimmens dieser Pilze, Trübung der Nährlösung bewirkt würde.

Als Anhang zum Vorausgehenden erscheint es mir nöthig, einige Bemerkungen über die bei der Pilzzüchtung erforderlichen Vorsichtsmaassregeln zu machen, hauptsächlich deshalb, weil die

Methodik der Pilzculturen noch sehr im argen liegt, und die richtigen Grundsätze noch keineswegs allgemeine geworden sind.

Häufig wird schon der Fehler begangen, dass man Gefäss, Nährlösung und Verschlusspfropf, jedes für sich, desinficirt und erst nachträglich das ganze vereinigt, wobei staubhaltige Luft miteingeschlossen werden kann. Dass Erwärmen auf 60 oder 80° C. oder auch auf Siedehitze zur vollständigen Desinfection, d. h. zur Tödtung aller Pilze nicht genügt, darf jetzt wohl als bekannt gelten. Ich brauche in dieser Beziehung nur daran zu erinnern, dass die Heupilze selbst durch vielstündiges Kochen ihre Lebensfähigkeit nicht verlieren.

Eine Quelle möglicher Fehler liegt stets im Oeffnen der Züchtungsgefässe zum Zwecke der Einbringung der Aussaat. Indess ist diese Gefahr bei weitem geringer, als man gewöhnlich annimmt; sie scheint nur deshalb so gross, weil alle Verunreinigungen, die in Folge ungenügender Desinfection der Züchtungsgefässe oder der zur Aussaat gebrauchten Instrumente u. s. w. auftreten, in der Regel auf das Eindringen von Pilzstäubchen aus der Atmosphäre zurückgeführt werden. Nun ist aber der Pilzgehalt der Luft überhaupt nicht so sehr bedeutend. Bei messenden Versuchen ergab sich derselbe für den Arbeitsraum, in welchem diese Untersuchungen ausgeführt wurden, durchschnittlich zu 10 Spaltpilzen im Liter[1]). Dann ist zu bedenken, dass Pilze und pilzführende Stäubchen in Folge ihrer Kleinheit in der Luft nur äusserst langsam herabsinken und von den leisesten Luftströmungen schon in die Höhe getragen werden. Während der kurzdauernden Oeffnung des Züchtungsgefässes könnten dieselben daher jedenfalls nur eine ungemein kleine Strecke herabsinken, und von einem eigentlichen Herabsinken kann offenbar gar keine Rede sein. Ihr Eindringen ist vielmehr nur dadurch möglich, dass sie mit der Luft, in welcher sie schweben, zugleich in die Züchtungsgefässe gerathen. Gefahr wäre also vorhanden, wenn grössere Luftquantitäten während der Oeffnung des Culturapparates in dasselbe eintreten. Diess ist

1) Im Freien zeigte sich derselbe weit geringer.

aber bei enghalsigen und ziemlich kleinen Gefässen, wenn sie die Temperatur der umgebenden Luft besitzen, nicht zu befürchten[1]).

Um übrigens die Brauchbarkeit des gewöhnlichen Verfahrens der Uebertragung der Reinculturen von Glas zu Glas zu illustriren, theile ich einen Versuch mit, den Herr Dr. Max Gruber im selben Raume ausgeführt hat, in welchem meine Experimente unternommen worden waren. Aus 4 pilzfreien Züchtungsgefässen mit einer Lösung von 0,5 % Fleischextrakt wurde in 46 ebensolche pilzfreie Gefässe je eine kleine Flüssigkeitsmenge, genau wie sonst bei den Aussaaten, übertragen. Alle 50 Gläser kamen dann in den Brütofen. Nach 5 Tagen waren alle klar und ohne Pilzvegetation. In keinem dieser 50 Fälle wäre daher, bei Uebertragung von Reinculturen, ein Pilz aus der Luft störend dazwischen gekommen[2]).

Die Gefahr einer Verunreinigung durch Luftpilze ist also, bei richtigem Verfahren, sehr gering; trotzdem ist dieselbe stets vorhanden, und kann deshalb Sicherheit nur durch fortwährende

1) Je staubfreier der Arbeitsraum gehalten werden kann, desto besser; nasser Boden und feuchte Wände wären am günstigsten. Die Anwendung des antiseptischen Spray dagegen, die einige Pilzforscher von den Chirurgen entlehnt haben, ist hier völlig unzweckmässig. Dieses Verfahren kann nur den Erfolg haben, einen Theil der in der Luft befindlichen Pilzstäubchen zu benetzen und dadurch zum sofortigen Niederfallen zu bringen, wodurch gerade das Umgekehrte von dem Gewünschten erreicht wird. Denn an eine Tödtung der Pilze durch kurzdauernde Berührung mit der antiseptischen Flüssigkeit ist nach den darüber angestellten Versuchen nicht zu denken.

2) Eine Beobachtungsdauer von 5 Tagen genügt zu dieser Entscheidung vollständig, weil die Uebertragung der Reinculturen jedesmal sogleich nach Beendigung des Wachsthums, also spätestens nach 2 Tagen, ausgeführt wird. Ein anderes ist es mit der weiteren Frage, ob in jene 50 Gläser absolut keine lebensfähigen Keime aus der Luft gelangt waren. Hierzu bedarf es einer viel längeren Beobachtungsdauer, weil die im Zimmerstaub vorkommenden Pilze in Folge von Austrocknung etc. meist sehr geschwächt sind und deshalb oft lange zu ihrer Erholung und zum Eintreten eines merklichen Wachsthums bedürfen. In der That hatte sich im angeführten Falle nach 18 Tagen in 3 von den 50 Gläsern eine spärliche Pilzvegetation entwickelt, während die übrigen 47 dauernd klar blieben. Es ist also stets zu bedenken, dass das Hineinfallen eines Pilzstäubchens in die Züchtung noch keineswegs die Reinheit derselben für die Folge zu vernichten braucht. Im Gegentheil werden in den allermeisten Fällen solche Luftpilze hinter den rascher wachsenden reincultivirten in der Vermehrung zurückbleiben und auf diese Weise wieder unschädlich eliminirt werden.

Controle erlangt werden, die bei den Milzbrandbacterien durch die erwähnten, mit blossem Auge wahrnehmbaren Merkmale der Reinculturen und durch die charakteristischen Formen dieser Pilze unter dem Mikroskop sehr erleichtert ist. Zur fortgesetzten Cultur der Milzbrandbacterien habe ich mich übrigens eines Apparates bedient, der jene Gefahr vermied, indem er die Uebertragung der Pilze in neue Nährlösung im pilzfreien Raume ermöglichte.

Derselbe bestand aus einem grossen Gefässe zur Aufnahme der Reservenährlösung und einem kleinen, durch einen seitlichen Tubus damit verbundenem Züchtungsgefäss, in welches aus dem Reserveglas, durch einfaches Neigen des letzteren, Nährlösung zufliessen konnte. Die nach aussen führenden Oeffnungen beider Gefässe wurden pilzdicht verschlossen, das ganze im Dampfkessel keimfrei gemacht. Hierauf inficirte ich das Züchtungsgefäss unter kurzdauernder Oeffnung des Verschlusses mit einer Reincultur von Milzbrandbacterien. Von da an brauchte dieser Verschluss nicht mehr geöffnet zu werden. Nach Ablauf der Vegetation im Züchtungsgefässe konnte die Pilzflüssigkeit aus dessen Boden durch eine verschliessbare, enge Oeffnung abgelassen werden, die weder ein Eintreten von Luft noch einen Rücktritt der abgelaufenen Pilzflüssigkeit gestattete und daher jedem fremden Pilze den Eingang verwehrte. Die dabei im Züchtungsgefäss zurückbleibenden Reste der Pilzflüssigkeit dienten jedesmal zur weiteren Infection der aus dem Reserveglas hinzugegebenen Nährlösung. Solange diese Reservenährlösung reichte, konnte mit dem Apparate fortgezüchtet werden; bei täglich 1- bis 2maliger Zugabe neuer Nährlösung dauerte dies mitunter bis zu 1½ Monaten.

Umänderung der Milzbrandbacterien in Heubacterien.

Unter Anwendung dieses Verfahrens liess ich reine Milzbrandbacterien in Lösungen von Fleischextract, mit oder ohne Pepton- oder Zuckerzusatz bei einer Temperatur von 35—37° C. sich vermehren. Da diese Pilze bei Ruhe nur am Grunde der Flüssigkeit vegetiren, wodurch eine ungleichmässige Ernährung bewirkt würde[1]),

1) Die obersten Schichten der Pilze sind alsdann in Bezug auf Sauerstoff und andere Ernährungsmaterialien ungünstiger situirt als die untersten.

so bediente ich mich eines Schüttelapparates, der dem Züchtungsgefäss eine constante Bewegung ertheilte. Hierdurch war zugleich für eine reichlichere Zufuhr von Sauerstoff Sorge getragen. Mit den erhaltenen Pilzflüssigkeiten wurden fortlaufende Infectionsversuche bei weissen Mäusen gemacht, die für Milzbrand sehr empfänglich sind und überdies keine merkliche Verschiedenheit der individuellen Disposition für diese Krankheit erkennen lassen[1]).

Das Ergebniss dieser Züchtungsversuche mit parallel gehenden Impfungen bestand merkwürdigerweise zunächst darin, dass die infectiöse Wirksamkeit der Pilze um so geringer wurde, je mehr Generationen dieselben in der künstlichen Nährlösung zurückgelegt hatten. So oft auch der Versuch von vorne, d. h. mit einer vom Thiere her direct gewonnenen Reincultur sehr wirksamer Bacterien, begonnen wurde, so war doch dieses Resultat immer das gleiche; trotz der vollkommenen morphologischen Uebereinstimmung aller durch die Züchtung erhaltenen Pilze, trotzdem bei der völligen Gleichheit ihres chemischen Verhaltens und ihrer Wachsthumsweise nicht der geringste Zweifel über die Abstammung der unwirksamen von den wirksamen existiren konnte, so zeigt sich doch bei allen diesen Versuchen, dass die anfangs positiv ausfallenden Impfungen nach einiger Zeit keinen Erfolg mehr hatten.

So ergab ein Versuch mit Züchtung der Milzbrandbacterien in einer Lösung von 10 Theilen Liebig'schen Fleischextracts und 8 Theilen Pepton auf 1000 Wasser, dass die Impfungen mit der 1., 2., 3. und 4. Pilzzüchtung sämmtlich Milzbrand erzeugten, jene dagegen mit der 5., 6., 7. und 8. kein positives Ergebniss hatten,

1) Die Methodik dieser Infectionsversuche war folgende: In die Rückenhaut wurde ein kleiner Schnitt gemacht, mit stumpfer Sonde eine Tasche unter der Haut gebildet, und in diese das ringförmig eingebogene Ende eines Drahtes eingeführt, in dessen Oeffnung eine bestimmte Menge durch Adhäsion und Cohäsion (in Form eines Doppelmeniscus) festgehaltener Pilzflüssigkeit sich befand. Die Infectionsinstrumente wurden vor jeder Operation ausgeglüht. — Zur Constatirung des Milzbrandes dient die mikroskopische Untersuchung von Milz und Lunge, in welchen sich beim Anthrax der Mäuse die ihrer Grösse und besondern Form wegen leicht erkennbaren Milzbrandbacterien massenhaft angehäuft finden. Unter Umständen wurden auch Controlimpfungen und Weiterzüchtungen der aufgefundenen Pilze ausgeführt.

soferne bei diesen die gleiche Pilzmenge wie bei den ersteren zur Anwendung kam. Anders gestaltete sich dieses Verhältniss, wenn bei den späteren Impfungen zur Verwendung grösserer Impfmengen übergegangen wurde.

In einem Versuche mit Ernährung durch blosse Fleischextractlösung erwies sich beispielsweise bei Anwendung einer geringen Impfquantität die 1. Pilzzüchtung noch als wirksam, dagegen nicht mehr die 2., 3. und 4. bei der gleichen Menge. Als nun mit grösseren Pilzquantitäten geimpft wurde, war wieder wirksam die 5. Züchtung; unwirksam dagegen blieb schliesslich die 6. Ein anderes Mal, bei Ernährung mit Fleischextract, Pepton und Zucker war die 2. Züchtung wirksam, unwirksam die 3. und 4.; wirksam dagegen wieder die 5., als bei dieser zu grösseren Impfmengen übergegangen worden war. Es zeigte sich denn auch, bei Anwendung dieser grösseren Pilzquantitäten einmal die 7., ein andermal die 18. Pilzzüchtung noch von Wirksamkeit, und endlich wurde selbst mit der 36. Cultur, welche in Fleichextractlösung bei Zusatz von Pepton und Zucker nach mehr als einem Monate erreicht worden war, noch tödtlicher Milzbrand erzielt. Im letzteren Falle wurden aber zur Impfung je 10 cmm des dichten, am Boden abgesetzten Pilzbreies verwendet, worin nach ungefährer Schätzung weit über 100 Millionen Pilze sich befanden. Kleinere Impfmengen blieben bei diesen späteren Culturen ohne jede bemerkbare Wirkung.

Diese unzweifelhafte Abnahme der infectiösen Wirksamkeit ist um so merkwürdiger, als gleichzeitig keine weitere wahrnehmbare Veränderung bei den Milzbrandbacterien eingetreten war. Nicht nur die morphologische Beschaffenheit zeigte sich bei der 36. Züchtung vollständig als die gleiche, die Sporenbildung verlief genau in derselben Weise u. s. w.; auch das Verhalten bei Controlzüchtungen in verschiedene Nährlösungen liess hinsichtlich der Wachsthumsart und der chemischen Eigenschaften keine bemerkbare Abweichung erkennen, so dass es nicht möglich gewesen wäre, auf anderem Wege als durch das Thierexperiment eine Verschiedenheit der künstlich gezüchteten von echten Milzbrandbacterien darzuthun.

Es scheint vielleicht, als ob die schwache Wirksamkeit der späteren Pilzgenerationen, der compensirende Einfluss grösserer Pilzmengen am einfachsten durch die Annahme erklärt werden könne, es sei zur Erzeugung einer Infectionskrankheit die Mitwirkung eines gelösten, aus dem thierischen Körper stammenden und nur dort entstehenden Stoffes, den man zweckmässig als „Krankheitsstoff" bezeichnen kann, mit den Pilzen durchaus erforderlich[1]).

In der That stünde eine derartige Annahme, die schon von verschiedenen Seiten her als Auskunftsmittel in Betracht gezogen wurde, in Uebereinstimmung mit manchen physiologischen Thatsachen. Die Isolirungsversuche von Chauveau, Burdon-Sanderson, Davaine, ferner von Klebs und Tiegel, Pasteur u. A. widerlegten dieselbe nicht, oder zum wenigsten nicht vollvollständig. Diese Versuche zeigten zwar, dass die gelösten Antheile der Infectionsflüssigkeiten an und für sich, ohne die Pilze, die betreffende Krankheit nicht bewirken konnten, während der andere Theil der infectiösen Flüssigkeiten, welcher die Pilze enthielt, dies vermochte. Es war somit entschieden, dass die Pilze zur Infection durchaus nöthig seien. Eine andere Frage blieb es jedoch, ob die Wirksamkeit der Pilze nicht an die Anwesenheit eines gelösten „Krankheitsstoffes" gebunden sei. Ich glaube nicht, dass in dieser Beziehung die Versuche jener Forscher etwas Entscheidendes aussagen konnten, obwohl mehrere der erwähnten Experimentatoren sich bemühten, durch wiederholtes Auswaschen die Pilze möglichst von den gelösten Substanzen der Infectionsflüssigkeit zu befreien, und obschon sie mit diesen möglichst reinen Pilzen positive Impfresultate erhielten.

1) Es beruht auf irrthümlicher Verwechslung, wenn dieser hypothetische „Krankheitsstoff" mit den eigenen Zersetzungsstoffen der Pilze zusammengeworfen wird. Die letzteren können selbstverständlich niemals völlig von den lebenden Pilzen getrennt werden, und es hätte dies auch gar keinen Sinn, weil eben der Pilz, sobald er in irgend einer Nährlösung wächst, diese Stoffe mit Nothwendigkeit stets von neuem erzeugt. Jener „Krankheitsstoff" dagegen wäre eine Substanz, welche nur im erkrankten thierischen Organismus und aus Bestandtheilen desselben, entweder mit oder ohne directe Beihilfe der Pilze gebildet werden könnte.

Zum wenigsten blieb noch der Einwand übrig, dass die Pilze, entsprechend dem Verhalten anderer pflanzlicher Zellen, Stoffe aus der Nährlösung, in welcher sie leben, hier also aus der Infectionsflüssigkeit in ihr Inneres aufnehmen können, die in der Folge, bei Uebertragung in einen andern Organismus, die Pilze in ihrer krankmachenden Wirkung zu unterstützen im Stande sind. Solche im Zellinhalte aufgenommene Stoffe würden aber jedenfalls durch blosses Auswaschen nicht zu entfernen sein.

Es gibt, um diese Annahme zu widerlegen, soviel ich sehe, nur ein directes Mittel, nämlich die Züchtung der Infectionspilze durch viele Generationen in stets erneuten Nährlösungen, sowie sie eben hier durchgeführt wurde. Denn auf diesem Wege müssen nicht nur die ausserhalb der Pilze in der Flüssigkeit befindlichen, sondern ebenso auch die im Zellinnern vorhandenen, aus dem Thierkörper stammenden gelösten Stoffe, allmählich vollkommen eliminirt werden. Falls nun die infectiöse Wirkung der Pilze auch dann noch vorhanden ist, wenn keine in Betracht kommenden Spuren jener Stoffe mehr zugegen sein können, dann ist bewiesen, dass die Mitwirkung dieser Substanzen zur Erzeugung der Krankheit nicht erforderlich wird. In dieser Beziehung sprechen aber gerade aufs deutlichste die im Vorausgehenden mitgetheilten Versuche.

Nehmen wir an, die Milzen milzbrandiger Mäuse, von denen bei den gegenwärtigen Versuchen stets der Ausgang zur Erzielung der nöthigen Reinculturen von Anthraxbacterien genommen wurde, hätten ihrer ganzen Substanz nach nur aus „Krankheitsstoff" bestanden; alsdann ist die Quantität des letzteren, welche noch in der positiv wirkenden Impfmenge enthalten sein konnte, aus der Grösse der vorausgegangenen Verdünnungen leicht zu berechnen.

Es zeigt sich dann für jenen Versuch, bei welchem die 7. Züchtung Milzbrand bewirkte, dass die hier im Impfmaterial möglicherweise noch vorhandene Menge von „Krankheitsstoff" bereits unendlich gering ist. Die ursprüngliche Mischung der zerriebenen Milzsubstanz mit Wasser ergab hier eine 100000fache, die Einbringung dieser Menge in das erste Quantum von Nährlösung und jede der 6 Umzüchtungen je eine 1000fache Verdünnung. Daraus berechnet sich, dass die in der Impfmenge enthaltene Quantität von „Krankheitsstoff" nur den hundertquadrillionsten Theil von derjenigen eines entsprechenden Stückchens der Milz betragen konnte. Da aber die Impfmenge in diesem Falle 10^{cmm} war, so belief sich die Quantität des geimpften „Krankheitsstoffes" jedenfalls nicht auf mehr als den zehnquadrillionsten Theil eines Milligramm. Dies ist aber eine Grösse, die um mehr als das tausendfache hinter dem Gewichte eines Wasserstoffgasmoleküls zurückbleibt; und die somit für die chemische Betrachtung überhaupt nicht mehr existirt.

Es bleibt nun aber noch die Annahme zu erörtern, dass der „Krankheitsstoff" in den Pilzzellen selbst eingeschlossen sei. In diesem Falle könnte jedes Individuum einer späteren Pilzgeneration in Folge der Theilungsvorgänge nur mehr halb soviel enthalten als das Individuum einer früheren Generation. Von dem Verluste an „Krankheitsstoff" durch Abgabe an die umgebende Nährlösung sei dabei ganz abgesehen. Da nun die 7 Züchtungen etwa 70 Pilzgenerationen entsprachen, so gehörten die geimpften Pilze der 70. Generation an, und bei diesen betrüge die Menge von „Krankheitsstoff" nur mehr $\frac{1}{2^{70}}$ oder weniger als den tausendtrillionsten Theil der ursprünglichen. Wenn auch die Pilze im Thiere zu $^9/_{10}$ ihrer Masse oder mehr aus „Krankheitsstoff" und wenn die ganze Impfmenge bloss aus Pilzsubstanz bestanden hätte, so wäre darin doch nicht mehr als der hunderttrillionste Theil eines Milligramm von jenem hypothetischen Stoff übertragen worden. Auch diese Grösse ist also in chemischer Hinsicht als verschwindend zu erachten.

Ohne dass wir erst die entsprechenden Berechnungen für die 18. und 36. Pilzzüchtung auszuführen brauchen, beweist also bereits die Thatsache der infectiösen Wirksamkeit der 7. Züchtung unter den gegebenen Umständen, dass die Wirkung der Milzbrandbacterien von der Beihilfe eines gelösten, dem thierischen Organismus entstammenden Stoffes unabhängig ist. Andernfalls hätte die infectiöse Wirksamkeit bei fortgesetzter Züchtung und Uebertragung der Pilze schon frühzeitig gänzlich erlöschen müssen.

Sonach kann die Minderung der Infectionstüchtigkeit bei den künstlich gezüchteten Milzbrandbacterien nur durch die Annahme erklärt werden, *dass in Folge der angewendeten Ernährungsbedingungen, welche von denen des thierischen Körpers erheblich differirten eine allmähliche Veränderung in der Natur der Pilze vor sich gegangen sei.*

Dabei muss auf einen, anscheinend selbstverständlichen, für die Beurtheilung aber sehr wichtigen Punkt noch besonders aufmerksam gemacht werden. Es zeigte sich nämlich, dass die Bacterien aus den Organen der erfolgreich geimpften Thiere *in allen Fällen* von gleicher und zwar von sehr hoher infectiöser Wirksamkeit waren, so dass eine sehr geringe Menge derselben zur weiteren Uebertragung des Milzbrandes genügte. In dieser Beziehung machte es also keinen Unterschied, mit welcherlei Bacterien geimpft worden war. *Die Pilze aus den Organen derjenigen Thiere, die mit der 7., 18. oder 36. Züchtung erfolgreich inficirt worden waren, zeigten sich nicht wirkungsschwach wie jene der genannten Culturen, sondern eine sehr kleine Menge derselben reichte hin, um aufs neue den Milzbrand hervorzurufen.*

Diese Thatsache kann nur durch eine, der obigen entsprechende Annahme erklärt werden, *dass nämlich durch die Ernährungsbedingungen des thierischen Körpers, welche von denen der künstlichen Züchtung verschieden waren, wiederum eine Veränderung und zwar die umgekehrte in der Natur der Pilze bewirkt worden sei.*

Bei fortgesetzter Züchtung der Milzbrandbacterien in einer Lösung von Fleischextract, Pepton und Zucker traten nun bei constant bleibender Form allmählich wahrnehmbare Aenderungen auch im Wachsthume und im chemischen Verhalten hervor. Etwa von der 100. Züchtung an, welche ungefähr der 700. Pilzgeneration entsprach[1]), zeigten die Pilze die beginnende Neigung, trotz der con-

1) Die Berechnung der Generationenzahl in einer Reincultur beruht auf der Kenntniss des Verhältnisses der Aussaat zur schliesslichen Pilzmenge. Bei einer Reihe auf einander folgender Züchtungen, die mit der *gleichen Nährlösung* angestellt werden, braucht man hierzu die absoluten Grössen nicht zu kennen; es genügt vielmehr als Anhaltspunkt, dass am Ende jeder Züchtung,

stanten Bewegung des Züchtungsgefässes an den höheren Theilen der Wandung desselben, die bei jedem Schüttelstosse benetzt wurden, sich anzulegen und einen Ueberzug zu bilden, was bei echten Milzbrandbacterien niemals beobachtet wird. Ausserdem wurde die Vermehrung der Pilze trotz des Gleichbleibens der Nährlösung allmählich reichlicher als früher.

Gegen die 900. Pilzgeneration, nach einer Züchtungsdauer von 90 Tagen, wurde dieses Anlegen der Pilze an die Wandungen des Culturgefässes so störend für die Fortführung einer regelmässigen Züchtung, dass eine Aenderung des Verfahrens durchaus nöthig erschien. Denn es kam schliesslich so weit, dass beinahe keine Pilze mehr in der Flüssigkeit sich befanden, sondern alle als Ueberzug an den Wandungen klebten. Die Anwendung der Schüttelbewegung musste daher aufgegeben werden.

Die erste Züchtung bei Ruhe ergab eine s t a r k e, w e i s s l i c h e D e c k e n b i l d u n g bei sonst klarer Nährlösung. Es war damit eine bedeutsame Veränderung in der Natur der Pilze in auffälliger Weise constatirt. Aber diese Umwandlung war nicht etwa mit einem Male eingetreten, wie es vielleicht den Anschein haben möchte. Vielmehr kann nicht bezweifelt werden, dass die g a n z a l l m ä h l i c h auftretende Erscheinung des Anlegens an die Wandungen des Schüttelgefässes bereits eine Folge und somit ein Anzeichen der nämlichen neu entwickelten Eigenschaft der Pilze war, wie die jetzt wahrgenommene Erscheinung der Deckenbildung.

---

wenn dieselbe bis zum Verbrauche der Nahrungsstoffe fortgesetzt wurde, stets eine nahezu gleich pilzhaltige Flüssigkeit vorhanden sein muss. Werden nun z. B. 10 ^{cmm} Flüssigkeit aus dem Endstadium einer solchen Züchtung in 10 ^{ccm} pilzfreier Nährlösung übertragen, so ist am Ende der neuen Züchtung unter den gemachten Voraussetzungen die Pilzvermehrung eine 1000fache, die Generationenzahl somit nahezu 10.

Obwohl diese Bestimmung aus verschiedenen Gründen nur eine annähernd richtige sein kann, so habe ich doch vorgezogen, von hier an im Texte nach Generationen anstatt nach Züchtungen zu rechnen und zwar deshalb, weil bei den späteren Culturen andere Gefässe und andere Mengen von Nährlösung verwendet wurden, als bei den früheren, und weil deshalb diese späteren Züchtungen mit den früheren nicht in Parallele gesetzt werden können. In diesem Falle ist allein die Angabe der Generationenzahl im Stande, einen richtigen Ueberblick zu gewähren.

Beide Vorgänge können nur durch ein erhöhtes Adhäsionsvermögen der Pilze in Folge einer bestimmten Veränderung der Cellulosemembranen erklärt werden, welche dieselben befähigte, einerseits unter sich Verbände von grösserer oder geringerer Festigkeit zu bilden, und andrerseits an fremden Körpern, hier an den Glaswandungen des Schüttelgefässes trotz der Bewegungen der darüber hinwegströmenden Flüssigkeit fest zu haften.

Hier war nun aber zum ersten Male ein thatsächlicher Anhaltspunkt dafür gegeben, dass es möglich sein werde, auf dem eingeschlagenen Wege schliesslich Pilze zu erhalten, deren Eigenschaften denen der Heubacterien analog wären; denn diese besitzen gerade die Fähigkeit der Deckenbildung als charakteristisches Merkmal. Allein die gegenwärtig erhaltenen Decken stimmten mit jenen der Heupilze noch nicht völlig überein; und zwar differirte nicht die mikroskopische Beschaffenheit, die bei der Uebereinstimmung der Formen sowohl mit echten Milzbrandbacterien als auch mit echten Heupilzen keine Entscheidung geben konnte, sondern die äusserliche, mit blossem Auge erkennbare. Während nämlich die Decken der Heupilze an der Oberfläche trocken, meist gerunzelt, von bedeutender Festigkeit und schwer unterzutauchen sind, so zeigten sich diese im Gegentheil von glattem, schleimigem Ansehen und sehr lockerem Gefüge, so dass eine geringe Erschütterung genügte, um theilweise oder gänzliche Auflösung derselben in flockige Massen, welche zu Boden sanken, herbeizuführen.

Von grösserer Wichtigkeit aber war das Verhalten der gezüchteten Pilze in Heuaufguss. Wie erwähnt, verhindert die geringe Säuremenge desselben die echten Milzbrandbacterien an jeder Vegetation, während die Heupilze ihre normalen, dichten Decken darin erzeugen. Die gegenwärtig erhaltenen Pilze nun verhielten sich in besonderer und ganz unerwarteter Weise. Bei Aussaat derselben in Heuaufguss trat zwar Vegetation ein; aber dieselbe ging bei allen angestellten Versuchen ausserordentlich langsam von Statten und blieb stets geringfügig, so dass auch am Schlusse derselben nur eine sehr kleine Menge von Pilzen gebildet war. Ebenso auffallend zeigte sich dabei die Form des Wachsthums. Bei klarer

Flüssigkeit bildeten sich nämlich höchst schwache, durchsichtige Ueberzüge an der Oberfläche, die nur am Rande der Flüssigkeit ein wenig stärker wurden und dadurch etwas weissliche Färbung bekamen. Das ganze Verhalten zeigte somit, dass die gegenwärtig erhaltenen Pilze zwar nicht mehr so empfindlich gegen geringe Säuremengen waren wie die echten Milzbrandbacterien, dass sie sich vielmehr den Heupilzen in dieser Beziehung bereits annäherten; dennoch aber schien die Säure auf sie noch in bedeutendem Maasse schädlich zu wirken. Damit stimmte denn auch der mikroskopische Befund überein; die Pilze, welche im Heuaufguss entstanden waren, zeigten nämlich ein verkümmertes, pathologisches Aussehen, wie es sich stets findet, wenn Milzbrand- oder Heupilze unter ungünstigen Ernährungsbedingungen vegetiren.

Nach diesen Merkmalen musste angenommen werden, dass hier eine, bis dahin unbekannte physiologische Mittelform zwischen den echten Milzbrand- und den echten Heupilzen vorliege. Von beiden unterschied sich dieselbe durch ihre Wachsthumsart in künstlichen Nährlösungen, besonders aber durch ihr Verhalten gegen die geringe Säuremenge des Heuaufgusses, von den Milzbrandbacterien ausserdem durch den Mangel infectiöser Wirksamkeit. Denn von der 36. Züchtung ab waren die vorgenommenen Impfungen erfolglos geblieben.

Die Züchtung dieser Mittelform von Pilzen wurde nun bei ruhender Nährlösung weiter geführt. Für die nächsten zweihundert Generationen diente hierzu Lösung von blossem Fleischextract. Der Zuckerzusatz konnte deshalb weggelassen werden, weil die anfänglich mit dessen Anwendung verbundene Absicht, bei den Milzbrandbacterien durch langdauerndes Wachsthum in zuckerhaltigen Nährlösungen allmählich vielleicht Gärthätigkeit hervorzubringen, sich durchaus nicht realisirt hatte [1]). Nach Zurücklegung der 1100. Pilzgeneration wurde wieder ein Versuch gemacht, die gezüchteten Bacterien in Heuaufguss wachsen zu lassen. Der Erfolg war ein überraschender; es trat ziemlich reichliche Vermehrung ein mit Bildung einer schleimigen, lockeren Decke aus Stäbchen und Sporen.

1) Auch fortgesetzte Züchtung der Anthraxpilze in Milch (durch 2½ Monate) hatte den gleichen negativen Erfolg.

Man war also der Uebereinstimmung mit den Heubacterien wieder um ein beträchtliches Stück näher gerückt; denn die ehemaligen Anthraxpilze vermochten nun beinahe ebensogut geringe Säuremengen zu ertragen wie jene. Nur die Beschaffenheit der Decken war in beiden Fällen noch deutlich verschieden; doch konnte kaum mehr bezweifelt werden, dass auch diese letzte Umänderung noch gelingen werde.

Als richtigster Weg hierzu empfahl sich offenbar die Fortsetzung der Züchtung gerade in Heuaufguss, weil in dieser Nährlösung die Eigenthümlichkeiten der echten Heupilze am vollsten zur Geltung kommen. In der That gelang es durch eine Reihenfolge weiterer Züchtungen in der genannten Lösung die Decken allmählich trockner und fester, schliesslich vollkommen von jener gelbbräunlichen Farbe und stark gerunzelten Beschaffenheit zu erhalten, wie sie jenen der echten Heupilze eigen sind. Ausserdem hatte sich während dieser letzten Züchtungsreihe auch die bei der mikroskopischen Beobachtung so auffallende, lebhafte, wimmelnde Bewegung der Stäbchen eingestellt, welche den Heubacterien bei gewisser Ernährungsweise eigenthümlich ist, den echten Milzbrandbacterien jedoch und auch den Uebergangsformen abgeht [1]).

Nach 1500 Pilzgenerationen, welche zusammen im Laufe eines halben Jahres zurückgelegt worden waren, musste die Umwandlung der Milzbrandbacterien in Heubacterien als vollendet angesehen werden; denn es war unmöglich, einen Unterschied zwischen den durch Züchtung aus ersteren erhaltenen Pilzen und den echten, unmittelbar rein cultivirten Heupilzen aufzufinden.

Umänderung der Heubacterien in Milzbrandbacterien.

Der genetische Zusammenhang der Heubacterien mit den Milzbrandbacterien war nunmehr sicher gestellt, und zugleich hatte die

1) Auch die echten Milzbrandbacterien zeigen allerdings unter Umständen bei künstlicher Ernährung Eigenbewegungen. Dieselben sind jedoch bei weitem langsamer als jene der Heubacterien. Uebrigens ist das Fehlen von Eigenbewegungen bei der einzelnen mikroskopischen Beobachtung durchaus kein zuverlässiges Merkmal für die eine oder andere der in Rede stehenden Pilzformen, da auch die Heubacterien in vielen Fällen keine Eigenbewegungen zeigen.

genauere Kenntniss der letzteren ihre geringe Befähigung zur Vermehrung ausserhalb des thierischen Organismus und damit zur Behauptung gegenüber anderen, concurrirenden Pilzformen erwiesen. Um so mehr musste sich nun die Frage aufdrängen, ob nicht die häufig stattfindende autochthone Entwickelung des Milzbrandes auf eine in der Natur eintretende Umänderung der Heupilze in die infectiöse Form zu beziehen sei.

Den einzigen thatsächlichen Anhaltspunkt in Bezug auf das experimentelle Studium dieser Verhältnisse bot die Erscheinung, dass Milzbrandbacterien, die ihre infectiöse Wirksamkeit durch fortgesetzte Züchtung beinahe verloren hatten, im thierischen Organismus dieselbe wieder von neuem erhielten. Die gleichen Bedingungen, welche hier gewirkt hatten, mochten auch für die Umänderung der Heubacterien in die infectiöse Form sich günstig erweisen. Diese Bedingungen liegen aber kaum ausschliesslich in der chemischen Beschaffenheit der thierischen Säfte. Sonst müsste eine Lösung von Eiweiss oder vielmehr, da die Pilze dasselbe nur in löslicher Form assimiliren können, von Eiweisspepton ungefähr das gleiche leisten. In der früheren Züchtungsreihe hatte jedoch Ernährung mit künstlich dargestelltem Eiweisspepton das Verschwinden der infectiösen Eigenschaften nicht verhindert. Daraus geht hervor, dass höchst wahrscheinlich andere, noch unbekannte Bedingungen im Spiele sind, die wohl in thierischen Flüssigkeiten, nicht aber in künstlichen Nährlösungen sich erfüllt finden.

Zunächst lag jedenfalls, nach Analogie jener Impfversuche die Cultur im lebenden thierischen Organismus zu versuchen. Es wurden daher mit den echten, von gewöhnlichem Heu durch Kochen des Aufgusses unmittelbar rein cultivirten Heupilzen einige grössere Versuchsreihen an Kaninchen ausgeführt.

Ein grosser Theil dieser Experimente zielte dahin, durch Steigerung der Pilzquantität den Mangel an infectiöser Wirksamkeit zu ersetzen. Die Heupilze wurden zu diesem Zweck in eiweisshaltigen Nährflüssigkeiten unter Sauerstoffzufuhr bei Ausschluss anderer Pilze gezüchtet, und diese stark pilzhaltigen Flüssigkeiten zu den Injectionen verwendet. Meist befanden sich darin zugleich Stäbchen und Sporen; jedenfalls fehlten die letzteren niemals und oft waren sie beinahe ausschliesslich in der Injectionsflüssigkeit vertreten. Als Ort der Anwendung diente nur in wenig Fällen das Unterhautzellgewebe oder die venösen Bahnen, in den allermeisten die Peritonealhöhle, die nach Wegner's lehrreichen Versuchen zur Ueberleitung von Pilzen in den Kreislauf ungemein geeignet ist.

Das Resultat dieser intraperitonealen Injectionen bestand darin, dass kleinere Mengen von Pilzflüssigkeit, 1—6 ^{ccm}, in der Regel ohne wahrnehmbare Wirkung blieben. Erst bei grösseren Injectionsmengen erfolgte in der Mehrzahl der Fälle tödtlicher Ausgang, meist innerhalb 24 Stunden. Die Untersuchung der Organe ergab hier beinahe stets reichlichen Gehalt derselben an Heubacterien, und zwar auf alle Organe gleichmässig vertheilt. Der letztere Umstand deutete schon darauf hin, dass es sich hier um eine einfache Vertheilung der injicirten Pilze im Körper handle und nicht um einen infectiösen Process. Denn in der Regel finden sich beim Milzbrand der Kaninchen Lunge und Milz bedeutend reicher an Bacterien als Leber und Nieren. Ausserdem war die Krankheitsdauer viel zu kurz, als dass die Umänderung der injicirten Heupilze in Milzbrandbacterien hätte erfolgen können. In der That ergaben die Controlimpfungen mit diesen Pilzen auf andere Thiere sämmtlich negatives Resultat.

Die Todesursache lag hier wesentlich in der Vergiftung durch die eingespritzten Zersetzungsstoffe der Heupilze, deren Wirkung durch Hyperaemie und theilweise Ecchymosirung des Magens und fast des ganzen Darmtractus und blutige Färbung des diarrhoischen Darminhalts sich äusserte [1]).

Wenn nun aber doch eine geringe Vermehrung der Pilze und damit eine beginnende Umwandlung ihrer Natur stattgefunden hatte, der nur der Vergiftungstod des Thieres hindernd in den Weg trat, so war vielleicht durch Uebertragung der Pilze in einen zweiten

1) Durch eine Reihe besonderer Versuche habe ich nachgewiesen, dass die Zersetzungsstoffe, welche durch reincultivirte Heu- oder Milzbrandbacterien gebildet werden, an und für sich d. h. bei Ausschluss der Pilze giftig wirken, analog den chemischen Producten der Fäulniss, welche dem Lebensprocess der Fäulnisspilze ihre Entstehung verdanken.

Organismus und von diesem in einen folgenden eine Fortsetzung der Umänderung zu erreichen. Ein derartig angestellter Versuch liess jedoch bei der 5. Uebertragung bereits so deutliche Zeichen septischer Vorgänge erkennen, dass die Fortführung desselben aufgegeben werden musste. Zu dieser Zeit aber erwiesen die Controlimpfungen noch keine merkliche Umänderung in der Natur der Heupilze.

Es blieb also doch die Steigerung der Pilzquantität vorläufig der einzige Weg. Um hierbei die giftige Wirkung zu vermeiden, welche die Anwendung grösserer Mengen nach dem bisherigen Verfahren verbot, bestrebte ich mich, die Heupilze möglichst von ihren Zersetzungsstoffen zu befreien. Hierzu benutzte ich die Eigenschaft derselben, bei ruhiger Nährlösung in Form dünner Decken zu vegetiren. Durch Diffusion müssen hier die gebildeten Zersetzungsstoffe fortwährend in der übrigen Lösung vertheilt werden, und bei abgelaufener Vegetation kann die abgehobene Decke ihrer Flüssigkeitsmenge entsprechend nur etwa den 100. Theil der gelösten schädlichen Substanzen enthalten.

Trotz dieser Vorsichtsmaassregeln hatten die mit grossen Pilzmengen ausgeführten Injectionen in den Peritonealraum sämmtlich rasch tödtlichen Erfolg unter den Erscheinungen der Vergiftung. Da es nun möglich schien, dass die Diffusion die Zersetzungsstoffe aus den Pilzdecken noch ungenügend entfernt hatte, so wurden einige Versuche angestellt, wobei die Pilzdecken erst zerrieben, dann in viel reinem Wasser vertheilt und schliesslich von letzterem durch rasches Absaugen desselben wieder befreit wurden. Aber auch in diesen Fällen war die Wirkung der Injectionen nicht minder giftig.

Diese Erscheinung ist nur erklärlich unter der Voraussetzung, dass die Heupilze selbst toxisch wirkende Substanzen enthalten. Denn nur in diesem Falle können die letzteren durch einfaches Auswaschen nicht entfernt werden. Dafür sprechen aber auch andere Gründe. Für den Fall nämlich, dass die giftigen Stoffe hauptsächlich durch Gärung und somit, wie dies für die Gärungsproducte der Sprosshefe anzunehmen ist, vorzugsweise ausserhalb der Zellen gebildet werden, ist doch nach Analogie anderer pflanzlicher Zellen sehr wahrscheinlich, dass kleine Mengen davon aus der Lösung ins Innere der Pilze aufgenommen werden. Im anderen Falle aber, wenn der grösste Theil der giftigen Verbindungen dem Stoffwechsel der Pilze seinen Ursprung verdankt, versteht es sich von selbst, dass gewisse Quantitäten davon im Zellinnern vorhanden sind[1]).

Gerathen nun die Pilze unter nachtheilige Bedingungen, welche die Involution und das schliessliche Absterben veranlassen, dann müssen die gelösten Stoffe aus dem Innern der Zelle in die umgebende Flüssigkeit übertreten. Solche Bedingungen sind aber für die Pilze im Innern des thierischen Organismus überall da gegeben, wo dieselben nicht zum Wachsthum und zur Vermehrung gelangen können, und dies war für den grössten Theil der injicirten Heupilze jedenfalls der Fall.

Somit bestand keine Aussicht, auf dem bisherigen Wege zum Ziele zu kommen. Die Anwendung grösserer Mengen von Pilzen führte jedesmal zum rasch tödlichen Ausgang; geringere Quantitäten aber blieben ohne merkliche Wirkung. Die Pilze gelangten also in diesen letzteren Fällen trotz der reichlich dargebotenen Nahrung nicht zum Wachsthum; denn, hätten sie sich vermehrt, so wären Krankheit und schliesslich der Tod des Thieres die unausbleibliche Folge gewesen.

Der Grund für diese merkwürdige Erscheinung kann wohl kaum in der Anwesenheit irgend eines bestimmten, auf die Heupilze schädlich wirkenden Stoffes im thierischen Organismus gesucht werden. Denn gerade diese Pilze sind gegenüber den Milzbrandbacterien im Ertragen der verschiedensten giftigen Substanzen bei weitem im Vortheil, und zeigen sich überhaupt, ausserhalb des Körpers, widerstandsfähiger gegen jede Art von schädlicher Einwirkung. Wir werden

1) Der Befund von Anders (Deutsche Ztschr. f. Chirurgie Bd. VII S. 1), dass der toxisch wirkende Pilzrückstand aus Pasteur'scher Nährlösung durch oftmaliges Auswaschen seine giftige Wirksamkeit verliert, erklärt sich durch den dabei stattfindenden längeren Aufenthalt der Pilze im Wasser. Denn in diesem Falle können allerdings durch die eintretende langsame Diffusion mit der Zeit die gelösten Stoffe aus dem Innern der Pilze entfernt werden; da übrigens die Pilze im Wasser jedenfalls kümmerlich weiter vegetirten, so musste ausserdem eine allmähliche Erschöpfung, ein Involutionsprocess bei denselben sich einstellen, der nothwendig zur Ausscheidung der gelösten Substanzen führte.

deshalb dahin geführt, die physiologischen Functionen des Gewebes selbst, d. h. diejenigen Vorgänge, an welche der Bestand des Lebensprocesses geknüpft ist, als Quelle jener nachtheiligen Einflüsse zu betrachten[1]).

Das nächste Mittel zur Verminderung dieser Einwirkungen liegt alsdann in der Herabsetzung der physiologischen Thätigkeit des Gewebes, sei es nun, dass dieselbe durch Beschränkung der Blutzufuhr zu einem Organe oder durch abnorme Temperatur oder durch Vergiftung u. s. w. hervorgebracht wird. In Bezug auf letztere Einwirkung hatten die bisherigen Versuche hinlänglich gezeigt, dass eine Intoxication des ganzen Organismus nicht zum gewünschten Ziele führen könne. Mehr durfte man in dieser Hinsicht erwarten, wenn nur ein einzelnes Organ oder eine abgegrenzte Partie desselben zur Vermehrungsstätte der Pilze gewählt wurde. Denn in diesem Falle konnte eine viel stärkere und länger andauernde Schwächung der physiologischen Thätigkeit des Gewebes ohne directen Nachtheil für das Leben des Thieres hervorgerufen werden.

Eine Reihe derartiger Versuche bestand in Injectionen reiner Heupilze in das Kaninchenohr nach vorhergängiger Unterbindung der entsprechenden Carotis. Durch letzteres Verfahren hatte bekanntlich Samuel[2]) die Wirkung fauliger Substanzen auf das Gewebe, die sonst nur eitrige Entzündung erregt hätten, bis zur Erzeugung von Brand zu steigern vermocht. Gleichzeitig versuchte ich die Einbringung grösserer Mengen von Heupilzen in frische Muskelwunden, deren Umgebung durch heisses Wasser verbrüht und dadurch, bis auf eine gewisse Tiefe, getödtet war. Aber auch diese Experimente führten nicht zu dem gewünschten Ziele eines Wachsthums der Heupilze im thierischen Gewebe. Vielmehr ent-

1) Ich erinnere hier an die molecular-physiologische Gärungstheorie Nägeli's, welche die Schwingungszustände des lebenden Plasma der Hefezelle auf das Gärmaterial übergehen und dadurch den Vorgang der Gärung zu Stande kommen lässt. In analoger Weise wäre nach Nägeli auch die unbestreitbar vorhandene Einwirkung gärender Hefezellen auf andersartige Pilzzellen zu denken, die sich im Wirkungsbereich der ersteren befinden. (C. v. Nägeli, Theorie der Gärung. München 1879.)

2) Archiv f. experim. Pathologie Bd. 1 S. 317. 1874.

stand bei den Injectionen ins Ohr meist Entzündung mit Ausgang in Brand, bei den Muskelwunden eine langwierige Eiterung. Von den Heupilzen war in beiden Fällen stets in kurzem nichts mehr nachzuweisen.

Die Ursache dieser letzteren Misserfolge lag offenbar zunächst in dem Sauerstoffbedürfnisse der Heubacterien, welches in den Muskeln und andern sauerstoffarmen Geweben keinesfalls befriedigt werden kann. Ich erinnere in dieser Beziehung daran, dass auch die Milzbrandbacterien nur innerhalb des Gefässsystems, nur im sauerstoffhaltigen Blute sich vermehren, wofür uns, abgesehen von der mikroskopischen Untersuchung, das charakteristische Fehlen entzündlicher Erscheinungen beim Milzbrand Zeugniss gibt. Denn entzündliche Processe würden in den Geweben wohl nicht fehlen, wenn die Pilze daselbst zur Vermehrung kämen[1]). Ganz

1) Da hier die bereits erkannten Eigenschaften der Pilze in pathologisch-physiologischer Beziehung eine wichtige Aufklärung geben, so möchte ich die angedeutete Anschauung über den Milzbrand etwas näher begründen.

Vollständig ausgeprägt ist der Mangel entzündlicher Vorgänge beim Milzbrand kleinerer Thiere, wie z. B. der Kaninchen und Mäuse, bei denen mit Ausnahme des mikroskopischen Nachweises der Pilze meist kein anderer pathologischer Befund getroffen wird als eine mehr oder weniger beträchtliche Schwellung der Milz. Aber auch die Hämorrhagien und die serösen Transsudate, welche beim Anthrax grösserer Thiere als charakteristisch gelten, sind nicht als Folgen entzündlicher Processe aufzufassen, sondern als Anzeichen einer bestimmten Veränderung der Gefässwände.

Eine Ausnahme hiervon scheint jedoch der Milzbrandcarbunkel zu machen, bei dem entzündliche, ja sogar brandige Erscheinungen die Regel sind. Nach Bollinger (v. Ziemssen's Handb. d. spec. Pathologie u. Therapie 2. Aufl. 1876. Bd. 3. Zoonosen S. 520) findet man nun bei der mikroskopischen Untersuchung der Carbunkel „in den bedeutend erweiterten Capillaren neben einer Anhäufung farbloser Blutkörperchen zahlreiche Bacterien und eine feinkörnige Masse, die theils aus metamorphosirten Blutbestandtheilen theils aus Bacterienkeimen besteht". Das für uns Wichtige bei dieser Angabe ist, dass ausser den wohlbekannten Milzbrandbacterien noch andere Gebilde wahrgenommen wurden, die für Pilze gehalten werden mussten. Bei den geringen Erfahrungen, welche damals noch über die Physiologie der Milzbrandbacterien existirten, konnten diese körnchenförmigen Pilze wohl für Keime oder Sporen derselben gehalten werden. Nun bilden sich aber die Sporen nur unter ganz bestimmten Bedingungen, die im Innern des thierischen Gewebes fehlen. Jene feinkörnige Masse kann daher, soweit dieselbe aus Pilzen bestand, nur irgend welche einzellige, mit den Milzbrandbacterien genetisch nicht zusammenhängende Schizo-

anders wird dieses Verhältniss bei solchen Pilzformen sein, die des Sauerstoffs ohne Nachtheil entbehren können, wie z. B. bei den gewöhnlichen Fäulnissbacterien. In der That ist es durch eine Reihe übereinstimmender Beobachtungen und Experimente bewiesen, dass durch verschiedene schwächende Einwirkungen auf das Gewebe, durch locale Aufhebung des Kreislaufes, durch Vergiftung, selbst mit antiseptischen Mitteln, Entwickelung von Spaltpilzformen im Körper hervorgerufen werden kann. Auch

---

myceten enthalten haben. Die Ansiedlung und Vermehrung solcher fremder Pilze wäre in diesem Falle als eine secundäre Erscheinung zu betrachten und als abhängig von der vorausgehenden Vegetation der Milzbrandbacterien. Durch die Anhäufung der Bacterien in den Capillaren wird nämlich locale Stauung des Kreislaufes und dadurch Ernährungsstörung in den umliegenden Gewebspartien erzeugt werden können, ausserdem aber auch Vergiftung dieser angrenzenden Theile durch die ausgeschiedenen Zersetzungsstoffe. Beide Einflüsse begünstigen, wie dies im Texte zur Sprache kommen wird, die Vermehrung solcher Pilze, welche des Sauerstoff zu ihrer Existenz nicht bedürfen. Das Auftreten entzündlicher Reizung, ja sogar brandiger Erscheinungen wäre nun meines Erachtens als Folge dieser letzteren Pilzentwicklung aufzufassen und nicht als unmittelbare Wirkung der Milzbrandbacterien, die nur innerhalb der Blutgefässe und nur insoweit vermehrungsfähig sind, als die Blutcirculation noch Sauerstoff herbeizuschaffen vermag.

Diese Annahme eines doppelten Parasitismus würde übrigens auch darauf hindeuten, weshalb beim rasch tödtlich verlaufenden Impfmilzbrand fast niemals Carbunkel entstehen. Der doppelte Parasitismus, der zum Carbunkel führt, würde naturgemäss länger zu seiner Entwicklung brauchen als der einfache, und der Tod wäre daher in diesen Fällen ein zu frühzeitiger, als dass eine Ausbildung solcher Processe erfolgen könnte. Beim spontanen Anthrax verlaufen allerdings die wahrnehmbaren Krankheitserscheinungen oft ebenfalls sehr kurz. Dies beweist jedoch nicht, dass keine schleichende Entwickelung der Krankheit, keine längere Incubation vorausging, während deren die Carbunkeln, z. B. auf der Darmschleimhaut sich ausbilden konnten. Die gegenwärtigen Untersuchungen werden noch darauf hinführen, dass eine solche Incubationsperiode beim spontanen Milzbrand sehr wahrscheinlich ist.

Die erysipelatösen Processe endlich, welche beim Anthrax nicht selten beobachtet werden, dürften meines Erachtens für die entzündliche Wirksamkeit der Milzbrandbacterien vorläufig ebenso wenig etwas Sicheres beweisen als die Carbunkel, da ihre Entstehung auf ähnliche Weise erfolgen kann, wie es für letztere angenommen wurde. Beides sind eben Complicationen, die nicht nothwendig zum Krankheitsbilde gehören und daher, wie ich glaube, in der Natur der Milzbrandbacterien nicht unmittelbar begründet sind.

bei den vorhergehenden Versuchen war dieser dort unbeabsichtigte Erfolg vielfach störend dazwischen getreten. Es waren nicht selten kleinere Pilzformen in den Organen gefunden worden, obwohl nur reingezüchtete Heupilze zur Einspritzung kamen.

Ebenso erklärte sich aus der stattfindenden Giftwirkung mittelbar das Auftreten entzündlicher und brandiger Erscheinungen bei den Injectionen in abgegrenzte Organtheile.

Eine Herabsetzung der physiologischen Thätigkeit des sauerstoffarmen Gewebes kann also jedenfalls die Heupilze nicht begünstigen. Nur im Blute schiene ein solches Unternehmen Erfolg zu versprechen; indess ist es unmöglich, das Blut zu vergiften, ohne zugleich die übrigen Gewebe zu schwächen und dadurch eben jene störende Entwickelung anderer Pilzformen herbeizuführen, die in den bisherigen Versuchen bereits sich mehrfach geltend gemacht hatte.

Damit war ich am Ende derjenigen Experimente, welche bezweckt hatten, die Heupilze unmittelbar im thierischen Körper zur Vermehrung und damit zur Annahme infectiöser Eigenschaften zu bringen. Es musste jetzt die Züchtung in thierischen Flüssigkeiten ausserhalb des Körpers versucht werden.

Allerdings können derartige Nährflüssigkeiten nicht durch Erhitzen desinficirt werden; deshalb blieb es fraglich, ob die Fäulnisspilze, die möglicherweise in diesen Materialien bereits vorhanden waren, bei der Züchtung hintangehalten werden könnten[1]).

Die Züchtung in Eiereiweiss mit etwas Fleichextractlösung, welche zuerst unternommen wurde, hatte jedoch ein sehr befriedigendes Resultat. Es bildete sich an der Oberfläche, wo der Sauerstoff einwirken konnte, eine weissliche Decke, die nur aus

1) Die Annahme, dass stets vereinzelte Spaltpilze innerhalb des Thierkörpers, im Blute und in den Geweben sich befinden, folgt meines Erachtens aus der Thatsache, dass Krankheitskeime so leicht in den Organismus gelangen. Auf demselben Wege, seien dies nun die Lungen oder der Darm, müssen nothwendig auch andere Spaltpilzformen, die sich in der Athemluft und im Darmkanal stets finden, in geringer Zahl in den Kreislauf und in die Organe gelangen, wo sie normalerweise regelmässig zu Grunde gehen.

Heupilzen und zwar Stäbchen und Sporen bestand. Auf diese Weise wurde mehrmals umgezüchtet. Alsdann hielt ich es für angezeigt, die weitere Cultur dieser, vermuthlich bereits etwas veränderten Pilze im Blute auszuführen, da ich mir hiervon für den angestrebten Zweck mehr versprach als von einer fortgesetzten Züchtung in Eiereiweiss.

Die nöthigen Maassnahmen bestanden darin, dass nur völlig gesunde Thiere (Kaninchen) zur Blutgewinnung genommen wurden, damit nicht etwa das Blut bereits fremde Pilze in grösserer Menge enthielt; dann in völliger Desinfection aller Instrumente und Apparate[1]). Das Blut wurde der Carotis entnommen und direct in das Defibrinirungsgefäss geleitet. Von da kam es in das Züchtungsgefäss, das während der Cultur sich im Schüttelapparate bei Körpertemperatur befand. Die Bewegung musste zum Zweck der Sauerstoffzufuhr angewendet werden. Ruhiges Stehenlassen wie bei der Eiweissflüssigkeit wäre hier unzweckmässig gewesen; die Blutkörperchen hätten sich dabei zu Boden gesenkt, ihr Sauersoffabsorptionsvermögen, das den Pilzen zu gute kommen sollte, wäre gar nicht zur Wirkung gelangt.

Bei Infection mit einer sehr geringen Pilzmenge blieb das Blut unter diesen Bedingungen durchschnittlich 12 Stunden hellroth, arteriell und scheinbar unverändert. Alsdann bemerkte man die beginnende Auflösung der Körperchen an der eintretenden Karmoisinfärbung. In diesem Zeitpunkt oder wenig später wurde bereits in eine neue, frisch dem Thier entzogene Blutportion umgezüchtet. Es ist indess von Interesse, auch die weiteren Veränderungen des Blutes zu kennen.

Von der 15. Stunde an wurde dasselbe allmählich dunkelroth und vollständig lackfarben. Niemals ward fauliger Geruch bemerkt, sondern nur der eigenthümliche Blutgeruch und, bei längerdauerndem Pilzwachsthum, etwa nach Ablauf von 24 Stunden, jedesmal eine Entwickelung von reinem Ammoniak, das auch leicht in der Luft des Züchtungsgefässes nachgewiesen werden konnte. Es verhielt

1) Unter vollständiger Desinfection verstehe ich, wenn nichts Besonderes angegeben ist, die Erhitzung im Dampfkessel.

sich also das Blut in dieser Hinsicht wie alle andern Nährsubstanzen, bei denen bisher die Zersetzungsvorgänge durch Reinculturen von Heupilzen studirt worden waren.

Die mikroskopische Untersuchung ergab zur Zeit der beginnenden Auflösung der Blutkörperchen stets schon die Anwesenheit zahlreicher Heubacterien. Andere Spaltpilze wurden in den ersten 24 Stunden niemals gefunden. Wohl aber stellten sich dieselben, bei fortgesetztem Schütteln des Blutes, am 2. oder 3. Tage ein, indem gleichzeitig an den Heubacterien die von zahlreichen anderweitigen Erfahrungen her wohlbekannten mikroskopischen Erscheinungen der Involution mit aller Deutlichkeit sich zeigten, welche hauptsächlich in unregelmässiger Aufquellung, Zusammenziehung des Zellinhalts und endlich in Zerfall zu einem Körnerhaufen bestehen. Sporenbildung trat in diesen Versuchen während des Schüttelns nicht ein.

Die Erscheinung, dass bei diesen Blutzüchtungen in den ersten 24 Stunden keine der überall verbreiteten Spaltpilzformen, z. B. keine Fäulnisspilze, auftraten, während die Heubacterien sich reichlich vermehrten, ist ohne Zweifel bedeutungsvoll, bedarf aber noch der näheren Aufklärung. Jedenfalls lag der Grund nicht darin, dass solche Keime vollständig fehlten. Dies beweist schon das Auftreten fremder Pilze am 2. Tage. Es musste also eine besondere Ursache wirksam sein, welche diese Spaltpilzformen so vollkommen darniederhielt, dass in den ersten 18 Stunden noch keine irgend merkliche Vermehrung derselben erfolgte. Das letztere schliesse ich nämlich nicht aus dem Ergebniss der mikroskopischen Untersuchung, die bei einer stark eiweisshaltigen Flüssigkeit über die Anwesenheit kleinerer Spaltpilzformen keinen sichern Aufschluss gibt, sondern aus den angestellten Controlzüchtungen in eiweissfreie Nährlösungen, die absolute Reinculturen von Heupilzen lieferten.

Zu vermuthen steht, dass es sich dabei um die gleichen Einflüsse handelt, die auch im lebenden Körper eine Vermehrung von Fäulnisspilzen im Blute bei normalen Zuständen verhindern; es ist nicht unwahrscheinlich, dass diese Wirkungen auch nach der Entnahme des Blutes aus dem Körper noch eine gewisse Zeit andauern und erst allmählich, zugleich mit dem Leben des Blutes erlöschen werden.

Um so merkwürdiger bleibt es, dass die Heupilze unter den gleichen Umständen sich reichlich vermehrten. Man möchte glauben, dass dies mit ihrer Vorliebe für den Sauerstoff zusammenhängt. Jedenfalls sind hier Räthsel, deren Aufklärung einen tiefen Einblick in die Natur der infectiösen Wirkung verschaffen wird.

Schon von der ersten Cultur im Blute an zeigte das Verhalten der Heupilze in den Controlzüchtungen, dass sich deren Natur geändert hatte.

In Fleischextractlösung bildeten die Pilze zwar Decken, aber nicht von der consistenten und trocknen Beschaffenheit jener der echten Heupilze, sondern von schleimigem Ansehen und äusserst lockerem Gefüge, so dass eine leichte Erschütterung genügte, um dieselben zum Sinken zu bringen. Es traf dieses Verhalten mit demjenigen der Mittelformen zwischen Milzbrand- und Heupilzen, die in der früheren Züchtungsreihe erhalten worden waren, vollständig überein. Entscheidend aber in dieser Beziehung erwies sich die Controlzüchtung in Heuaufguss. Während die Heupilze in dieser Flüssigkeit reichliche Decken bilden, die Milzbrandbacterien dagegen vermehrungsunfähig sind, folgten die gegenwärtig erhaltenen Pilze keinem dieser beiden Extreme. Es trat ein spärliches Wachsthum ein, es bildete sich bei sonst klarer Flüssigkeit nur ein weisslicher Rand dort, wo die Oberfläche der Lösung die Glaswandung berührte. Dieser Rand bestand aus Stäbchen und Fäden von den Formen der Milzbrand- oder Heupilze, aber etwas krankhaft verändert, was mit der kümmerlichen Ernährung derselben vollkommen übereinstimmte.

Nach diesen Anhaltspunkten zu urtheilen stimmten die nunmehr erhaltenen Pilze mit jenen der 900. Generation der früheren Züchtung überein und hatten sich demgemäss, in der Richtung gegen die infectiöse Form, bedeutend verändert. Es fragte sich nun zunächst, ob durch länger fortgesetzte Blutzüchtung eine weitere Umänderung zu erzielen sei. Bis zur 14. Cultur im Blute war dies indess nach Ausweiss der Controlzüchtungen nicht der Fall, und es ist somit sehr unwahrscheinlich, dass sie überhaupt möglich sei [1]). Deshalb wurde jetzt von neuem zum Thierexperiment mit diesen veränderten Heupilzen übergegangen.

Eine grössere Zahl von Injectionsversuchen, die mit den Blutzüchtungen unmittelbar angestellt wurden, ergab, dass das Blut giftig wirkte, wenn die Züchtung schon 24 Stunden angedauert hatte, dagegen noch nicht bei 12—15stündiger Cultur. Aber auch in den letzteren Fällen entwickelte sich selbst bei Anwendung grosser Blutmengen kein Milzbrand.

Da Sporen zu diesen Versuchen günstiger sein mochten als Stäbchen, und da im geschüttelten Blute keine Sporen sich bildeten, so züchtete ich solche in Fleischextractlösung durch Aussaat aus einer der Blutculturen. Von dem erhaltenen Sporenbodensatz bekamen 15 weisse Mäuse steigende Mengen, von 0,1—1,0 ^{ccm}, unter die Rückenhaut injicirt. Hiervon erholten sich die beiden mit der geringsten Injectionsmenge bald und blieben am Leben. Alle Mäuse, welche 0,3 ^{ccm} und mehr erhalten hatten, und eine der beiden mit 0,2 ^{ccm} injicirten starben am 1.—3. Tage. Bei allen fand sich an der Injectionsstelle beginnende oder fortgeschrittene Abscessbildung, d. h. trübe graue Flüssigkeit mit viel von der Injection herrührenden Sporen aber noch viel mehr Fäulnisspilzen, obwohl eine Reincultur eingespritzt worden war. Mehrfach fand sich beträchtliche Milzschwellung; aber die Organe enthielten nur vereinzelte Heubacterien. Es handelte sich hier demnach vorwiegend um septische Vorgänge.

Bei der zweiten von denjenigen Mäusen dagegen, welche 0,2 ^{ccm} erhalten hatten, verlief die Sache anders. Dieselbe schien anfangs davonzukommen; denn am 2. und 3. Tage nach der Injection zeigte sie sich munter. Am 4. Tage jedoch wurde sie wider Erwarten todt gefunden. Bei der Section fand sich die Impfstelle am Rücken mit einer geringen harten Kruste bedeckt, kein Eiter darunter, die Musculatur jedoch an dieser Stelle ein wenig verfärbt. Das Peritoneum war klar und vollständig normal, ebenso alle Unterleibseingeweide; nur die Milz fand sich gewaltig vergrössert. Deren

1) Die vollständige Umwandlung in Milzbrandbacterien käme wohl nur dann zu Stande, wenn das angewendete Blut vollständig die Eigenschaften des im Thierkörper kreisenden besässe, was gerade in Folge des Pilzwachsthums jedenfalls nur für den Anfang der Züchtung der Fall sein kann.

Untersuchung ergab sehr grosse Mengen der charakteristischen Milzbrandstäbchen. Ebenso enthielt die Lunge massenhaft Bacterien, Leber und Nieren dagegen sehr wenig. Der ganze Befund machte es sohin unzweifelhaft, dass hier ein Fall von Milzbrand vorliege. Zur vollständigen Gewissheit wurde übrigens aus der Milz mittels der Isolirungsmethode eine Reincultur hergestellt, welche in der That erkennen liess, dass es sich um echte Milzbrandbacterien handle. Ausserdem erwiesen die vorgenommenen Controlimpfungen das gebildete Contagium als sehr wirksam, indem bei ganz kleinen Impfmengen (schon 0,005 ^{mg} der Milzsubstanz) der Tod längstens innerhalb 24 Stunden mit dem nämlichen Befunde des Milzbrandes erfolgte.

Ein zweiter Versuch an 17 weissen Mäusen mit Mengen von 0,1—0,8 ^{ccm} hatte ganz analogen Ausgang. Die geringsten Quantitäten blieben ohne weitere Folge, die grösseren führten zum Tod durch Abscedirung. Eine der mit 0,3 ^{ccm} injicirten schien sich am 2. Tage erholt zu haben. Am 5. jedoch fand sie sich todt, und die Section und die vorgenommenen Controlversuche ergaben ausgesprochenen Milzbrand.

Es wurden nun bei 5 Kaninchen Injectionen mit 1—12 ^{ccm} der etwas verdünnten Sporenflüssigkeit in den Peritonealraum ausgeführt. Eines dieser Thiere zeigte sich gleich am folgenden Tage krank und erlag am 5. Tage unter peritonitischen Erscheinungen. Die übrigen 4 erholten sich nach der Einspritzung bald und wurden in den folgenden Tagen vollständig munter. Drei davon blieben auch am Leben, das vierte jedoch fand sich am 5. Tage unvermuthet todt. Die Section ergab vollständiges Fehlen aller entzündlichen Erscheinungen; der Peritonealüberzug aller Unterleibsorgane erwies sich vollkommen ungetrübt, ebenso die Organe mit Ausnahme der Milz normal. Die letztere dagegen war merklich geschwollen. Mit Ausnahme dessen war überhaupt kein abnormaler Befund für die Besichtigung mit blossem Auge vorhanden. Die Untersuchung der Milz und Lunge ergab dagegen das Vorhandensein massenhafter Stäbchen von dem charakteristischen Aussehen der Milzbrandbacterien; Leber und Nieren enthielten nur vereinzelte solcher Pilze. Die vorgenommenen Controlimpfungen und Züchtungsversuche endlich machten es zweifellos, dass hier wiederum ein Fall von echtem Milzbrand vorlag[1]).

Diese Resultate bestätigten also die gehegte Erwartung. Sie sind von entscheidender Bedeutung, weil bei dem geübten Infectionsverfahren eine unabsichtliche Uebertragung von echtem Milzbrandcontagium auf die Thiere vollständig ausgeschlossen war. Ausserdem wurden auch Stallungen zum Aufenthalt der Versuchsthiere benutzt, in denen noch niemals Milzbrandfälle sich ereignet hatten.

Die lange Incubationsdauer von 4—5 Tagen, während deren die Thiere völlig munter waren, charakterisirte überdies unverkennbar diese, nach Pettenkofer's Bezeichnungsweise, ektogen erzeugten Milzbrandfälle gegenüber den contagiös oder endogen hervorgerufenen, bei denen, wenigstens für die Mäuse, der Tod 24 oder längstens 48 Stunden nach der Impfung zu erfolgen pflegt; diese längere Zeitdauer ist wohl erforderlich, damit die Umwandlung der veränderten Heupilze im Körper in Milzbrandbacterien erfolgen kann.

Bezeichnend war endlich die Erscheinung, dass in den beiden, an Mäusen ausgeführten Versuchsreihen gerade die mittlere Injectionsmenge positives Resultat ergab, d. h. die grösste, welche noch nicht zu Abcedirung und damit zu frühzeitigem Tode führte. Hier lag schon eine Andeutung, dass das Procentverhältniss der positiven Fälle erhöht werden könne, wenn sich die Entstehung der Abcesse bei grösserer Impfmenge vermeiden liess.

Für die Theorie ist es allerdings genügend, wenn ein einziger, sicher constatirter Fall von Milzbrand durch Heubacterien in einwurfsfreier Weise erzeugt ist. In praktisch-ätiologischer Beziehung aber fragt es sich, unter welchen Bedingungen am leichtesten der ektogene Infectionsstoff im Thierkörper in endogenen sich umzu-

---

1) Wegen der grossen Wichtigkeit dieser Resultate habe ich geglaubt, die Diagnose auf Milzbrand gegen allfällige Zweifel möglichst sicher stellen zu sollen, und deshalb Organtheile vom obigen Falle an Herrn Prof. Bollinger gesandt mit der Bitte, durch Impfungen das Vorhandensein des echten Milzbrandcontagiums seinerseits constatiren zu wollen. Das Resultat dieser Controlversuche, welches Herr Prof. Bollinger der morphologisch-physiologischen Gesellschaft in München mittheilte, lautete in der That dahin, dass durch Impfung mit Theilen der übersandten Organe eclatanter Milzbrand mit allen dazu gehörigen Befunden erzielt worden sei.

wandeln vermag. Die Antwort auf diese Frage wird durch specielle Versuche bei verschiedenen Thierspecies erbracht werden müssen, weil die verschiedene thierische Organisation hier jedenfalls von merklichem Einflusse ist.

Vorläufig habe ich in dieser Beziehung nur bei den weissen Mäusen die Untersuchung weiter geführt, und zwar nach dem oben erwähnten Gesichtspunkte. Die Injectionsmenge musste vergrössert, die Entstehung von Abcessen aber hintangehalten werden.

Die injicirte Pilzflüssigkeit verweilt bei diesen Thierchen offenbar längere Zeit unter der Haut; es treten Gewebssäfte in dieselbe, und, da die injicirten Heupilze an dieser sauerstoffarmen Stelle vermehrungsunfähig sind, so vermehren sich die Fäulnisspilze, welche in einer solchen Injectionsstelle nie fehlen, und es entsteht in kurzem ein Fäulnissherd. Die Ursache dieser Pilzentwickelung liegt aber keineswegs in dem Erguss von Gewebssäften an und für sich; bei subcutanen Knochenfracturen sehen wir beispielsweise keine Abcesse sich bilden, einfach deshalb, weil die ergossenen Säfte der normalen Beschaffenheit der thierischen Flüssigkeiten noch nahe genug stehen, um gleich diesen eine gewisse Widerstandsfähigkeit gegen die Fäulnisspilze zu besitzen.

Der Grund der Abscedirung lag also hauptsächlich in der Verdünnung und Vergiftung der ergossenen Gewebsflüssigkeiten durch die injicirte Pilzflüssigkeit, wodurch dieselben zur Ernährung von Fäulnisspilzen ungemein geeignet wurden. Die Verdünnung wenigstens liess sich vollständig vermeiden durch Anwendung trockenen Impfmateriales. Hierzu wurden Leinenbändchen in die Sporenflüssigkeiten getaucht, alsdann getrocknet und unter die Rückenhaut der Mäuse gebracht. Auf diese Weise gelang es nun in der That ausserordentlich viel bessere Resultate zu erzielen. Nach Feststellung der richtigen Impfmenge konnte schliesslich in jedem einzelnen Falle durch die veränderten Heupilze nach Ablauf einer Incubationsdauer von 4—6 Tagen der Milzbrand mit allen charakteristischen Befunden erzeugt werden.

Der genetische Zusammenhang der Milzbrandbacterien mit den Heupilzen und die Möglichkeit des Uebergangs der einen in die andern ist damit vollkommen und in beiden Richtungen erwiesen.

Zur Feststellung der natürlichen Aetiologie des Milzbrandes genügen die Ergebnisse zwar noch nicht vollständig, da es ja nicht gelang, mit den unveränderten Heupilzen den Milzbrand zu erzeugen und da die vielleicht besonderen Eigenschaften der an den Milzbrandlocalitäten vorkommenden Heupilze bisher noch nicht erforscht sind. Es lässt sich jedoch bereits erkennen, dass unseren Vorstellungen in dieser Beziehung eine wesentliche und grundsätzliche Aenderung bevorsteht, die auch für das praktische Verhalten nicht ohne Einfluss bleiben wird. Um so eher wird dies der Fall sein müssen, da die geltenden ätiologischen Theorien mit den Thatsachen durchaus im Widerspruche sich befinden.

Versuche über die Entstehung des Milzbrandes durch Einathmung.

Von

Dr. Hans Buchner.

Obwohl die Uebertragungsart vieler Infectionskrankheiten keinen Zweifel lässt, dass staubförmig in der Luft vertheilte Infectionsstoffe durch die Lungen direct dem Blute zugeführt werden können, so fehlt bisher doch die nähere Kenntniss dieses Vorgangs, welche nur das Experiment gewähren kann[1]). Ein ausgezeichnetes Object bildet hierfür das Contagium des Milzbrandes, weil die Pilze, welche dasselbe darstellen, künstlich beliebig vermehrt und in die widerstandsfähige Dauerform übergeführt werden können, und weil ausserdem der Erfolg der Einathmung durch den eintretenden Tod des Versuchsthieres und den Nachweis des Milzbrandes sich zweifellos und innerhalb kurzer Zeit constatiren lässt.

Eine Reihe mit diesen Pilzen unternommener Einathmungsversuche, welche im Pflanzenphysiologischen Institut des Herrn Prof. v. Nägeli ausgeführt wurden, ergab denn in der That, dass bei Anwendung der richtigen Bedingungen ungemein leicht auf dem Athmungswege Infection erzielt werden kann.

Mit Rücksicht auf die natürlichen Verhältnisse schien es am wichtigsten, die Einathmung trockenen Pilzstaubes zu untersuchen. Es müssen hierzu Sporen verwendet werden, weil die Milz-

1) Die mit nasser Zerstäubung tuberculöser Massen erhaltenen positiven Resultate von Tappeiner, Lippl und Schweninger beweisen nichts für einen directen Uebergang des eingeathmeten Infectionsstoffes ins Blut. Die wahrgenommenen Erfolge erklären sich vielmehr dadurch, dass die zerstäubten Substanzen in den feineren Bronchiolen abgelagert wurden und hier zunächst begrenzte Infectionsherde bildeten, von denen aus in der Folge erst die allgemeine Infection sich entwickelte.

brandbacterien durch stärkeres Austrocknen ihre infectiöse Wirksamkeit einbüssen. Da in der Natur wohl niemals reiner Pilzstaub, d. h. Staub, der nur aus Pilzen besteht, in die Lungen gelangen wird, so wurden auch hier chemisch indifferente, feine Pulverarten als Träger der Pilze gewählt, indem dieselben mit der Sporenflüssigkeit benetzt, dann bei Körperwärme getrocknet und wieder zerrieben wurden. Es ist sehr wichtig darauf zu achten, dass die Pilzflüssigkeit möglichst wenig klebrige organische Stoffe in Lösung enthält, und dass eine geringe Menge derselben auf viel Pulver verwendet wird. Andernfalls kleben die feinsten Staubtheilchen, welche bei der Einathmung gerade die wirksamsten sind, untrennbar zusammen.

Zu den Versuchen dienten ausschliesslich weisse Mäuse, die bekanntlich eine grosse Empfänglichkeit für Milzbrand besitzen. Die Zerstäubung erfolgte im geschlossenen Raume, für dessen Trockenheit durch ergiebige Ventilation gesorgt werden muss[1]).

Verschiedene Pulverarten wurden allmählich durchprobirt, nämlich Holzkohle, Talk[2]), gebrannte Magnesia, Schwefelmilch, Bärlappsamen und solcher von Lycoperdon giganteum (Riesenpulverschwamm), Stärkemehl, endlich Strassen- und Zimmerstaub. Die Stäubungsfähigkeit dieser Pulver nach der Benetzung mit Sporenflüssigkeit und folgender Wiederaustrocknung war jedoch eine sehr verschiedene. Die meisten Substanzen zeigten sich nach dieser Procedur sehr ungeeignet, wiederum feinen Staub zu geben. Befriedigend war das Verhalten nur bei Holzkohle und Talkpulver. Diese beiden Staub-

1) Es ist nicht leicht, geringe Mengen pulverförmiger Substanzen in einem kleinen Behälter gleichmässig andauernd zu zerstäuben. Ein continuirlich blasender Luftstrom, auf diejenige Stelle gerichtet, an der sich der Staub befindet, bewirkt zwar ein einmaliges Aufwirbeln des letzteren, aber nicht eine fortgesetzte Zerstäubung, weil der wieder zu Boden sinkende Staub an andern Stellen sich ablagert als an derjenigen, auf welche der Luftstrom trifft. Dem kann theilweise abgeholfen werden, wenn man dem Staubraume einen trichterförmig vertieften Boden gibt, und wenn die Luftströmung auf den tiefsten Punkt des letzteren gerichtet ist. Aber auch dann noch legt sich der Staub an den Innenwandungen des Trichters an und entgeht der Wirkung des Luftstromes. Es bedarf daher noch einer regelmässig wiederkehrenden Erschütterung des Trichters, um das Herabgleiten des innen lagernden Staubes bis auf den tiefsten Punkt herbeizuführen.

2) Jene Sorte von Talk, welche im Handel unter der Bezeichnung „Federweiss" vorkommt.

arten waren es auch, welche bei den Einathmungsversuchen positive Resultate und zwar mit überraschender Sicherheit ergaben.

In 24 Fällen, bei je einmaliger Einathmung von Kohlen- oder Talk-Sporenpulver in der Dauer von 1/4 bis 2 Stunden, erfolgte der Tod an Milzbrand nach Ablauf von 1 bis 3 Tagen. Die Gesammtzahl der Versuche mit diesen beiden Pulverarten war selbstverständlich etwas grösser, da bei nicht genügend vorsichtiger Bereitung des Pulvers die Einathmung erfolglos blieb. Aber es kam vor, dass von 8 unmittelbar nach einander mit demselben Staube ausgeführten Versuchen, von denen keiner länger als 30 Minuten dauerte, nicht ein einziger den tödtlichen Ausgang durch Milzbrand vermissen liess.

Dagegen hatte von einer grossen Zahl von Einathmungsversuchen, die mit den andern erwähnten Pulverarten in der gleichen Zeitdauer angestellt wurden, nur einer positives Resultat, und zwar einer von denen, die mit gebrannter Magnesia ausgeführt worden waren. Durch Controlimpfungen wurde jedesmal constatirt, dass diese durch Inhalation unwirksamen Staubarten infectionstüchtige Milzbrandsporen enthielten.

Es fragt sich nun, was aus diesen Resultaten geschlossen werden kann, d. h. ob man annehmen darf, dass der merkwürdige Erfolg der Kohlenstaub- und Talkinhalationen eine Aufnahme der Pilzstäubchen durch die Lungen beweise. Denkbar sind ausserdem ja noch drei Wege, auf denen der Infectionsstoff bei diesen Versuchen in die Thiere gelangen konnte: einmal Verletzungen der Oberhaut, alsdann oberflächliche Schleimhautpartien (Conjunctiva bulbi etc.), endlich der Verdauungscanal. Von diesen drei Unbekannten lässt sich bei Einathmungsversuchen mit infectiösen Substanzen nur die erste mit einiger Sicherheit ausschliessen. Die beiden übrigen können unmöglich abgesondert werden. Es würde selbst nichts nützen, bei einem grösseren Thiere die Inhalation durch eine Trachealkanüle direct in die Lungen zu leiten. Nur ein constant negatives Ergebniss könnte in diesem Falle vielleicht etwas beweisen. Ein positives

1) Das Eindringen des Staubes in die peripheren Lungenläppchen lässt sich unter Anwendung von Kohlenpulver schon bei ganz kurzdauernder Einathmung leicht mikroskopisch nachweisen.

wäre immer zweideutig wegen der möglichen Verunreinigung der Trachealwunde durch den Infectionsstoff.

Die angeführten, negativ ausgefallenen Versuche mit den weniger fein stäubenden Pulverarten bilden nun aber die denkbar beste Controle für die vorausgehenden Versuche, da in diesen Fällen alles gleich blieb, mit Ausnahme dessen, dass die gröberen Stäubchen zu leicht niederfielen und deshalb nicht bis in die Alveolen vorzudringen vermochten. Obwohl die Thierchen am Ende des Versuchs oft ganz dicht mit diesen schlecht stäubenden Pulvern überdeckt waren, wodurch die Gelegenheit zum Verschlucken oder zu einer Infection durch oberflächliche Schleimhäute genau die nämliche war, wie bei den gut stäubenden Pulversorten, so blieb dies für den Unterschied in der Wirkung der Staubarten doch ganz gleichgültig. Aus dem e i n e n positiven Ergebniss mit gebrannter Magnesia darf man aber nicht etwa schliessen, dass hier die Infection auf anderem Wege als durch die Lunge erfolgt sei. Denn einmal reihte sich die Magnesia, soweit man dies mit blossem Auge beurtheilen kann, bezüglich der Stäubungsfähigkeit unmittelbar jenen gut wirkenden Pulvern an; und dann muss überhaupt angenommen werden, dass auch bei den weniger geeigneten Staubsorten einzelne Pilzstäubchen bis in die Alveolen gelangten, aber nur während der Versuchsdauer zu wenig, um erfolgreich zu inficiren. Denn auch von völlig wirksamen Sporen braucht es, wie die Impfversuche zeigen, eine gewisse, nicht allzu geringe Menge, um den Milzbrand hervorzurufen. Vermuthlich könnte sonach durch erhöhte Einathmungsdauer die Wirkung der schlecht stäubenden Pulver gesteigert werden. Ein derartiger Versuch brächte jedoch für die Deutung keinen Gewinn. Er würde um so unsicherer, je länger er dauert, weil die Gelegenheit zur Aufnahme von Sporen in den Verdauungscanal im gleichen Maasse zunehmen würde.

Dagegen schien es wichtig, die Wirksamkeit des Infectionsstoffes von den V e r d a u u n g s w e g e n aus direct zu prüfen.

Bekanntlich gehen die Anschauungen der Autoren über diesen Punkt gerade beim Milzbrand gewaltig aus einander. Beobachtungen und Experimente haben bisher fast in gleicher Zahl positive und negative Resultate gegeben. Daraus geht jedenfalls soviel hervor, dass der Uebertragung auf diesem Wege gewisse Hindernisse entgegenstehen, die den Erfolg ausserordentlich viel unsicherer machen als z. B. bei Impfung unter die Haut. Diese Widerstände können entweder in einer schädlichen Wirkung der Verdauungssäfte auf die Pilze, oder in der Undurchdringlichkeit der unverletzten Schleimhaut liegen. In beiden Fällen sieht man von vorn herein, dass verschiedene Thierspecies sich verschieden verhalten können[1]).

Was die Mäuse anbelangt, so hat R. Koch die Milzsubstanz milzbrandiger Thiere und ausserdem sporenhaltige Massen an dieselben verfüttert, ohne jedoch einen Erfolg zu sehen[2]). Das gleiche Resultat bekam ich bei Anwendung frischer Milzbrandtheile, die nur Bacterien enthielten, oder bei mehrtägiger Fütterung mit grossen Mengen gezüchteter, als wirksam erwiesener Milzbrandbacterien. Auch bei Zumischung von Kohlenpulver, das durch seine scharfen Splitter möglicherweise Verletzungen in den Schleimhäuten bewirken kann, wurde der Erfolg nicht geändert[3]).

Ebenso blieben die Resultate, als Milzbrandsporen in mässiger Menge dem Futter zugesetzt wurden. Auch Zumischung von Kohlenstaub änderte nichts an diesem Verhalten. Dagegen bekam ich endlich positive Ergebnisse bei Anwendung von grösseren Sporenmengen. Von 4 weissen Mäusen, die 4 Tage lang einen derartig, und zwar unter Zusatz von Kohlenpulver bereiteten Brei zur Nahrung erhielten, erlagen zwei am 4., eine am 5. Tage an Milzbrand; die vierte blieb am Leben. Um zu erfahren, ob hier die Beimischung des Kohlenpulvers für den Erfolg entscheidend gewesen sei, fütterte ich 6 ausgewachsene weisse Mäuse der gleichen

1) In der That haben die Versuche von Renault, Colin und Bollinger zu derartigen Ergebnissen geführt. Die Unempfänglichkeit der Fleischfresser für Milzbrandinfection vom Darme aus erklärt sich freilich theilweise aus der überhaupt geringen Disposition dieser Thiere für Milzbrand. Eine kleine Zahl von aufgenommenen Pilzen, die bei einem Wiederkäuer zur Erzeugung von Milzbrand hinreicht, würde deshalb beim Fleischfresser wirkungslos bleiben.

2) Beiträge zur Biologie der Pflanzen von F. Cohn Bd. 2 H. 3. (1877) S. 299.

3) Zu dieser Versuchsmodification wurde ich hauptsächlich durch die Experimente von Pasteur und Toussaint veranlasst, welche durch Anwendung von Rauhfutter, dem sie Milzbrandstoffe zugemischt hatten, bei ihren Thieren ziemlich viel positive Ergebnisse erhielten.

Abstammung 3 Tage lang mit einem Brei aus eingeweichter Semmel mit Zusatz grösserer Quantitäten von Milzbrandsporen. Bei dreien dieser Mäuse wurde dem Brei ausserdem Kohlenpulver zugesetzt. Innerhalb 5 Tagen erlagen 5 dieser Mäuse an Milzbrand. Die Ueberlebende, die am 4. Tage ebenfalls krank erschien, war gerade eine von jenen, die Kohlenpulver zugemischt erhalten hatten. Somit genügen grössere Mengen von Sporen an und für sich und ohne Zusatz mechanisch wirkender Stoffe vom Verdauungscanale aus zur Infection.

Es wäre nun sehr interessant zu wissen, worin der Unterschied zwischen Sporen und Stäbchen in dieser Hinsicht begründet ist. Liegt derselbe in einer verschiedenen Einwirkung der Verdauungssäfte auf beide Vegetationszustände, dann müssen Impfungen mit dem Koth von Mäusen, die mit Sporen oder mit Stäbchen gefüttert wurden, verschiedene Resultate ergeben. In der That zeigte sich, dass Sporenkoth bei subcutaner Anwendung ungemein leicht Milzbrand hervorrief, Stäbchenkoth dagegen in kleinerer Menge unwirksam war, in grösserer aber septische Processe veranlasste. Indess ist damit doch nur entschieden, dass die Bacterien am Ende des Verdauungscanales unwirksam anlangen, man weiss aber nicht, wo diese Unwirksamkeit einzutreten beginnt. Deshalb tödtete ich eine mit Milzbrandbacterien gefütterte Maus und benützte den Darminhalt aus der Mitte des Ileums zu subcutanen Impfungen. Das Resultat war ein positives und zeigte somit, dass die Unwirksamkeit der Milzbrandbacterien von den Verdauungswegen der Mäuse aus durch einen schädlichen Einfluss der abgesonderten Säfte nicht, oder wenigstens nicht genügend erklärt werden kann.

Der entscheidende Umstand wird also wohl in den Bedingungen des Durchtritts durch die Schleimhaut zu suchen sein. In dieser Beziehung darf nicht übersehen werden, dass auch von den im Nahrungsbrei befindlichen Sporen offenbar *nur der allerkleinste Theil* zur Aufnahme ins Blut gelangt. Die Menge von Sporen, welche zur Infection durch den Verdauungscanal erfordert wurde, war wohl millionenmal grösser als diejenige, die zu einer erfolgreichen Impfung unter die Haut genügt hätte. Ueberdies zeigte sich schon aus der grossen Wirksamkeit des Kothes nach Sporenfütterung, dass der weitaus grösste Theil der Pilze ohne Veränderung hindurchgegangen war.

Wenn nun der Verdauungscanal der Mäuse überhaupt so wenig zur Aufnahme von Pilzen geeignet ist, dann kann möglicherweise ein Unterschied in der Form des Pilzes von Wichtigkeit sein. Und allerdings werden cylindrische Stäbchen weniger geeignet sein, durch enge Oeffnungen zu gehen, als eiförmige Körperchen vom gleichen Querschnitt, weil bei ersteren die Reibung eine grössere wird.

Dies ist jedoch nur die mechanische Seite der Frage. Gerade bei den Bacterien des Milzbrandes muss aber vielleicht noch ein anderer Umstand berücksichtigt werden. Wenn nämlich die Zeit, welche ein Pilz zur Durchwanderung der unverletzten Schleimhaut, d. h. bis zum Eintritt in den Kreislauf braucht, nicht sehr gering ist, dann wird dieser Aufenthalt im sauerstoffarmen Gewebe den Milzbrandbacterien schaden, während er für die Sporen gleichgültig ist.

Es geht aus diesen Ergebnissen hervor, dass bei den Einathmungsversuchen jedenfalls gar keine Gefahr einer störenden Nebenwirkung von Seite des Verdauungscanales existirte, weil die Menge von Sporen, welche die Thierchen dort, etwa durch Ablecken, aufnehmen konnten, bei weitem zu gering war, um eine Infection bewirken zu können. Um indess die quantitativen Verhältnisse, auf welche es dabei entscheidend ankommt, völlig klar zu machen, habe ich noch folgenden Versuch ausgeführt.

Von einer bestimmten Menge Talksporenstaub wurde der vierte Theil zur Einathmung bei 10 weissen Mäusen verwendet; dieselben erlagen sämmtlich an Milzbrand, obwohl doch höchstens der tausendste Theil der wirksamen Sporen in die Verdauungswege gelangt sein konnte. Die übrigen drei Viertel des Pulvers wurden an weitere 10 Mäuse der gleichen Zucht auf einmal verfüttert und befanden sich somit gleichzeitig im Verdauungscanal dieser Thierchen. Trotzdem blieben die letzteren alle munter und am Leben.

Damit ist entschieden, dass die Lungen ganz ausserordentlich viel leichter den Uebertritt der Pilze ins Blut ermöglichten als der Darm. Denn von den zerstäubten Sporen konnte wohl nicht mehr als der millionste Theil in die Alveolen gelangt sein. Die dreimillionenfache Menge hatte aber vom Darme aus noch keine Wirkung.

Bezüglich der Zeit, welche der Uebergang der Pilze auf dem Athmungswege ins Blut erforderte, ist noch zu erwähnen, dass in manchen der beobachteten Fälle schon 24—36 Stunden nach der Einathmung der tödliche Ausgang erfolgte. Im Vergleich mit entsprechenden Impfversuchen ist diese Zeit beinahe ganz auf die Entwickelung des Milzbrandes im Thiere, d. h. auf die Pilzvermehrung zu rechnen. Es bleibt deshalb jedenfalls nur eine geringe Frist für den Uebergang der Pilze ins Blut, und es geht daraus mit grosser Wahrscheinlichkeit hervor, dass keine Lymphdrüsen auf diesem Wege passirt werden müssen. Mikroskopische Untersuchung dieser letzteren Verhältnisse würde übrigens zu keinem Ergebnisse führen. Dieselbe hätte nur dann Werth, wenn sie kurze Zeit nach der Einathmung ausgeführt werden könnte. Die wenigen eingeathmeten Sporen sind aber alsdann nicht aufzufinden und nicht zu erkennen. Alle späteren Untersuchungen mit positivem Ergebniss gestatten keinen sicheren Schluss, weil gerade die Lunge beim Milzbrand der Mäuse zu denjenigen Organen gehört, in welchen die Pilzentwickelung ohnehin vorzugsweise stattfindet.

Ueber die experimentelle Erzeugung des Milzbrandcontagiums.

II. Mittheilung.

Von

Dr. Hans Buchner.

Die Umwandlungen in der Natur der Pilze, welche in meiner ersten Mittheilung nachgewiesen wurden, hatten zu ihrem Eintreten theilweise einer nicht unbeträchtlichen Zeitdauer bedurft. Es lag nahe, die Ursache hiervon in der noch unvollständigen Kenntniss der maassgebenden Bedingungen zu suchen, und es musste dies eine Aufforderung sein, die Forschung in dieser Richtung mit veränderten Methoden fortzusetzen. Denn, wenn es gelang die Zeitdauer der Umzüchtung in entscheidender Weise abzukürzen, so war damit eine wesentliche Aufklärung über das Ursächliche des Vorganges selbst, und ausserdem die Möglichkeit einer leichten Controle dieser praktisch wie theoretisch gleich wichtigen Resultate gegeben.

In der That haben die weiteren Versuche diese Aufgabe in befriedigender Weise gelöst. Die Angabe der Methoden, welche die Umwandlung der infectiösen in die unschädliche Pilzform in einigen wenigen Tagen vollführen lassen, bilden den Gegenstand der vorliegenden Mittheilung, während die umgekehrte Züchtung einer nächsten Mittheilung vorbehalten bleiben soll. Auch diese Versuche wurden wie die früheren im Pflanzenphysiologischen Institut des Herrn Prof. v. Nägeli zur Ausführung gebracht.

Zunächst möchte ich bezüglich der Nomenclatur der hier in Frage kommenden Pilzformen einiges bemerken. Es erscheint als wünschenswerth, für die von mir als Stammform der Milzbrandbacterien nachgewiesenen und durch Angabe des ihnen eigenthümlichen

Reinculturverfahrens (Kochen von Heuaufgüssen) charakterisirten „Heubacterien" eine wissenschaftliche Bezeichnungsweise zu besitzen. F. Cohn, der diese Form zuerst beschrieb, hat nun für dieselbe den Namen „Bacillus subtilis" gebraucht. Da jedoch aus früher angeführten Gründen die Aufstellung einer selbständigen neuen Formgattung Bacillus gegenüber der älteren Bacterium nicht als berechtigt zugegeben werden kann[1]), so erscheint es als selbstverständlich, dass der frühere, von Ehrenberg eingeführte Gattungsname Bacterium für diese Gebilde beibehalten, der Speciesname dagegen nach dem Vorgange von Cohn angenommen wird, womit denn diese Heubacterien die Bezeichnung „Bacterium subtile" erhalten.

Das Bacterium subtile (syn. Bacillus subtilis, Heubacterien, Heubacillen) ist hinsichtsich seiner physiologischen Eigenschaften hauptsächlich durch die höchst merkwürdige Resistenz gegen hohe Hitzegrade ausgezeichnet[2]). Ferner dadurch, dass es durchaus kein

1) I. Mittheilung S. 141 Anm. 1. Die nähere Darlegung dieser Gründe verspare ich mir auf eine Mittheilung, welche die Morphologie der Heubacterien zum Gegenstande haben soll.

2) Um eine allseitige Verständigung über die Identität von Bacterium subtile möglichst zu befördern, möchte ich das Verfahren zur Reincultur desselben auf Grund meiner Erfahrungen mit verschiedenen Heusorten, die sich in verschiedener Richtung ungleich verhalten, folgendermassen präcisiren: Heuaufguss bereitet nach der Methode von W. Roberts (Philos. Transact. of the R. Soc. of London Vol. 164, 1874, p. 457), d. h. 4stündiges Verweilen des mit möglichst wenig Wasser übergossenen Heues bei 36° C.; alsdann wird durch ein Drahtsieb abgegossen (nicht filtrirt), verdünnt bis zum specifischen Gewicht 1,004, und dieser Aufguss nun 1 Stunde lang in einem mit Watte verschlossenen Kolben bei geringer Dampfentwickelung zum Sieden erhitzt. Der Kolben soll 500 ccm Aufguss enthalten, und nicht weniger; nach dem Kochen wird derselbe bei 36° C. belassen. In dieser Weise verfahrend wird man nach 48 Stunden kaum jemals die von Bacterium subtile gebildete Pilzdecke vermissen. Ganz ausnahmsweise nur könnte es vorkommen, dass der Heuaufguss zu stark sauer reagirt und dass der Erfolg des Versuches dadurch vereitelt würde, weil die Pilze in saurer Lösung leichter getödtet werden. In solchem Fall wäre es erforderlich, den Aufguss vor dem Kochen zu neutralisiren. — Dass ich auf 1,004 spec. Gew. zu verdünnen vorschlage, anstatt, wie Roberts angibt, 1,006, hat seinen Grund nur darin, dass manches Heu zu wenig lösliche Substanzen besitzt, um bei obiger Behandlung einen Aufguss von 1,006 spec. Gew. zu liefern. Filtrirt soll nicht werden, weil man ja die Pilze, die oftmals an kleinen Stäubchen und Splitterchen haften, in der

Gärungserreger ist, ein Punkt, der übrigens schon durch Prazmowski hinreichende Aufklärung erfuhr[1]). Auch ich habe in meiner ersten Mittheilung angegeben, dass dasselbe so wenig als die Milzbrandbacterien den Milchzucker zu vergären im Stande sei. Nach vielen und vielseitigen Versuchen kann ich nunmehr bestätigen, dass Bacterium subtile in Lösungen, welche die verschiedensten Kohlenhydrate enthalten, trotz reichlichster Vermehrung, keine Spur von Gärung zu bewirken im Stande ist. Die Identificirung dieses Pilzes mit dem Buttersäureferment von Pasteur, wie sie F. Cohn im Jahre 1872 gab, muss somit wenigstens vorläufig fallen gelassen werden. Ebenso auch die Identificirung mit derjenigen Bacterienform, deren sich Fitz bei seinen interessanten Gärungsversuchen zur Zerlegung des Glycerins in Aethylalkohol bediente[2]). Ich habe diese letztere Pilzform rein cultivirt und eingehend studirt, und bin zu der bestimmten Ueberzeugung gelangt, dass dieselbe mit dem Bacterium subtile keineswegs identisch ist. Im Gegentheile ist der Fitz'sche Pilz ein entschiedener Gärungserreger, der die meisten Kohlenhydrate energisch zu vergären vermag. Bezüglich der sonstigen chemischen Eigenschaften des Bacterium subtile habe ich bereits in meiner ersten Mittheilung das Wichtigste angegeben und gezeigt, dass dieselben mit jenen der Milzbrandbacterien völlig übereinstimmen. Eine nothwendige Folge der vollkommenen Gäruntüchtigkeit dieser Pilze ist es, dass sie des freien Sauerstoffs zu ihrem Wachsthum benöthigen. Denn nur Gärungserreger können desselben, wenn sie in Thätigkeit sind, entrathen.

Ich komme nun zum eigentlichen Thema der gegenwärtigen Mittheilung. In meiner ersten Mittheilung hatte ich angegeben,

---

Lösung zu behalten wünscht. Eine grössere Menge von Heuaufguss zu erhitzen ist erforderlich, da lebenskräftige Pilze, welche das Erhitzen unbeschadet überstehen, keineswegs so sehr zahlreich in demselben vorkommen, dass man in jeder kleineren Quantität schon sicher auf dieselben rechnen könnte.

1) Untersuchungen über die Entwickelungsgeschichte und Fermentwirkung einiger Bacterienarten. Von Dr. Adam Prazmowski. Leipzig 1880.

2) Alb. Fitz: Ueber Schizomycetengärungen III. Berichte der deutschen chemischen Gesellschaft Bd. 11 (1878) S. 49.

dass Züchtung der Milzbrandbacterien in Lösungen von Fleischextract mit oder ohne Zuckerzusatz bei 36° C. im Schüttelapparat jedesmal eine allmähliche Abnahme der infectiösen Wirksamkeit herbeiführte. Ein wesentlicher Unterschied konnte dabei nicht constatirt werden, ob Zucker zugesetzt wurde oder nicht, ob die Concentration höher oder niedriger gewählt wurde. Somit können diese Bedingungen für die Umänderung der Pilznatur nicht von entschiedenem Belange sein.

Wichtig schienen dagegen die anderen Bedingungen der Züchtung: erhöhte Sauerstoffzufuhr infolge des Schüttelns und Temperatur von 36° C. In der That kann man zeigen, dass diese Bedingungen es sind, welche allein die Veränderung in den Eigenschaften der Milzbrandbacterien bewirkten. Werden dieselben weggelassen, so können diese Pilze auch ausserhalb des Körpers durch beliebig viele Generationen fortgezüchtet werden, ohne dass irgend eine ihrer Eigenschaften verloren geht. Das einfachste Mittel hierzu ist Züchtung in einer halbprocentigen Fleischextractlösung in Ruhe (ohne Schütteln) bei 25° C. Unter diesen Bedingungen wachsen reincultivirte Milzbrandbacterien stets in Form zierlicher Wolken am Grunde der völlig klaren Nährflüssigkeit; bei beliebig lange fortgesetzter Züchtung bleibt die infectiöse Wirksamkeit die nämliche, wie sie in der ersten Reincultur der Bacterien in der Fleischextractlösung gewesen war.

Da nun verminderte Sauerstoffzufuhr und niedere Temperatur Bedingungen sind, unter denen die Milzbrandbacterien sich gleichzeitig auch langsamer vermehren, so ergibt sich die Annahme, dass überhaupt Verhältnisse, welche dem Wachsthum nicht besonders förderlich sind, zur Constanterhaltung der infectiösen Eigenschaften am besten wirken. In der That wird diese Voraussetzung durch alle Versuche, die man in dieser Richtung anstellen kann, als richtig bewiesen. Zu beachten ist in dieser Beziehung die chemische Reaction der Nährlösung. Schwach saure Nährlösungen sind zur Erhaltung der infectiösen Eigenschaften vortheilhafter als schwach alkalische. Man denke nicht, dass diese Wirkung nur auf der Verminderung der Generationszahl beruht. Davon kann keine Rede sein, und habe ich auf diesen Punkt genügend geachtet.

Als weitere Folgerung ergibt sich, dass umgekehrt besonders günstige Vermehrungsbedingungen eine rasche Abnahme der infectiösen Wirkung herbeiführen werden. Schon die frühere Züchtung war von diesem Gedanken beeinflusst. Aus diesem Grunde hatte ich die Pilze im Schüttelapparat wachsen lassen. In ruhender Nährlösung hängt alles ab von der Höhe der Flüssigkeitsschichte, auf deren Grunde die für gewöhnlich bewegungslosen und deshalb nicht umherschwimmenden Milzbrandbacterien vegetiren. Je höher diese Schichte, um so geringer ist die Menge von Sauerstoff, die in der Zeiteinheit durch Diffusion den Pilzen zugeführt wird, um so langsamer erfolgt deshalb die Vermehrung und umgekehrt.

Das Schütteln verändert diese Verhältnisse insofern, als dadurch alle Theile der Flüssigkeit gleichmässig mit Luft in Berührung kommen, so dass der Erfolg der gleiche ist, als ob die Pilze sämmtlich in einer sehr wenig tiefen Flüssigkeitsschichte vegetirten. Es fragt sich aber, ob auf diese Weise den Pilzen das Maximum von Sauerstoff zugeführt werden kann. Ich glaube nicht; ich halte es vielmehr für sicher, dass Pilze, welche in Form von Häuten und Decken auf Flüssigkeiten vegetiren wenigstens in der obersten Lage, noch viel reichlicher Stoff enthalten als geschüttelte Pilze. Die Verminderung der Sauerstoff-Absorption durch die Schüttelbewegung mag hierzu wohl beitragen.

Wir wissen nun aber, dass gerade die Heupilze, in welche die Milzbrandbacterien übergeführt werden sollen, in exquisiter Weise Decken bilden, und es ist gewiss, dass sie auch in der Natur stets in dieser Weise unter der unmittelbaren Einwirkung des Sauerstoffs als häutige Ueberzüge vorkommen. Der nächste Gedanke war somit, auch die Milzbrandbacterien unter den gleichen Bedingungen wachsen zu lassen.

Dies geschah dadurch, dass ich reincultivirte Milzbrandbacterien auf Filtrirpapierstücke aussäte, welche, selbst pilzfrei, an der Oberfläche sterilisirter Nährlösungen schwimmend angebracht waren. Nach Verlauf einiger Tage bildete sich auf diesen schwimmenden Flächen ein bis zu 3^{mm} dicker weisser oder schwach graulicher Schleimüberzug, der lediglich aus sporentragenden Milzbrandfäden bestand. Ich bemerke, dass die Entwickelung dieser Schleimmassen bedeutend augenfälliger wird, wenn die Nährlösung eine gewisse Menge von Zucker enthält. Der Zucker wirkt modificirend auf die Bildung der Membranen und lässt dieselben voluminöser und klebriger werden. Der günstige Einfluss des reichlich zutretenden Sauerstoffs machte sich hier nicht nur durch die ausserordentlich starke Vermehrung, sondern auch dadurch kenntlich, dass unter diesen Umständen die Milzbrandbacterien sogar in einer sonst denselben absolut unzugänglichen Nährlösung wuchsen, nämlich in nicht neutralisirtem (schwach sauer reagirendem) Heuaufguss. Allein ein wesentlicher Vortheil bezüglich der Umwandlung der Pilznatur gegenüber der Cultur im Schüttelapparate liess sich auf diese Weise nicht erreichen.

Die Ursache dieses ungenügenden Erfolges dürfte zunächst darin gesucht werden, dass auf den feuchten, schwimmenden Oberflächen zwar die Zufuhr des Sauerstoffs eine sehr reichliche, jene des Nahrungsmaterials dagegen eine verlangsamte ist, da dasselbe erst durch das Filtrirpapier hindurch diffundiren muss. Entsprechend war auch die Vermehrung der Pilze zwar eine sehr reichliche, aber keine sehr rasche; es dauerte immerhin mehrere Tage, bis die erwähnten Schleimüberzüge sich ordentlich entwickelten. Um diesen Uebelständen abzuhelfen, modificirte ich das Züchtungsverfahren in der Weise, dass die Filtrirpapierstücke anstatt auf der Oberfläche der Nährlösung zu schwimmen, an die Wandung des Züchtungsgefässes geklebt wurden, so dass dieselben über das Flüssigkeitsniveau noch um ein gutes Stück in die Höhe ragten. Die ausgiebige Benetzung dieser feuchten Flächen mit Nährlösung geschah dadurch, dass die Züchtungsgefässe wiederum in den Schüttelapparat eingesetzt wurden.

Wendet man eine zuckerhaltige Nährlösung (am besten 1 % Fleischextract und 3 % Zucker) an, so entstehen auch unter diesen Umständen bei Aussaat reiner Milzbrandbacterien und Körpertemperatur schleimige Ueberzüge auf den Papierstreifen. Der Zuckerzusatz ist hierzu wesentlich, da die Pilze sonst nicht genügend fest der Fläche des Papiers adhäriren. Der Erfolg dieses Verfahrens, das ich mit den verschiedensten Modificationen im einzelnen in ein paar hundert Versuchen zur Anwendung brachte, war bereits ein wesentlich besserer als derjenige aller bisherigen Züchtungsarten.

In den allermeisten Fällen bewirkte schon die einmalige Cultur unter diesen Bedingungen eine merkliche Umänderung im Verhalten der Milzbrandbacterien. Zur Constatirung derselben bedurfte es nicht jedesmaliger Impfversuche an Thieren. Es hatte sich nämlich längst mit Evidenz herausgestellt, dass die mit blossem Auge erkennbare Wachsthumsart der Milzbrand-Heubacterien im Züchtungsglase mit deren Verhalten im Thierkörper absolut parallel geht, so dass aus dem ersterem auf letzteres ein vollständig sicherer Schluss gezogen werden kann. Um dies zu erläutern, ist es nothwendig, auf die makroskopische Wachsthumsart der Uebergangsstufen zwischen Milzbrand- und Heubacterien näher einzugehen.

Alle diese Uebergangsstufen, welche eine lückenlose Reihe von den echten Milzbrandbacterien zu den echten Heubacterien bilden, sind bei bekannter Nährlösung an der makroskopischen Art ihres Wachsthums sofort zu erkennen. Es muss jedoch nicht nur die Nährlösung eine bestimmte und für alle Versuche die gleiche sein, sondern auch alle andern Bedingungen der Züchtung müssen für jede Form gleich gehalten werden, wenn es sich um die Feststellung der Merkmale handelt. Denn die nämliche Pilzform verhält sich bei jeder veränderten Züchtungsweise etwas verschieden.

Als Normallösung wähle ich die 1proc. Lösung von Liebig'schem Fleischextract. Hiervon erhält jedes Züchtungsglas 20^{ccm}. Als Züchtungsgefäss (dessen Form, ob Eprouvette oder Kölbchen, wegen des verschiedenen Sauerstoffzutritts bei verschiedener Flüssigkeitstiefe keineswegs irrelevant ist) sei ein Fläschchen von nebenstehender Form (sog. Saftgläschen) angenommen, ein Gefäss, das ich nach vieljähriger Erfahrung für Pilzculturen am meisten empfehlen kann. Diese Saftgläschen sind aus dickem, schwer schmelzbarem Glase gefertigt, um das oftmalige Erhitzen im Dampfkessel unbeschadet ertragen zu können. Der äussere Durchmesser des erweiterten Theiles beträgt 5^{cm}. Zuerst werden die Gläschen mit Nährlösung (hier 20 ccm, was eine Schichte von 1,2 bis 1,5 cm Höhe gibt) gefüllt; alsdann wird über den mit Watte verschlossenen Hals noch Zeug gebunden, um später beim Stehenlassen der Cultur die Ansammlung von Zimmerstaub am Rande der Oeffnung und das Hineinfallen desselben in das Gläschen bei Lüftung des Propfens zu vermeiden; endlich werden die derartig zusammengestellten Züchtungsgläser im Dampfkessel erhitzt. Die Höhe der Erhitzung habe ich schon bei einer andern Gelegenheit auf 110° C. während einer Stunde angegeben. Die hierbei erforderliche Zeit der Anwärmung richtet sich nach der Grösse der verwendeten Züchtungsgefässe resp. der darin eingeschlossenen Flüssigkeitsmengen. Für den gegenwärtigen Fall, Saftgläschen mit 20 ccm Lösung, beträgt dieselbe bei dem Dampfkessel, dessen ich mich bediene, 1 1/4 Stunden. Das heisst, nach dieser Zeit haben die eingeschlossenen Flüssigkeiten ganz sicher 110° erreicht. Die gesammte Erhitzungsdauer beträgt somit 2 1/4 Stunden[1]). Schon früher habe ich hervorgehoben, dass derartig behandelte Züchtungsgefässe, gleichviel mit welchem Nährmaterial dieselben gefüllt sind, für immer, auch bei wochen- und monatelangem Aufenthalt im Thermostaten bei 36° unverändert und pilzfrei bleiben. Auf solche mit 20 ccm 1 proc. Fleischextractlösung gefüllte Züchtungsgefässe beziehen sich die nun folgenden Angaben über die Wachsthumsart der Zwischenstufen von Milzbrand- zu Heubacterien.

Unter diesen Uebergangsformen, die eine ununterbrochene Reihe von der einen zur anderen Grenzform darstellen, können zweckmässig 3 Stufen unterschieden werden, obwohl es leicht wäre noch mehr Zwischenstufen mit genügend kenntlichen Merkmalen zu mar-

1) Der grössere Dampfkessel, welcher seit 12 Jahren im hiesigen Pflanzenphysiologischen Institut zur Sterilisirung von Nährsubstanzen verwendet wird (vorher wurde ein kleinerer gebraucht), ist ein Cylinder aus Messing, 20 cm im Durchmesser und 45 cm hoch. Der Boden wird 5—8 cm hoch mit Wasser bedeckt. Die Züchtungsgefässe stehen in 2, durch ein dazwischen gelegtes Blech getrennten Etagen über einander, so dass jedesmal 20 Saftgläschen gleichzeitig sterilisirt werden. Jedes Saftgläschen erhält während des Erhitzens über den Hals eine Glasglocke übergestülpt, um das Eindringen des vom Deckel abtropfenden Condensationswassers in den Wattepfropf zu verhindern. Der Deckel des Kessels wird mit Schraubklemmen aufgeschraubt und der dampfdichte Verschluss durch einen Ring aus starkem angefeuchtetem Pappdeckel hergestellt.

kiren. Diese Uebergangsformen will ich, von den echten Milzbrandbacterien beginnend, mit I, II, III numeriren. Die Wachsthumsart dieser und der Grenzformen in 1 proc. Fleichextract bei 36° C. gestaltet sich, 36 Stunden nach erfolgter Aussaat, d. h. nach vollendetem Wachsthum, folgendermassen:

Echte Milzbrandbacterien: Nährlösung klar, am Grunde derselben zarte, weisse Wolken.

Uebergangsform I: Nährlösung klar oder durch Flöckchen getrübt, Bildung eines weissen Randes dort, wo die Oberfläche der Flüssigkeit die Glaswand berührt. Am Grunde der Lösung weisse Flocken.

Uebergangsform II: Nährlösung durch Flocken getrübt. Sehr lockere, schleimig aussehende Decke, die bei der leisesten Erschütterung zu Boden sinkt. Grund mit Flocken und untergesunkenen Deckenfragmenten bedeckt.

Uebergangsform III: Nährlösung klar oder durch Flöckchen getrübt. Schleimig aussehende aber ziemlich consistente Decke. Keine Flocken am Grunde.

Echte Heubacterien: Nährlösung bis zum Grunde völlig klar. Trockene, feste, weisse, oftmals fein gerunzelte oder wie bestäubt aussehende, schwer unterzutauchende Decke.

Aus dieser Uebersicht ergibt sich, dass je mehr die Pilze den echten Heubacterien sich annähern, um so mehr die Fähigkeit eintritt, in der Nährlösung umherzuschwimmen und an der Oberfläche, unter der directen Einwirkung des Stauerstoffs, dichte, gallertartige Verbände zu bilden. Erwähnt muss werden, dass von Form I an jedesmal der Entwickelung des oben verzeichneten typischen Wachsthumsbildes ein Schwärmstadium vorhergeht; innerhalb 12 Stunden nach der Aussaat trübt sich die Nährlösung und ist mit Pilzen erfüllt, welche eine selbständige Bewegung zeigen. Diese Eigenbewegungen sind jedoch bei den Zwischenformen noch bedeutend langsamer als bei den Heubacterien.

Zur Orientirung sei bemerkt, dass die nunmehr aufgestellte Uebergangsform II eben dieselbe ist, welche in meiner frühern Mittheilung als „Mittelform“ ausführlicher beschrieben wurde. Ich habe damals nachgewiesen, dass diese „Mittelform“ auf Thiere übertragen zwar nicht in geringeren wohl aber in grösseren Mengen nach einer verlängerten Incubationszeit von 4—6 Tagen den Milzbrand hervorzurufen vermag, eine Angabe, die ich nach neueren Erfahrungen vollkommen bestätigen kann. Von der Uebergangsform I dagegen genügt schon eine geringere, Menge zur wirksamen Infection; aber immerhin bedarf es wesentlich mehr davon als von echten Milzbrandbacterien.

Nach diesen Ausführungen kehre ich zu den Resultaten der Umzüchtungsversuche zurück. Die zuletzt geschilderte Methode der Züchtung im Schüttelapparate mit Anbringung eines Filtrirpapierstreifens an der Wandung führte in den meisten Fällen zur Erlangung der Uebergangsform I, manchmal jedoch bis zu Form II und III, wobei dann die weitere Umzüchtung bis zu den Heubacterien nicht mehr schwer fiel. Da es jedoch auf keine Weise gelang, dieses günstige Ergebniss constant zu erhalten, so musste auch dieser Weg schliesslich als unzulänglich verlassen werden.

Nunmehr konnte nur von einer verbesserten Wahl der Nahrungsstoffe noch Vortheil erwartet werden. Bisher war zu den Züchtungen hauptsächlich Fleischextract verwendet worden, das für die Spaltpilze im Allgemeinen das beste Nahrungsmittel darstellt. Es ist jedoch zu bedenken, dass die Milzbrandbacterien als Krankheitspilze an andere Ernährungsweise, an Eiweisslösungen gewöhnt sind und deshalb gerade im Thierkörper am allerbesten gedeihen. Aus diesen Erwägungen kam ich dazu, Eiweisslösungen zur Cultur zu verwenden. Man musste sich allerdings sagen, dass in solchem Nährmaterial die Ueberführung bis zu den echten Heubacterien niemals gelingen könne, da die letzteren in Eiweisslösungen als solche gar nicht vermehrungsfähig sind. Allein die schwierigste Aufgabe war hier immer der erste Schritt und auf diesen musste hauptsächlich die Bemühung gerichtet sein.

Die mit Anwendung der Eiweisslösung verbundene Absicht ist nun vollständig realisirt worden, und die Züchtung der Milzbrandbacterien unter diesen Bedingungen ist in der That das gesuchte Mittel, um die Pilze mit Sicherheit in kürzester Zeit in die Uebergangsform II umzuwandeln und ihre infectiöse Wirksamkeit ganz ausserordentlich zu vermindern. Der Wunsch, dieses wichtige Ergebniss von anderer Seite bestätigt zu sehen, möge es entschuldigen, wenn ich auf die Versuchsanordnung etwas detaillirt hier eingehe.

Zur Bereitung der Eiweisslösung nahm ich ausschliesslich Eigelb. Selbstverständlich kann dasselbe nicht sterilisirt werden, und es sind deshalb fortwährende Controlversuche nöthig, um klar zu legen, ob nicht von Seite des Eigelbs in störender Weise Pilze in den Versuch eingeführt werden. Diese Controlversuche zeigen denn, dass man das Eigelb ganz wohl zu solchen Zwecken verwenden kann. Gegenüber dem Eier-Eiweiss besitzt dasselbe ausserdem den grossen Vortheil, dass es sich in wässerigen Flüssigkeiten leicht vertheilt und seine löslichen Bestandtheile an dieselben abgibt. In viel höherem Maasse als bei frischen Eiern ist dies bei den sog. Kalkeiern der Fall, die durch Aufbewahren in Kalkwasser conservirt sind, und dies ist der Grund, weshalb ich nur die letzteren zum gegenwärtigen Zwecke empfehlen kann.

Die Eintragung des Eigelbs in die oben beschriebenen pilzfreien Züchtungsgläser mit 20^{ccm} Fleischextractlösung geschieht vermittels Glasröhren von 4^{mm} Durchmesser im Lichten, die zuerst auf ausfliessendes Eigelb kalibrirt, alsdann im Dampfkessel pilzfrei gemacht, und nun wie gewöhnliche Pipetten verwendet werden. Die Menge von Eigelb bei diesen Versuchen betrug stets 1^{ccm} Eigelb für jedes Züchtungsglas, somit $^1/_{20}$ von der Menge der Fleischextractlösung.

Derartige Eiweisslösungen sind nun (ohne weiteren Zusatz) wohl geeignet zur Vermehrung, aber noch nicht zur Umänderung der Milzbrandbacterien, wie sich sogleich zeigen wird. Bringt man reine Infectionspilze (entweder direct aus der Milz eines an acutem Impf-Milzbrand verendeten Thieres, oder vorher noch in Fleischextract reincultivirt) in dieselben bei 36° C. zur Aussaat, so zeigt sich nach 24 Stunden anscheinend gar keine Veränderung. Die Flüssigkeit ist gerade wie unmittelbar nach der Bereitung derselben gelblich gefärbt und dicht trüb von den suspendirten Eigelbpartikelchen; am Boden befindet sich ein Absatz von specifisch schwereren und gröberen Theilchen. Die mikroskopische Untersuchung ergibt jedoch, dass eine Vermehrung der ausgesäten Pilze stattgefunden hat. Es finden sich, nicht in den höheren Schichten der Flüssigkeit, wohl aber, wenn man dieselbe umschüttelt und so auch die tiefen Schichten zur Untersuchung bringt, Milzbrandfäden und Stäbe in nicht sehr grosser Zahl, etwas breiter als im Thierkörper, aber sonst unverändert und insbesondere ohne Eigenbewegung, weshalb dieselben eben nur am Grunde sich vermehren. Ueberträgt man dieselben ein zweites Mal in die gleiche Eiweisslösung, so ist nach 24 Stunden der Erfolg der nämliche und ebenso bei einer dritten und vierten Uebertragung u. s. w. Keine Veränderung der Eigenschaften macht sich bemerkbar. Es stimmt dies überein mit der geringen Vermehrung, welche in solchen Eiweissflüssigkeiten stattfindet und die den blossen Zusatz von Eigelb zur Fleischextractlösung trotz des so bedeutend vermehrten Nahrungsmateriales als sehr wenig förderlich, eher als nachtheilig erscheinen lässt.

Die Ursache dieser ungünstigen Wirkung des Eiweisses konnte in der geringen Diffundirbarkeit desselben durch pflanzliche Membranen liegen. Die entsprechende Abhilfe musste dann Zusatz einer gewissen Menge von Alkali zur Eigelbmischung gewähren, wodurch die Diffusionsfähigkeit beträchtlich erhöht wird.

In der That ist der Zusatz von Alkali zur Eiweissflüssigkeit der entscheidende Punkt, auf den es ankommt. Die Vermehrung der ausgesäten Milzbrandbacterien wird hierdurch eine ungemein reichliche, und eben dadurch vollzieht sich denn mit einem Schlage eine merkwürdige Umänderung in ihrer Natur.

Die richtige Menge von Alkali zu diesem Zwecke ist 2^{ccm} $^1/_{10}$-Normal-Natronlösung[1]) auf 20^{ccm} der Fleischextract-Eigelbmischung. Doch führt auch Zusatz von 1 oder 3^{ccm} in der Regel zum gewünschten Erfolge. 4^{ccm} jedoch beeinträchtigt bereits die Entwickelung der Pilze.

Bei Aussaat von Milzbrandbacterien in solche alkalische Eiweisslösungen zeigt sich in der Regel schon nach 24stündigem Verweilen bei 36° C. eine auffällige Veränderung, indem statt des gleichmässig trüben Aussehens der nicht inficirten Controlgläser die Flüssigkeit

1) Meine Normal-Natronlösung ist so gestellt, dass 1^{ccm} derselben zur Neutralisirung von 1^{ccm} Normal-Oxalsäure genügt, welche durch Auflösen von 63^{g} Oxalsäure in 1 Liter destillirten Wassers hergestellt wird.

entweder im Ganzen oder vorzugsweise in den oberen Schichten eine milchige Beschaffenheit und eine gelblich weisse entschiedene Färbung annimmt. Bei stärkerer Ausbildung dieser Erscheinung sondert sich die Flüssigkeit in drei verschiedene Schichten. Die oberste besitzt das Aussehen einer dichten, gelblich weissen glänzenden Masse, die am besten mit einer Mischung von Eidotter und Milch oder gelblichem Rahm zu vergleichen ist. Diese Schichte nimmt die Hälfte der Flüssigkeitshöhe ein oder mehr. Darunter folgt ein trübes gelbliches Serum, und am Grunde ein dichter Absatz von gröberen Eidotterpartikelchen. Diese Erscheinung ist die Wirkung einer Fermentthätigkeit der Pilze, welche Gerinnungen des Eiweisses veranlasst. Die ganze obere rahmartige Schichte besteht aus Eiweissgerinnseln, deren Schwimmfähigkeit auf einen relativ beträchtlichen Gehalt an mechanisch eingeschlossenem Fett schliessen lässt.

Die mikroskopische Untersuchung lieferte ein höchst merkwürdiges Ergebniss. Je mehr die Erscheinungen ausgebildet sind, um so mehr Pilze findet man an der milchig werdenden Oberfläche. Zuletzt, wenn die rahmartige Schicht sich völlig entwickelt hat, ist die Menge der Pilze in jedem der Oberfläche entnommenen Präparat eine ausserordentlich grosse, so dass beinahe an eine wirkliche Pilzhaut gedacht werden kann. Die Formen dieser Pilze sind wesentlich diejenigen der Milzbrandbacterien, nur meist nicht unerheblich breiter. Je nach der Entwickelung der Cultur überwiegen entweder (in den früheren Stadien) die einfachen oder Doppelstäbchen (Breite 1,0—1,5 μ, Länge der einfachen Stäbchen 4,5—6,0 μ), oder (bei fortgeschrittener Entwickelung) längere mehrgliedrige Fadenstücke, hier und da auch lange Fäden. In manchen Fällen kann ein Präparat von der Oberfläche ganz täuschend das Aussehen einer Probe aus der Milz eines milzbrandigen Thieres zeigen, da die längeren Stäbe und Fadenstücke, wie dort zwischen die Gewebselemente, so hier zwischen die Eiweissgerinnsel verfilzt sind. Die Contouren der Stäbchen und Fäden sind ebenso zart wie jene der Milzbrandbacterien. Ihre Enden sind in frischem Zustande abgerundet, nach dem Antrocknen und Färben mit Anilinbraun scharf abgesetzt, aber nicht schwach verdickt wie jene der Milzbrandbacterien. Der wichtigste Unterschied gegenüber den letzteren besteht aber darin, dass diese Stäbe nun Eigenbewegungen zeigen. Diese Bewegung ist nicht so rasch, dass sie als Schwärmen bezeichnet werden könnte. Die Pilze sind dabei immer noch ganz gut mit dem Mikroskop zu verfolgen, obwohl die Bewegung häufig den Charakter eines ruhelosen und lebhaften Umhersuchens annimmt. Allein die Ortsveränderungen können wegen der hemmenden Eiweissgerinnsel, an welche die Pilze fortwährend anstossen, nicht sehr bedeutend sein. Es kommt vor, dass das ganze Gesichtsfeld mit solchen umhersuchenden ganz gleichmässigen kurzen, sehr breiten Stäben erfüllt ist, und es gewährt dies einen sehr eigenthümlichen Anblick. Die Art der Eigenbewegung ist im Uebrigen die gleiche wie bei den Heubacterien: Vor- und Rückwärtsgehen und Rotiren um verschiedene und wechselnde Achsen, was bei den winkelig zusammenhängenden Doppelstäbchen den täuschenden Anschein der Schlängelung hervorruft.

Sehr auffallend ist in morphologischer Beziehung nur noch die Erscheinung, dass die Sporen dieser Pilze, die sonst in jeder Hinsicht den Sporen der Milzbrand- und Heubacterien analog sind, eine ganz ausserordentliche Länge im Verhältniss zum Querdurchmesser besitzen. Bei so grossen Pilzformen und bei den jetzigen optischen Hilfsmitteln (ich benutzte homogene Immersion $^1/_{16}$ Seibert) kann darüber, dass, was ich hier beschreibe, wirklich die Sporen sind, nicht der mindeste Zweifel bestehen. Denn die Beobachtung vermag, da sich in jedem der Eiweissgläser an der Oberfläche Sporen in ungeheurer Menge entwickeln, mit voller Zuverlässigkeit ausgeführt werden. Es beträgt die Länge der Sporen, welche sonst bei den Milzbrand-Heubacterien das dreifache des Querdurchmessers nicht überschreitet, hier bis zum fünffachen desselben (6,7 μ breit, 3,5 μ lang), wodurch anstatt der sonst vorhandenen Neigung zur Eiform wahre Sporen-Stäbchen entstehen; in allen anderen Beziehungen (starkes Lichtbrechungsvermögen, Entstehung in der Mitte der Zelle) besteht völlige Analogie mit den gewöhnlichen Sporen. Uebrigens sind keineswegs alle Sporen so lange gestreckt; vielmehr existiren Uebergänge von gewöhnlichen kürzeren zu jenen länglichen Formen, und oft kann man im selben Faden Sporen von verschiedener Länge beisammen sehen.

Zum Beweise, dass diese Pilzform, die ich — nur bis zur unten folgenden Feststellung ihrer Natur einstweilen — kurz als „Eiweissbacterien" bezeichnen will, aus den Milzbrandbacterien abstammt und nicht von Pilzen, die mit dem Eigelb zufällig eingeführt werden, theile ich folgende Versuche mit.

1. 20 Saftgläschen mit je: 20^{ccm} 0,5 proc. Fleischextract + 1^{ccm} Eigelb + 2^{ccm} $^1/_{10}$ Normal-Natronlauge — davon 10 inficirt mit Milzbrand-Milz (zerrieben und mit pilzfreiem Wasser verdünnt), die 10 übrigen nicht inficirt.

Nach 36 Stunden: Controlgläser Aussehen unverändert, mikroskopisch keine Pilze zu finden. Von den inficirten Gläsern zeigen 6 eine ausgebildete obere Gerinnungsschichte, 4 nur einen milchigen Rand. In allen finden sich mikroskopisch die oben geschilderten „Eiweissbacterien".

2. 18 Saftgläschen je: 20^{ccm} 1 proc. Fleischextract + 1^{ccm} Eigelb + 2^{ccm} $^1/_{10}$ Normal-Natronlauge — davon 9 inficirt mit Milzbrand-Milz wie oben, die übrigen 9 nicht inficirt.

Nach 36 Stunden: Controlgläser im Aussehen unverändert, mikroskopisch in 2 davon vereinzelte dünne Stäbchen, in den übrigen keine Pilze. Von den inficirten Gläsern 2 total milchig, 3 zeigen obere Gerinnungsschichte, 4 nur einen weisslich gelben Gerinnungsrand. In allen finden sich mikroskopisch „Eiweissbacterien".

3. 12 Saftgläschen je: 20^{ccm} 0,5 proc. Fleischextract + 1^{ccm} Eigelb, ferner zu je 4 und 4 Zusatz von 1, 2, 3^{ccm} $^1/_{10}$ Normal-Natronlauge. Die Hälfte inficirt mit reincultivirten Milzbrandbacterien, die Hälfte nicht inficirt.

Nach 24 Stunden: Controlgläser Aussehen unverändert, in einem traubenförmig angeordnete Micrococcen, in einem anderen ein paar dünne kurzgliedrige Fäden gefunden, die anderen pilzfrei. Von den inficirten Gläsern, die mit 2 und 3^{ccm} Natronlauge versetzten milchig: „Eiweissbacterien". Die mit 1^{ccm} versetzten anscheinend unverändert; nach dem Umschütteln spärliche Milzbrandbacterien.

4. 15 Saftgläschen je: 20^{ccm} 0,5 proc. Fleischextract + 1^{ccm} Eigelb, ferner zu je 5 und 5 Zusatz von 2, 3, 4^{ccm} $^1/_{10}$ Normal-Natron-

lauge, diesmal vor dem Erhitzen im Dampfkessel. 9 Gläser inficirt mit reincultivirten Milzbrandbacterien. 6 Gläser nicht inficirt.

Nach 36 Stunden: Controlgläser Aussehen unverändert, mikroskopisch keine Pilze. Von den inficirten Gläsern zeigen die mit 2 ccm Natronlauge versetzten ausgebildete obere Gerinnungsschichte, die mit 3 ccm versetzten sind milchig, die mit 4 ccm unverändert. In allen, mit Ausnahme der letzteren mikroskopisch „Eiweissbacterien".

Zu diesen Versuchen bemerke ich noch, dass dieselben nicht etwa aus einer grösseren Zahl von mehr oder minder geglückten als die günstigsten ausgewählt sind, sondern dass ich überhaupt keine misslungenen Versuche zu verzeichnen hatte. Der Erfolg tritt jedesmal ein, doch nicht immer bis zu demselben Grade; oft ist die Veränderung nur sehr gering ausgesprochen, kann aber alsdann durch eine zweite Züchtung in der gleichen Nährlösung sicher deutlich gemacht werden.

Aus diesen Resultaten geht, wie ich glaube, mit vollständiger und jeden Einwand ausschliessender Gewissheit hervor, dass die „Eiweissbacterien" direct von den Milzbrandbacterien abstammen. Gegen die Aussaat mit Milzbrand-Milz könnte man einwenden, dass hier möglicherweise noch andere Pilze mit eingeführt werden. Durch die Aussaat reincultivirter Milzbrandbacterien in anderen Versuchsreihen wird dieses Bedenken beseitigt. Denn ich habe schon mehrfach hervorgehoben, dass gerade die Milzbrandbacterien, weil sie die Fleischextractlösung klar lassen, absolut sicher und überdies sehr leicht reincultivirt werden können. Auch der Umstand, ob man die Natronlauge erst nach der Sterilisirung der Fleischextractlösung oder vorher zusetzt, ändert nichts an dem Erfolge.

Es handelt sich nun um die weiteren Eigenschaften der aus den Milzbrandbacterien erzielten Pilzformen. Zur Erledigung dieser Frage müssen die „Eiweissbacterien" in verschiedene bekannte Nährlösungen übertragen werden.

1. Eiweisslösung. Bereitung wie oben mit Eigelb, jedoch ohne Zusatz von Alkali. Es zeigt sich die wichtige Erscheinung, dass die „Eiweissbacterien" nunmehr die Fähigkeit besitzen,

auch in nicht alkalischer Eiweissflüssigkeit genau dieselben Veränderungen hervorzurufen, wie die Milzbrandbacterien nur bei Alkalizusatz, d. h. Bildung einer weissgelblichen, rahmartigen schwimmenden Gerinnselschichte mit stärkster Pilzvermehrung an der Oberfläche. Das Wachsthum ist dabei ein ungemein rasches und die Veränderung nach 20 Stunden jedesmal schon auf ihrem Höhepunkt; die Pilze sind also nunmehr auf diese Ernährungsweise angepasst. Bemerkt muss werden, dass jedesmal im Gefolge dieser intensiven Pilzentwickelung die Cultur einen schwach fauligen Geruch erhält (wie älterer Schweizerkäse, aber keine Beimengung von H_2S). Dass keine Fäulnissbacterien vorhanden sind, ergibt nicht nur die mikroskopische Untersuchung, sondern vor allem die Controlzüchtung in verschiedene klare Nährlösungen. Es ist ganz sicher, dass diese Production flüchtiger Riechstoffe nur der chemischen Thätigkeit der „Eiweissbacterien" zugeschrieben werden darf. Ich habe mich in vielen Fällen ganz bestimmt von diesem Sachverhalte überzeugt.

2. Fleischextractlösung, 1 proc. Das Wachsthum gestaltet sich nach Ablauf der Entwickelung genau so wie es oben in der Uebersicht für die Uebergangsform II angegeben wurde. Zu erwähnen ist, dass bei dieser Ernährungsweise die Sporen nicht mehr so lang gestreckt sind wie im Eiweiss, sondern die gewöhnlichen Dimensionen der Milzbrand-Heusporen besitzen.

3. Heuaufguss (nach Roberts; 1,004 spec. Gew.) schwach sauer. Verhalten ebenso wie bei Uebergangsform II. Spärliches Wachsthum mit Randbildung.

4. Thierkörper; weisse Mäuse. Von 10 Mäusen wurden 2 mit je 1 cmm einer mit pilzfreiem Wasser durch Zerreiben 100fach verdünnten Milzbrand-Milz inficirt. Tod an Milzbrand nach 20 und 24 Stunden. Von dem gleichen Infectionsmaterial wurde in Eiweissgläschen mit Alkali ausgesät. Nach 24 Stunden noch ungenügende Pilzmenge. Deshalb übertragen in ein zweites Eiweissglas, diesmal ohne Alkali-Zusatz. Nach 20 Stunden an der Oberfläche wie immer ausserordentliche Menge milzbrandartiger Bacterien und Sporen. Von dieser oberflächlichen Schichte nunmehr je

20^{cmm} auf die 8 übrigen Mäuse subcutan übertragen. Alle diese Thierchen zeigten sich niemals krank und blieben am Leben.

Nehmen wir an, der Pilzgehalt der oberflächlichen Eiweissschichte sei halb so gross gewesen als jener der Milzbrand-Milz, was gewiss nicht zu viel ist, so ergibt sich hieraus, dass die in alkalischem Eiweiss gezüchteten Pilze eine mehr als tausendfache Abschwächung der infectiösen Wirksamkeit zeigen. Im Interesse der gegenwärtigen Frage lag es natürlicherweise nicht, zu untersuchen, ob auch durch grösste Impfmengen nicht Milzbrand erzeugt werden könnte. Das negative Resultat mit dem tausendfachen der gewöhnlichen Impfmenge ist hier entscheidend; jeder Experimentator, der diese Versuche wiederholt, wird bestätigen können, dass die grössten für gewöhnlich als zulässig betrachteten Impfmengen von diesen veränderten Milzbrandbacterien unwirksam sind.

Damit, dass die Milzbrandbacterien in eine deckenbildende, mit Eigenbewegung begabte und infectiös sehr wenig wirksame Uebergangsform umgeändert sind, ist der wesentliche Theil der Ueberführung in die echten Heubacterien erledigt. Die weitere Umwandlung vollzieht sich unter denjenigen Bedingungen, die ich in meiner früheren Mittheilung angegeben habe.

Zum Schlusse gebe ich eine Uebersicht der drei hier untersuchten Hauptpilzformen, woraus deren Wachsthumsverhalten in verschiedenen Medien zu entnehmen ist. Nach den Resultaten meiner Untersuchungen muss ich die ganz bestimmte Ueberzeugung aussprechen, dass diese drei Pilzformen lediglich Anpassungsformen ein und desselben Organismus, des Bacterium subtile sind[1]).

1) Auf die morphologischen Fragen werde ich, wie erwähnt, in einer demnächstigen Mittheilung eintreten. Auf das absprechende Urtheil, welches neuerdings über meine Untersuchungsresultate gefällt wurde, beabsichtige ich an anderm Orte eine eingehende Beantwortung zu geben.

	Milzbrandbacterien	Uebergangsform II	Heubacterien
1proc. Fleischextract	Lösung klar, Wolken am Grund.	Lösung flockig getrübt, lockere, schleimige Decke, Flocken u. Deckenstücke am Grunde.	Lösung klar, feste, weisse, trockene, schwer unterzutauchende Decke.
Heuaufguss schwach sauer[1])	Keine Vermehrung.	Bildung eines spärlichen weissen Randes an der Oberfläche der Flüssigkeit.	Trockene, schwer benetzbare, meist gerunzelte oder bestäubt aussehende Decke.
Thierkörper	In sehr geringer Menge infectiös: Milzbrand.	In tausendfacher Menge unwirksam; in noch grösserer infectiös: Milzbrand.	In den grössten Mengen unwirksam

1) Die Bereitung des Heuaufgusses ist hier nach dem oben S. 187 angegebenen Verfahren vorausgesetzt.

Beiträge zur Morphologie der Spaltpilze.

Von

Dr. Hans Buchner.

Die bisherigen Versuche zur Classification der Spaltpilze sind wesentlich von der Voraussetzung ausgegangen, dass die morphologischen Kennzeichen dieser Organismen constant und von den wechselnden Ernährungsbedingungen der Hauptsache nach unabhängig seien. Es fragte sich jedoch, ob diese Voraussetzung gerechtfertigt sei, und ob nicht Formmerkmale, auf deren Vorhandensein man die Eintheilung begründet hat, unter Umständen bei ein und demselben Spaltpilz auftreten und wieder verloren gehen können. Diese Aufgabe ist bereits von verschiedenen Forschern berührt worden, indem mehrfach (in neuester Zeit namentlich durch Neelsen und Jacksch) bei bestimmten Spaltpilzformen ein Einfluss der Ernährungsweise auf die morphologischen Vorkommnisse nachgewiesen worden ist. Bei keinem Spaltpilz liegt jedoch in dieser Beziehung bis jetzt eine befriedigende, nach allen Seiten ausgedehnte Untersuchung vor, welche uns über die Constanz oder Inconstanz seiner Formmerkmale und damit über seinen eigentlichen morphologischen Charakter einen wahren und vollständigen Aufschluss zu geben vermöchte.

Es ist begreiflich, dass mir bei meinen Studien über die Heu- und Milzbrandbacterien die Kenntniss der bezüglichen Verhältnisse bei diesen Pilzformen nicht verborgen bleiben konnte. Denn zur Feststellung der physiologischen Eigenschaften dieser Pilze war ich veranlasst, dieselben unter den verschiedensten Lebensbedingungen zu züchten, wobei denn der etwaige Einfluss auf die Formgestaltung von selbst hervortreten musste. Die oftmalige Wiederholung der Versuche, welche sich dabei von selbst ergab, brachte fortwährende Controle der Resultate und verschaffte mir allmählich eine ziemlich genaue Kenntniss der einschlägigen Verhältnisse, so dass ich die nachfolgende Darstellung wohl als das Ergebniss mehrjähriger Untersuchungen bezeichnen darf. Erwähnt muss jedoch werden, dass ich neuerdings zum Zweck der gegenwärtigen Mittheilungen die Züchtung in den verschiedenen Nährlösungen nochmals durchgeführt habe, um die mikroskopischen Messungen nochmals zu controliren und möglichste Zuverlässigkeit zu erreichen.

Dass solche Züchtungen zu morphologischen Zwecken ebenso gut wie solche zu chemisch physiologischen Studien nur mit fehlerfreien Reinculturen durchgeführt werden können, versteht sich von selbst. Eben deshalb beginne ich diese Darlegungen sehr gerne mit einer Schilderung der bezüglichen Verhältnisse gerade bei den Heubacterien, weil diese von allen bis jetzt bekannten Spaltpilzen mit der grössten Leichtigkeit und Sicherheit reincultivirt werden können, und weil deshalb Jeder, der sich für die Sache näher interessirt, von meinen Angaben sich leicht selbst wird überzeugen können.

Die Methoden zur Reincultivirung, deren ich mich bedient habe, sind eben diejenigen, welche ich in meiner II. Mittheilung über das Milzbrandcontagium für Reinculturen angegeben habe. Die näheren Vorbedingungen zur Gewinnung reiner Heubacterien, Bacterium subtile nach meiner Bezeichnungsweise, wurden ebendaselbst eingehend berücksichtigt. Wer immer sich dieser Methoden bedient, wird die Ueberzeugung gewinnen, dass die Reincultivirung der Heubacterien durch beliebig viele Züchtungen mit gar keinen Schwierigkeiten verknüpft ist. Der Beweis für die stete Reinheit der Cultur liegt einfach darin, dass bei Einhaltung gleicher Bedingungen bei allen den auf einander folgenden Culturen das makroskopische Aussehen der entstehenden Pilzdecken, die mikroskopische Beschaffenheit der Pilze und deren chemische Eigenschaften immer genau die gleichen bleiben. Gerade bei den Heubacterien sind aber die makroskopischen Merkmale an und für sich schon sehr charakteristisch. Etwa 12 Stunden nach erfolgter Aussaat (bei 36° C.) trübt sich die Nährlösung, da die Bacterien nunmehr in Schwärmbewegung begriffen sind. Alsdann aber klärt sich die Flüssigkeit, indem alle Bacterien an der Oberfläche sich versammeln und eine

Decke bilden. Daraus, dass dieser Process bei fortgesetzter Uebertragung in neue pilzfreie chemisch gleichartige Nährlösung immer genau in gleicher Weise erfolgt, mag man den Versuch auch noch so lange fortsetzen, geht mit überzeugender Klarheit hervor, dass von einem Verunreinigen der Cultur durch andere Spaltpilze hier keine Rede sein kann.

Im Uebrigen und abgesehen von diesem Umstand der besonderen Eignung zur Reincultur sind die Heubacterien gewiss nicht in erster Linie passend, ein auffälliges Demonstrationsobject für den Einfluss der Lebensbedingungen auf die Formgestaltung abzugeben. Vielmehr scheint es mir nach meinen bisherigen Erfahrungen, dass gerade diese Bacterien einen bestimmten Formtypus mit grösserer Hartnäckigkeit als andere Bacterien festhalten. Von Einfluss hierauf ist wohl der Umstand, dass die Heubacterien nur im Genuss des freien Sauerstoffs existiren können, während andere gärungstüchtige Bacterien bald mit, bald ohne freien Sauerstoff und somit unter wesentlich differenten Bedingungen zu leben im Stande sind.

Dagegen wirkt ein anderer Umstand wiederum günstig bei Vornahme morphologischer Studien an den Heubacterien, und dies ist die charakteristische Deckenbildung. Da diese Decken nur aus dicht an einander liegenden Pilzen bestehen, so ist es klar, dass ihre Beschaffenheit und ihr Aussehen einen gewissen Schluss auf die zusammensetzenden Pilze gestatten muss; es ist klar, dass Aenderungen im Charakter der Decke auf Verschiedenheiten in der Beschaffenheit der Pilze mit Nothwendigkeit hindeuten.

Die Beschaffenheit der von den Heubacterien gebildeten Decken ist nun aber nur so lange die gleiche, als wir die Culturbedingungen ungeändert lassen. Jede Variirung der letzteren bewirkt dagegen eine grössere oder geringere Abweichung in Form, Farbe und Consistenz der entstehenden Decken. Die ernährenden Stoffe, die chemische Reaction der Lösung und die Temperatur sind darauf von entscheidendem Einfluss.

Schon die verschiedenen Heuaufgüsse zeigen eine ziemliche Mannigfaltigkeit in dieser Beziehung. Jedes verschiedenartige Heu verhält sich besonders, und scheint namentlich das Vorwiegen junger grasartiger, oder älterer mehr holziger Stengeltheile entscheidend zu sein. Ebenso wirkt bestimmend die Art der Bereitung des Aufgusses, ob derselbe mit heissem oder mit kaltem Wasser oder endlich bei einer mittleren Temperatur bereitet ist, da die Art und die Menge der gelösten Stoffe hiernach differirt. Noch abweichender werden die Erscheinungen, wenn anderweitige Ernährungsmaterialien zur Verwendung gelangen. Im Ganzen kann man sagen, dass folgende Extreme mit allen dazwischen liegenden Uebergängen zur Beobachtung kommen: Oberfläche der Decke entweder völlig trocken, stark gerunzelt mit lauter dicht stehenden tiefen Falten — oder schleimig-nass und vollständig glatt und eben; Consistenz entweder hochgradig, so dass man die ganze Decke an einem Theile derselben in die Höhe heben kann — oder so geringfügig, dass die leiseste Erschütterung genügt, um die ganze Decke in Flocken aufgelöst zu Boden sinken zu lassen; ausserdem wird noch schleimig-zähe Beschaffenheit beobachtet; Farbe entweder weisslich wie mattes Glas — oder grau, gelblich, olivgrün, braun bis gegen schwarz. Diese letzteren theilweise sehr auffallenden und schönen Färbungen gehören sämmtlich verschiedenartigen Heuaufgüssen an. Ausserdem muss noch bemerkt werden, dass in gewissen wenig zusagenden Nährlösungen (z. B. von Asparagin, bernsteinsaurem Ammoniak, Leucin etc.) zwar eine Vermehrung der Heubacterien, aber überhaupt keine Deckenbildung erfolgt. Alle diese Vorkommnisse gewähren bereits eine anschauliche Vorstellung darüber, dass die Formausbildung durch geänderte Ernährungsverhältnisse bis zu einem gewissen Grade modificirt werden muss.

In der That erstrecken sich die wahrnehmbaren Abweichungen nun aber bloss auf die Länge der Glieder und auf den Breitedurchmesser derselben und sind somit, wenn man will, geringfügig. Bedenken wir indess den ungemein engen Spielraum, der bei den Spaltpilzen für Formausbildung überhaupt gelassen ist, so folgt daraus, dass man es mit allen morphologischen Details sehr genau nehmen muss, wenn unter den verschiedenen Formen strenge gesondert und vor allem ein klarer Einblick gewonnen werden soll. Ich habe deshalb eine Anzahl von Formtypen bei den Heubacterien ausgewählt und den nachfolgenden Abbildungen zu Grunde gelegt, die durch blosse verschiedenartige Ernährung, und zwar in einer einzigen Cultur, von ein und demselben Ausgangstypus (Fig. 1) ausgehend, erzielt wird. Ich habe dabei nicht etwa seltene Vorkommnisse ausgesucht, um besonders auffällige Verschiedenheiten darzuthun; vielmehr habe ich mich auf das beschränkt, was regelmässig eintritt und was daher Jedermann bei Befolgung der angegebenen Bedingungen wiederum wird erhalten können.

Fig. 1.

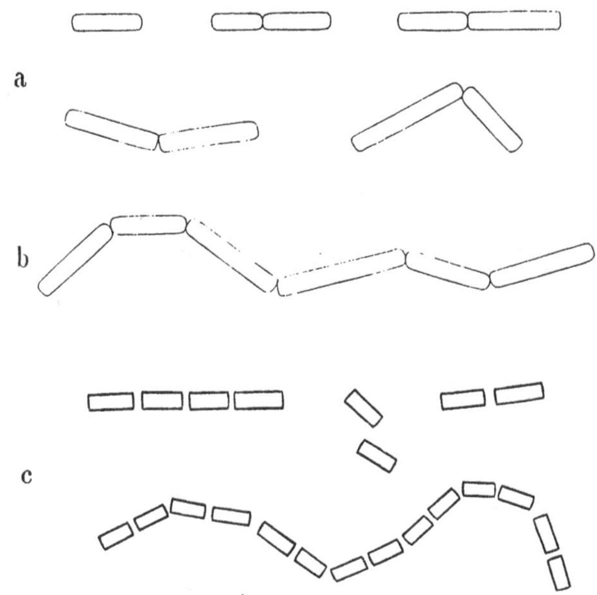

Heubacterien, 4000 ×; 1 % Fleischextract, ganz schwach sauer[1]).

Makroskopisch: Decke weisslich, wie mattes Glas, schwer zu benetzen, stark cohärent, bei Erschütterung Falten bildend. Flüssigkeit ganz klar, nur ein geringer fein flockiger Absatz.

Mikroskopisch:

a Formen aus der Pilzdecke, welche nur aus solchen Stäbchen und Doppelstäbchen besteht. Breite 0,7 μ; Länge der kürzesten Glieder 2,0 μ, der längsten 5,0 μ.

b Gegliederter Faden aus dem Bodensatz.

c Wirkung des Zusatzes von Jodtinctur. Breite hierdurch beinahe unverändert; Länge der Glieder dagegen wesentlich reducirt, indem die früheren Glieder hierdurch in 2 oder mehr Glieder zerfallen. Kürzeste Glieder nunmehr 1,0 μ, längste 2,5 μ.

1) Fleischextract reagirt an und für sich sauer, und diese geringe Säuremenge ist hier gemeint.

Wesentlich die gleichen Verhältnisse gelten für 0,2; 0,5 und 2,0 % Fleischextract, und zwar bei schwach saurer oder alkalischer Reaction. Stark alkalische Reaction hat übrigens zur Folge, dass die Breite der Stäbe in den verschiedenen Schichten der Decke merklich verschieden auffällt; je tiefer, d. h. je weniger unter der directen Sauerstoffeinwirkung das Wachsthum erfolgt, um so breiter werden die Stäbchen. Der Unterschied geht bis zum doppelten.

Fig. 2.

a

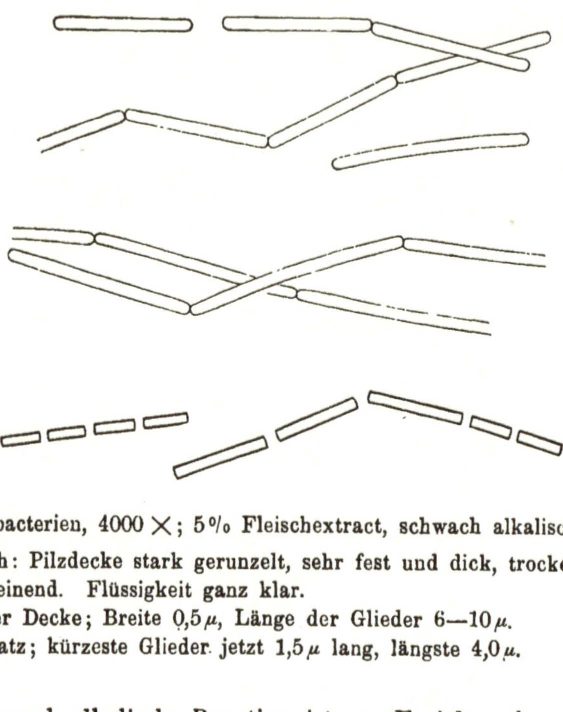

b

Heubacterien, 4000 ×; 5 % Fleischextract, schwach alkalisch.

Makroskopisch: Pilzdecke stark gerunzelt, sehr fest und dick, trocken, gelblich durchscheinend. Flüssigkeit ganz klar.

a Aus der Decke; Breite 0,5 μ, Länge der Glieder 6—10 μ.

b Jodzusatz; kürzeste Glieder jetzt 1,5 μ lang, längste 4,0 μ.

Die schwach alkalische Reaction ist zur Erzielung langgliedriger schmaler Fäden in dieser Lösung wesentlich. Die richtige Alkalimenge beträgt (vor der Erhitzung im Dampfkessel zugesetzt) 5 ^{ccm} Normalnatronlauge auf je 100 ^{ccm} der 5 proc. Fleischextractlösung. Eben solche sehr langgliedrige und sehr dünne Fäden erhält man übrigens in alkalischer Lösung von 0,1 % Fleischextract und 10 % Zucker.

Fig. 3.

a

b

c

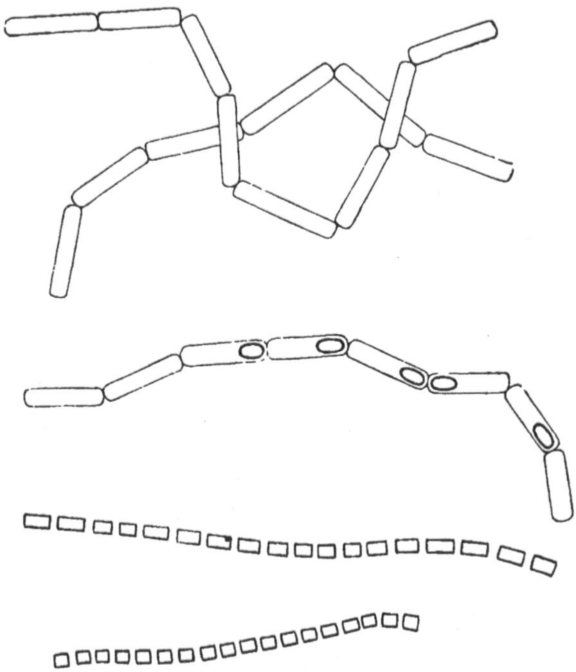

Heubacterien, 4000 ×; 0,1 % Fleischextract mit 5 % Zucker, neutral.

Makroskopisch: Pilzdecke weisslich, von schleimigem Ansehen, äusserst locker, sinkt bei der geringsten Erschütterung zu Boden. Flüssigkeit opalisirend trüb. Geringer flockiger Bodensatz.

Mikroskopisch:

a Aus der Decke; Breite 0,8 μ, Länge der Glieder 4—6 μ. Sämmtliche Gliederfäden sind ganz auffällig winklig geknickt.

b Sporenbildung.

c Jodzusatz. Kürzeste Glieder nur 0,8 μ lang, d. h. ebenso lang als breit.

Fig. 4.

a

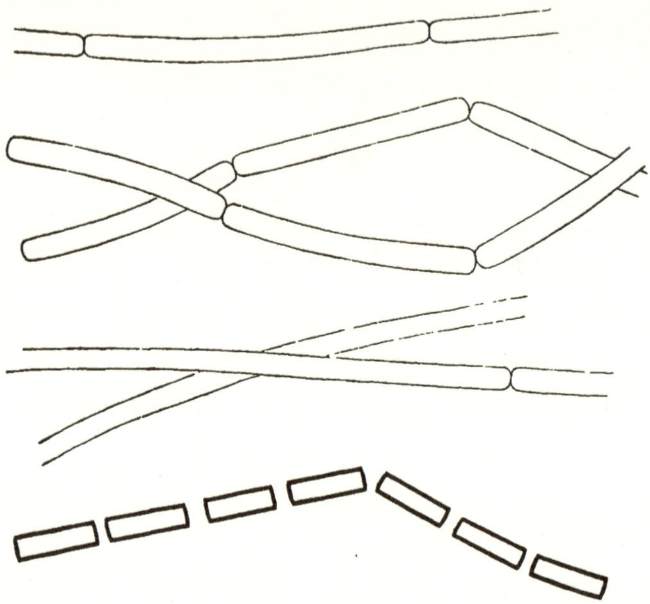

b

Heubacterien, 4000 ×; Heuaufguss (Heu mit vorwiegend holzigen Stengeltheilen, 4 Stunden bei 36° C. extrahirt). Sp. G. des Extracts 1,004. 24 Stunden bei 22° C. cultivirt.

Makroskopisch: trüb, Decke erst in der Ausbildung begriffen.

Mikroskopisch:

a Gliederfäden aus der beginnenden Decke. Breite 1,0 μ, kürzeste Glieder 12 μ.
b Jodzusatz.

Fig. 5.

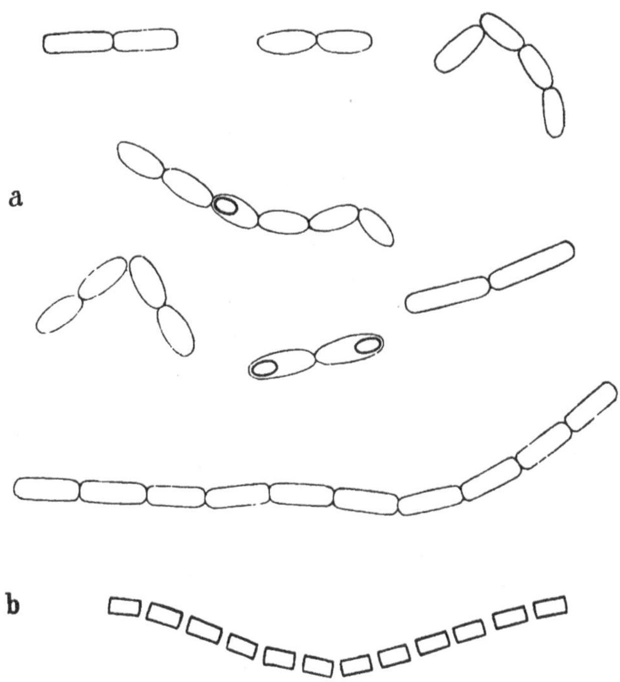

Heubacterien, 4000 ×; Heuaufguss (Heu mit vorwiegend grasigen Theilen, 4 Stunden bei 36° C. extrahirt). Sp. G. 1,006. 24 Stunden bei 36° C. cultivirt.

Makroskopisch: trockene, gelbbräunliche Decke, wie mit Staub bestreut. Flüssigkeit klar.

Mikroskopisch:

a Breite 0,9—1,0 μ, Länge der Glieder 2,0—5,0 μ. Die kurzgliedrigen Stäbe sind mindestens ebenso häufig als die langgliedrigen, die spindelförmigen sind sehr häufig. Theilweise Sporenbildung.

b Jodzusatz. Zerfall in Glieder von 1,2—1,5 μ Länge, nur selten noch längere Glieder. Breite ebenfalls etwas vermindert.

Fig. 6.

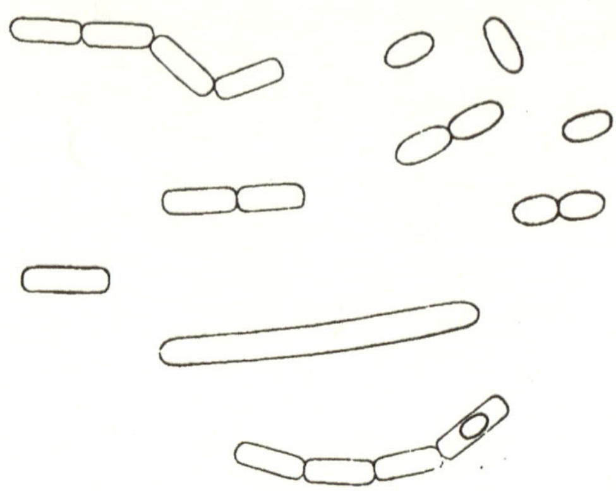

Heubacterien, 4000 ×; 0,1 % Asparagin mit 5 % Zucker, neutral.

Makroskopisch: keine Decke, opalisirend trüblich, am Boden ausgedehnte wolkenartige Vegetationen.

Mikroskopisch: Formen aus den Wolken am Boden. Breite 0,8 μ, Länge der kürzesten Glieder 1,5 μ.

Derartige sehr kurzgliedrige Bacterien erhält man auch in verschiedenen anderen Nährlösungen, wenn frühzeitig genug, d. h. vor Ausbildung der Decke, solange die Pilze noch in lebhaftester Theilung begriffen sind, untersucht wird. So z. B. in alkalischer Lösung von 5 % Fleischextract und 5 % Zucker.

Fig. 7.

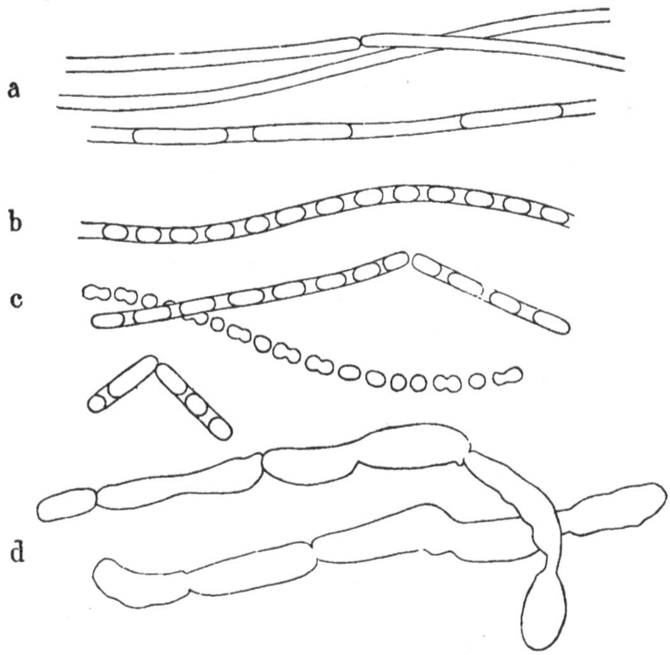

Involutionsformen von Heubacterien.
a, b 0,1 % Fleischextract mit 10 % Zucker, alkalisch;
c, d 0,1 % Asparagin mit 10 % Zucker, neutral.

Derartige Formen, welche dem Process des allmählichen Absterbens der Fäden entsprechen, wobei noch Lebensäusserung stattfindet, finden sich am frühzeitigsten in Lösungen, wo der Zuckergehalt die Menge der N-haltigen Nährsubstanz sehr bedeutend übertrifft und somit ein Missverhältniss zwischen kohlenstoff- und stickstoffhaltiger Nahrung für die Pilze gegeben ist. Die Formen b, c sind nicht durch Jodzusatz erzielt, sondern blosse Wirkung des Involutionsprocesses. Die regellosen Formen d zeigen einen eigenthümlichen fettigen Glanz unter dem Mikroskop.

Aus diesen Abbildungen, welche mit Ausnahme der Fig. 7 sämmtlich in lebhafter Vegetation befindliche, d. h. nicht etwa krankhaft veränderte Formen zur Anschauung bringen, geht wohl bereits zur Genüge hervor, dass bei den Spaltpilzen der Einfluss der Lebensbedingungen auf die Formausbildung nicht unterschätzt werden darf. Denn ohne Kenntniss des wahren Sachverhaltes würde man wohl geneigt sein, diese verschiedenen Typen für wirklich verschiedenartige Pilze zu halten, während es in der That bloss Ernährungsformen sind, die keine Constanz zeigen, sondern durch Züchtung unter anderen Verhältnissen wieder verloren gehen. Hieraus ergibt sich, dass Vergleiche verschiedener Spaltpilze in Bezug auf ihre Formmerkmale strenge genommen nur dann zulässig sind, wenn die Pilze unter ganz den gleichen Bedingungen gelebt haben.

Mit besonderer Rücksicht auf den morphologischen Charakter der Heubacterien möchte ich jedoch zu den gegebenen Abbildungen Folgendes hervorheben. F. Cohn hatte (1872) als Eintheilungsgrund bei seinem systematischen Versuch über die Spaltpilze den Satz aufgestellt: „Alle Fadenbacterien bestehen aus verlängerten cylindrischen Gliedern“, ein Satz, der insbesondere auch für die zu den Fadenbacterien gerechnete Gattung Bacillus Geltung haben sollte. Die Länge der einzelnen Glieder des Bacillus subtilis, die nach dieser Auffassung aus einer einzigen verlängerten Zelle bestehen, wurde von Cohn auf 6μ angegeben. Nun ist klar, dass diese Aufstellungen nicht mehr haltbar sind gegenüber der Thatsache, dass nur unter gewissen Ernährungsbedingungen derartig verlängerte cylindrische Glieder bei den Heubacterien angetroffen werden, unter anderen Ernährungsbedingungen aber nicht. Im Gegentheil werden wir durch alle Thatsachen zu der Auffassung geführt, die ich schon in meiner I. Mittheilung über das Milzbrandcontagium vertreten habe, dass der Längsdurchmesser der Glieder oder Zellen der Heubacterien höchstens um das 2—3 fache den Breitedurchmesser übertrifft, häufig aber demselben vollständig gleichkommt. Es ist allerdings richtig, dass man sich hiervon unmittelbar an den frischen Stäbchen und Fäden in der Regel nicht überzeugen kann. Meist genügt aber der Zusatz von Jodtinctur, um die Zusammensetzung aus kurzen Gliedern deutlich zu machen, wie dies die mitgetheilten Abbildungen der mit Jodtinctur behandelten Pilze versinnlichen. Der Längendurchmesser dieser kurzen Glieder übertrifft nur sehr selten um mehr als das 3fache den

Querdurchmesser. Wenn dies aber auch der Fall zu sein scheint, wie z. B. in Fig. 2b, dann ist klar, dass eine mittlere Scheidewand trotz des Jodzusatzes nicht deutlich geworden ist, und dass wir in Wahrheit ein doppeltes Glied vor uns haben.

Gerade dieses letztere Vorkommniss legt indess überhaupt die Vermuthung nahe, dass wir es bei den kurzen Gliedern noch nicht mit einzelnen Zellen zu thun haben, sondern mit je zwei Zellen, deren Scheidewand noch zu schwach ausgebildet ist, um selbst durch Jodzusatz deutlich hervorzutreten. Für diese Annahme spricht ganz entschieden die Thatsache, dass bei überwiegendem Zuckergehalt der Nährlösung vollkommen isodiametrische Glieder regelmässig angetroffen werden. Die Scheidewände erreichen hier wegen der durch die Zuckerzufuhr gesteigerten Cellulosebildung schon frühzeitig eine genügende Entwickelung, um bei Einwirkung von Jod und Alkohol die einzelnen Zellen sich von einander trennen zu lassen (Fig. 3c).

Eine zweite Thatsache in dieser Beziehung liefern die Involutionsformen der Heubacterien, bei denen häufig sowohl isodiametrische als auch solche Glieder angetroffen werden, an welchen eine in der Mitte befindliche Einschnürung das Vorhandensein von zwei Zellen deutlich erkennen lässt (Fig. 7c).

Sonach darf mit Wahrscheinlichkeit angenommen werden, dass die einzelne Zelle bei den Heubacterien in der Regel isodiametrische Gestalt besitzt, und dass es nur die relativ verlangsamte Ausbildung der Scheidewände ist, die für gewöhnlich den Anschein verlängerter Zellen hervorruft. Wirklich verlängerte Zellen kommen dagegen, wie ich schon früher angab, bei der Sporenbildung der Heubacterien vor, indem vor dem Eintritt der Sporenentwickelung die vegetative Zelle sich merklich in die Länge streckt. Welche Folgerungen hieraus für die Classification der Heubacterien sich ergeben, werde ich unten im Zusammenhange mit anderen Thatsachen besprechen.

Anschliessend an diese Darstellung der Formverhältnisse bei den Heubacterien möchte ich einiges über die genetisch zugehörigen und morphologisch so überaus nahestehenden Milzbrandbacterien mittheilen. Ich gebe zunächst den Formtypus dieser Pilze, so wie sich derselbe bei ihrem Vorkommen im Thierkörper ausgeprägt findet.

Fig. 8.

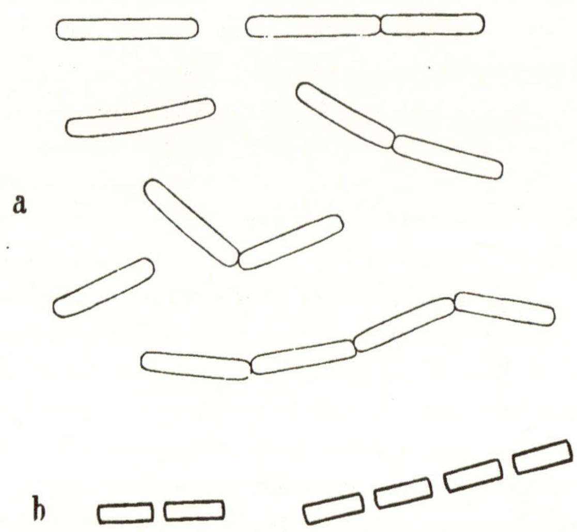

Milzbrandbacterien, 4000 ×, aus der Milz einer Maus
a im frischen Zustand, Präparat mit reichlichem Wasserzusatz. Breite 0,8 μ; Länge der kürzesten Glieder 4,5 μ, der längsten 7,0 μ.
b Zusatz von Jodtinctur. Zerfall in Glieder von 2,5 μ Länge.

Auch bei den Milzbrandbacterien macht sich nun, wie bei den Heubacterien, der Einfluss der Lebensbedingungen auf die Formgestaltung geltend. Es variirt namentlich der Breitedurchmesser und die Länge der Glieder in ganz analoger Weise wie bei den Heubacterien. Namentlich der Breitedurchmesser ist fast bei jeder künstlichen Ernährungsweise der Milzbrandbacterien beträchtlich grösser, als derselbe im Thierkörper gefunden wird. Die folgende Figur 9a mag hierfür als Beispiel gelten. Hierdurch und durch das Vorkommen eigenthümlicher blasser Körner im Inhalt ist eine Verwechslung dieser Pilze mit den Heubacterien unter dem Mikroskop unmöglich gemacht[1]). Die in Fig. 1 abgebildeten Heubacterien, welche in gleicher Weise wie die in Fig. 9a abgebildeten Milzbrandbacterien mit Fleischextract ernährt sind, können schon nach der Breite der Stäbe von den letzteren leicht unterschieden werden.

1) Da eine naturgetreue Wiedergabe des Inhalts der Bacterien zu den schwierigsten Aufgaben gehören würde, so habe ich darauf verzichtet, einen diesbezüglichen Versuch beim Holzschnitt zu machen.

Von grossem Interesse sind nun aber die Involutionsformen der Milzbrandbacterien, von denen Fig. 9c und d einige Typen darstellt. Diese pathologischen Vorkommnisse, welche bei den gegen die verschiedensten Einflüsse so sehr empfindlichen Milzbrandbacterien ungemein häufig angetroffen werden, sind für den morphologischen Charakter derselben besonders bedeutungsvoll.

Fig. 9.

a

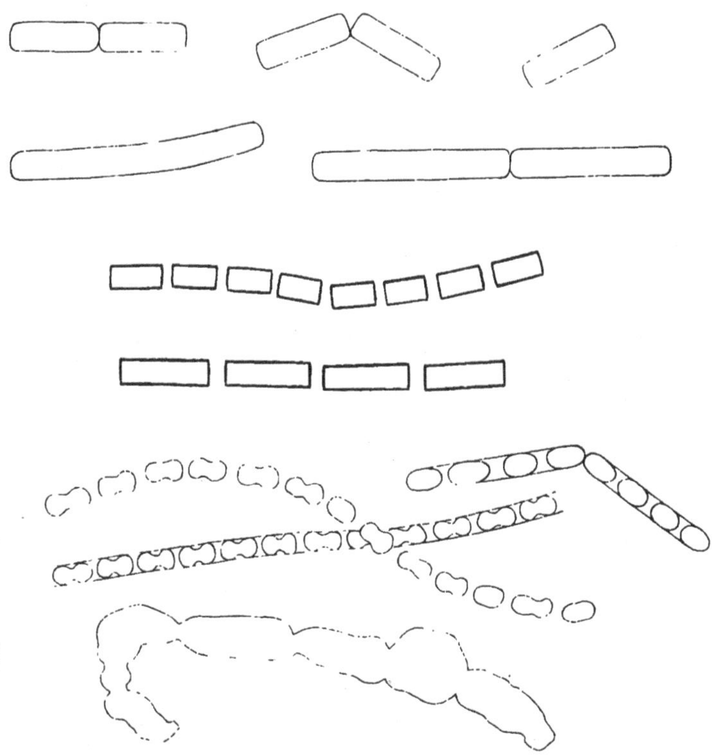

b

c

d

a Milzbrandbacterien, 4000 ×, in 2 % Fleischextract, schwach alkalisch. Breite 1,2—1,4 μ, Länge der kürzesten Glieder 4,0 μ.
b Wirkung des Zusatzes von Jodtinctur.
c, d Involutionsformen von Milzbrandbacterien.

Die Formen c werden, wie die entsprechenden Involutionsformen der Heubacterien, am sichersten erlangt in Nährlösungen, deren Zuckergehalt im Verhältniss zu den Nhaltigen Nahrungsstoffen zu gross ist. Wird dann die Sporenbildung durch schwach saure

Reaction oder ungenügende Sauerstoffzufuhr verhindert, so treten bei allen Pilzen diese Veränderungen ein.

Die Formen d werden erzeugt durch Verbringen einer solchen bei 36° C. begonnenen Cultur in Zimmertemperatur. Hierbei verfallen in Folge der zu niedrigen Temperatur alle Bacterien mehr oder weniger in krankhafte Erscheinungen, und man findet alle Uebergänge von noch normalen bis zu den hier abgebildeten Formen.

Versuchen wir nach diesen Anhaltspunkten ein Urtheil über den morphologischen Charakter der Milzbrandbacterien uns zu bilden, so zeigt zunächst die Wirkung des Jodzusatzes, dass hier ebenso wenig wie bei den Heubacterien die im frischen Zustand erkennbaren Glieder schon als letzte Formbestandtheile aufgefasst werden dürfen. Im Gegentheil muss es auch hier wie bei den Heubacterien auf Grund der Involutionsformen als wahrscheinlich erklärt werden, dass auch die kürzesten Glieder, welche selbständig auftreten, in der Regel noch aus zwei isodiametrischen Zellen bestehen, die nur wegen der verlangsamten Bildung der Scheidewand nicht als selbständige Glieder erscheinen. Gerade in dieser Eigenthümlichkeit aber liegt die vollkommene Uebereinstimmung mit den Heubacterien, wie denn in der That die Involutionsformen beider Pilze wesentlich den gleichen Typus wiederholen. Zieht man hierzu in Betracht, dass auch die Fortpflanzung, die Bildung der Sporen, wie F. Cohn zuerst gezeigt hat, bei beiden Pilzen genau in gleicher Weise erfolgt, so kann nur ausgesprochen werden, dass der morphologische Charakter der Heu- und Milzbrandbacterien vollständig als der nämliche zu betrachten ist.

Gegenüber diesen morphologisch übereinstimmenden Spaltpilzen möchte ich zum Vergleich eine weitere, bisher noch wenig bekannte und untersuchte Form hier anführen, bei der ich jedoch — was meines Erachtens bei jedem neu zu beschreibenden Spaltpilze die Hauptsache ist — die Art der Gewinnung und Reincultivirung genau anzugeben vermag. Est ist dies die, in morphologischer Beziehung sehr interessante, von A. Fitz[1]) zuerst aufgefundene und beschriebene Bacterie, welche das Glycerin zu Aethylalkohol zu vergären vermag.

1) Alb. Fitz: Ueber Schizomyceten-Gärungen III. Berichte der Deutschen Chemischen Gesellschaft Bd. 9 (1878) S. 49.

Die Gewinnungsart, deren ich mich bediene, ist folgende. Heuaufguss bleibt ungekocht im Zimmer stehen; nach einigen Tagen entwickelt sich eine Decke, welche verschiedene Spaltpilzformen, darunter aber auch sehr zahlreich die Fitz'sche Bacterie enthält. Uebertragung einer kleinen Menge dieser Decke in sterilisirte Lösung von 2 % Fleischextract mit 5 % Glycerin unter Zusatz von etwa 10 % kohlensauren Kalkes (zur Neutralisation der bei der Gärung entstehenden Säuren) ruft bei 36°C. lebhafte Gärung hervor, bei welcher sich Aethylalkohol entwickelt. Mehrfach fortgesetzte Uebertragung in gleiche, sterilisirte Nährlösung führt, wie weiter unten ausführlich besprochen werden soll, zur Reincultivirung. Der Aethylalkohol ist durch den Geruch deutlich zu erkennen. Ausserdem wurde derselbe in vielen mit dieser Bacterie inficirten Gärungsflüssigkeiten im Laboratorium des Herrn Prof. Erlenmeyer durch meinen Bruder quantitativ bestimmt.

Fig. 10.

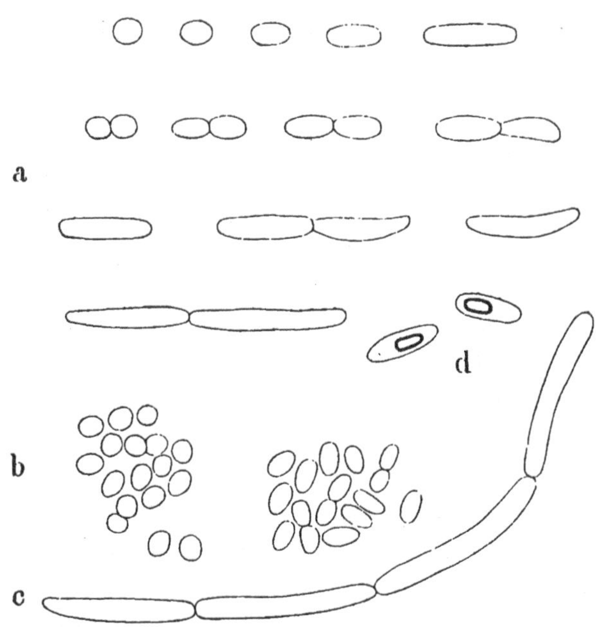

Diese Formen gehören sämmtlich der Glycerin-Aethylbacterie an. 4000 ×.

a, b, c aus einer lebhaft gärenden Lösung von 2% Fleischextract und 5% Glycerin, mit Zusatz von kohlensaurem Kalk. Breite der Bacterien, und zwar der kürzesten wie der längsten Stücke: 1,0 μ. Längsdurchmesser der kürzesten Stücke 1,2 μ. Diese kürzesten Stücke nähern sich daher ziemlich der Kugelform. Die längeren Stücke, d. h. die Stäbchen lassen, wie die Abbildung zeigt, jene Vorliebe für streng geradlinige Ausbildung, welche die Heubacterien auszeichnet, nicht erkennen.. Im Gegentheil sind hier streng cylindrische Formen selten, namentlich Verbiegungen der Enden derselben aber häufig.

d Dieselben Bacterien in 0,5% Fleischextractlösung. Es zeigt sich hier Neigung zur Spindelform. Sporenbildung, ganz ähnlich wie bei den Heubacterien. Die Sporen sind von denen der letzteren auf keine Weise zu unterscheiden.

Die erste Frage ist nun, auf welche Gründe hin die unter a, b und c abgebildeten Formen von mir als zusammengehörig betrachtet werden dürfen? Hierfür kann selbstverständlich der Umstand noch nicht als Beweis betrachtet werden, dass alle diese Formen, die kürzesten (b) wie die längsten (c), sowie auch alle dazwischen liegenden, in der Abbildung wiedergegebenen Uebergangsformen regelmässig in der nämlichen Cultur angetroffen werden. Ebenso wenig kann es als genügender Grund gelten, dass alle diese Formen den gleichen Breitedurchmesser zeigen und ferner in ihren optischen Eigenschaften, in der besonderen Zartheit der Contour und der eigenthümlich feinkörnigen Beschaffenheit des Inhalts übereinstimmen. Obwohl in Folge dieser Verhältnisse der Eindruck des mikroskopischen Bildes ganz entschiedeu zu Gunsten der Zusammengehörigkeit spricht, so ist bei der Wichtigkeit der Sache doch ein directer Beweis durchaus erforderlich. Dieser Beweis kann nun bloss auf experimentellem Wege geführt werden.

1. Bei einem so lebhaften Gärungsprocess, wie es diese Aethylgärung des Glycerins ist, die nach 24 Stunden stets schon ihren Höhepunkt erreicht hat, ist es so gut als undenkbar, dass zwei oder mehrere verschiedenartige Pilze sich mit genau der gleichen Intensität daran betheiligen sollten. Nothwendig müssten daher bei oftmals fortgesetzter Uebertragung der Gärungspilze in neue sterilisirte Glycerinlösungen diejenigen Formen, welche sich langsamer vermehren, überflügelt und schliesslich verdrängt werden. Nothwendig müssten bei fortgesetzter Züchtung entweder die mehr kugligen Formen oder die Stäbchen und Fäden in der Cultur über-

wiegen und endlich allein verbleiben. Diese Folgerung ist absolut unleugbar.

Sehen wir nun aber, wie sich die Sache in Wirklichkeit verhält, so zeigt sich, dass im Gegentheil auch bei sehr lange fortgesetzten Züchtungen der mikroskopische Befund immer ganz der gleiche bleibt und immer alle die oben abgebildeten Formen gleichzeitig neben einander in der Cultur erscheinen. Daraus geht also schon hervor, dass die kugelartigen und die Stäbchen-Formen unmöglich ihrer inneren Natur nach verschieden sein können.

2. Wenn die kurzen Stücke und die Stäbchen etwas Verschiedenartiges wären, dann müsste bei Aussaat mit isolirtem Pilzmaterial, wobei in jedes Züchtungsglas nur ein einziger Pilz verbracht wird, der Erfolg nothwendig ein verschiedenartiger werden. Es müsste in einer gewissen Anzahl von Fällen die kuglige Form, in einer anderen Anzahl die Stäbchenform ausschliesslich zur Entwickelung gelangen.

Um zu prüfen, ob dies der Fall sei, nahm ich 34 sterilisirte Züchtungsgläser mit je 20 ccm Fleischextractlösung. In das erste derselben wurden 5 cmm pilzhaltiger Gärungsflüssigkeit übertragen und tüchtig umgeschüttelt. Es gab dies eine 4000fache Verdünnung. Von dieser ersten Verdünnung sofort wiederum 5 cmm in ein zweites Fleischextractglas übertragen gab nochmals 4000fache, im Ganzen also 16millionenfache Verdünnung. Mit dieser letzteren Verdünnung wurden nun die übrigen 32 Fleischextractgläser inficirt und hierauf in den Thermostaten verbracht. Nach 2 Tagen zeigten sich 18 davon hell und unverändert; sie hatten überhaupt keine Pilze erhalten. Die übrigen 14 zeigten eine entwickelte Vegetation, welche nach Ausweis der mikroskopischen Untersuchung bei jedem derselben aus Glycerin-Aethylbacterien bestand. Die Rückübertragung aus diesen 14 Gläsern in sterilisirte Glycerinlösung ergab raschen und gleichmässigen Eintritt der Gärung, wiederum jedoch alle jene in der Abbildung dargestellten Formen gleichzeitig in jeder dieser Culturen. Da hier in Anbetracht der 18 negativen Fälle ganz gewiss nur einzelne Pilze übertragen wurden, so hätte eine Scheidung zwischen den kugligen und stäbchenförmigen Pilzen mit Nothwendigkeit eintreten müssen. Dass dieselbe nicht eintrat, beweist mit vollkommener Sicherheit, dass diese Formen zusammengehören, ein Resultat, das nach allen übrigen Umständen und besonders auch, wie erwähnt, nach dem Eindruck des mikroskopischen Bildes durchaus zu erwarten war.

Somit kann nicht der mindeste Zweifel darüber bestehen, dass diese Glycerin-Aethylbacterie einen neuen morphologischen Typus für die Spaltpilze darstellt, der geeignet ist, die bisherigen Grundlagen der Classification dieser Pilze umzustossen. Ohne auf diese Verhältnisse für jetzt näher einzutreten, möchte ich bloss hervorheben, dass die Formgattung „Bacillus", mit deren Aufstellung ich wegen der irrthümlichen Voraussetzung cylindrischer Zellen mich niemals einverstanden erklären konnte, nunmehr entschieden fallen gelassen werden muss. Denn nachdem die Glycerin-Aethylbacterie nach Art der Heubacterien Sporen bildet und in langen gegliederten Fäden auftritt, so existiren keinerlei eigenthümliche Merkmale mehr, welche für die Charakterisirung von „Bacillus" in Anspruch genommen werden könnten. Es bleibt daher vorläufig keine andere Möglichkeit, als die Ehrenberg'sche Gattungsbezeichnung „Bacterium" für alle diese Gebilde beizubehalten.

Desinfection von Kleidern und Effecten, an denen Milzbrandcontagium haftet.[1])

Von

Dr. Hans Buchner.

Desinfectionsversuche an Krankheitscontagien haben nur dann praktische Bedeutung, wenn die angewendete Verfahrungsweise auch im Grossen und ohne Schaden für diejenigen Gegenstände, welche der Desinfection unterworfen werden sollen, durchgeführt werden kann. Von diesem Gesichtspunkte aus sind die nachfolgenden Versuche mit dem Contagium des Milzbrandes angestellt, das wegen der näheren Kenntniss, die wir über seine Natur besitzen, und wegen der Sicherheit des Thierversuchs zu derartigen Studien vorläufig am meisten geeignet erscheint.

Der Infectionsstoff wurde bei diesen Experimenten in trockener Form angewendet, weil er in diesem Zustande an Kleidern und Effecten zu haften pflegt, und weil er auch so den Desinfectionsmitteln stärkeren Widerstand leistet als im feuchten Zustande, wie dies aus Versuchen, die unten mitgetheilt werden, klar hervorgeht.

Das Milzbrandcontagium, d. h. der Pilz, welcher dasselbe bildet, zeigt bekanntlich zwei Vegetationszustände: die Stäbchen oder Bacterien, welche die Periode der Vermehrung des Pilzes charakterisiren, und die Sporen, welche dem Ruhezustande entsprechen. Beide Zustände verhalten sich bei der Austrocknung

1) Die hier mitgetheilten Versuche wurden vor 3 Jahren anlässlich der damals drohenden Pestgefahr ausgeführt und das Manuscript niedergeschrieben. Eine im Zusammenhange damit unternommene grössere Arbeit blieb jedoch unvollendet, nachdem der unmittelbar treibende Anlass, eben jene Gefahr, sich verloren hatte. Das allgemein praktische Interesse, welches sich an obige Versuche knüpft, veranlasst mich, dieselben jetzt für sich zu publiciren.

ungleich, indem nur die Sporen eine stärkere Austrocknung ohne Nachtheil für ihre infectiöse Wirksamkeit ertragen. Aber auch stäbchenhaltige Substanzen können beim Austrocknen infectiös bleiben, wenn denselben solche Stoffe beigemischt sind, die einen höheren Grad von Wasserverlust verhindern, wie dies bei manchen colloiden Körpern der Fall ist.

Es wurden deshalb zweierlei Pilzflüssigkeiten hergestellt, von denen die eine nur Milzbrandsporen, die andere nur Milzbrandstäbchen und zugleich Gummischleim enthielt. Mit beiden Flüssigkeiten wurden Leinenbändchen von 0,6^{cm} Breite möglichst gleichmässig imprägnirt und diese dann bei gewöhnlicher Temperatur getrocknet. Stücke von 1^{cm} Länge unter die Haut von weissen Mäusen gebracht hatten bei dem Sporen- und Stäbchenband gleichmässig, jedesmal in 1—3 Tagen, den Tod dieser Thiere an ausgesprochenem Milzbrand zur Folge. Die Bändchen (resp. der daran angetrocknete Infectionsstoff) waren somit zu Beginn der Desinfectionsversuche vollständig wirksam; sie waren dies ebenso, wie weitere Controlimpfungen mit den übrig gebliebenen Resten der Bändchen ergaben, auch nach Beendigung dieser Desinfectionsversuche.

Zunächst sollte nun das, namentlich in neuerer Zeit empfohlene und angewendete, Desinfectionsverfahren mit schwefliger Säure geprüft werden. Es wurden hierzu inmitten grösserer Cylindergläser Stücke des Sporen- und Stäbchenbandes freischwebend befestigt, alsdann ein Quantum Schwefelblumen in diesen bereits bedeckten Gläsern verbrannt und die Gläser unmittelbar nach der Verbrennung vollkommen luftdicht verschlossen. Die Menge des verbrannten Schwefels wurde durch spätere Wägung bestimmt. Die Berechnung ergab, dass im ersten Glase 25^{g}, im zweiten 29^{g}, im dritten 100^{g} Schwefel auf 1^{cbm} Luft verbrannt worden waren. Von diesen drei Gläsern wurde das erste nach 1, das zweite nach 3, das dritte nach 17 Tagen geöffnet, die Bändchen wurden herausgenommen, einige Zeit im Zimmer liegen gelassen, damit die schweflige Säure sich entfernen konnte, und dann Stücke von je 2^{cm} Länge, also die doppelte Menge gegenüber den Vorversuchen, von jedem Stäbchen- und Sporenband zur Infection von je 2 weissen Mäusen verwendet, so dass im Ganzen 12 Impfungen gemacht wurden. Das Resultat derselben ist aus folgender Uebersicht zu ersehen.

Verbrannter Schwefel auf 1^{cbm} Luft	Dauer der Einwirkung der schwefligen Säure	Impfungsresultate	
		Stäbchen	Sporen
25^{g}	1 Tag	Milzbrand nach 2—3 Tagen	Milzbrand nach 2—3 Tagen
29^{g}	3 Tage	Milzbrand nach 2—3 Tagen	Milzbrand nach 2 Tagen
100^{g}	17 Tage	Milzbrand nach 5—6 Tagen	ohne Wirkung

Man kann also sicher sagen, dass bei dem Milzbrandcontagium, wenn es unter Verhältnissen eingetrocknet ist, welche zu seiner Conservirung günstig sind, die Einwirkung der gasförmigen schwefligen Säure in einer Menge von 29^{g} verbrannten Schwefels pro Cbm. und während der Dauer von 3 Tagen ohne merkbare Wirksamkeit bleibt, und dass daher die früher empfohlene 6stündige Einwirkung von 15^{g} auf den Cbm. Luft verbrannten Schwefels mit Rücksicht auf dieses Contagium als bei weitem ungenügend erachtet werden muss.

Eine merkliche Einwirkung der Schwefelung zeigt sich erst bei dem 3. Versuche, bei welchem 100^{g} Schwefel auf 1^{cbm} Luft verbrannt und die Bändchen 17 Tage lang der schwefligen Säure ausgesetzt worden waren. Das Stäbchenband erwies sich hier in seiner Wirksamkeit bedeutend vermindert, insofern als erst am 5. und 6. Tage nach den Impfungen der Tod an Milzbrand erfolgte. Das Sporenband aber war sogar völlig unwirksam geworden, so dass die damit geimpften Mäuse am Leben blieben. Dieser Unterschied ist jedenfalls darin begründet, dass die Stäbchen, wie erwähnt, mit Gummischleim angetrocknet und daher mit einer schützenden Hülle überzogen waren, welche die Einwirkung eines gasförmigen Desinfectionsmittels erheblich schwächen und verlangsamen musste. Darin kann aber nicht etwa ein Nachtheil oder eine Ungenauigkeit des Versuchs gefunden werden. Vielmehr ist es in praktischem Interesse gerade von grosser Wichtigkeit zu wissen, inwieweit

Einhüllungen, etwa von Schleim oder Eiter, den Infectionsstoff vor der Einwirkung von Desinfectionsmitteln zu schützen im Stande sind.

Mit 100g Schwefel pro Cbm. Luft und einer 2—3wöchentlichen Einwirkung ist somit die Grenze erreicht, wo sich eine mehr oder weniger vollständige Desinfection des Milzbrandcontagiums erwarten lässt. Es erscheint einleuchtend, dass dieser Anforderung in der Praxis niemals Rechnung getragen werden kann, weil die Zeitdauer eine viel zu lange ist. Ueberhaupt aber zeigt sich, dass die Anwendung gasförmiger Mittel zu Desinfectionszwecken nicht zu empfehlen ist, weil die Wirksamkeit von Gasen stets davon abhängt, ob der angetrocknete Infectionsstoff von keinen allzugut schützenden Hüllen umgeben ist, und weil in Folge dessen das Resultat immer ein unsicheres wäre.

Wir kennen, abgesehen von der grossen Zahl von Desinfectionsmitteln, welche in Lösung wirken und deshalb im gegenwärtigen Falle wegen der schädlichen Nebenwirkung auf die der Desinfection unterliegenden Gegenstände unverwendbar sind, nur noch die Wärme als ein hier in Betracht kommendes Agens.

Bei der Wärme ist es selbstverständlich gleichgültig, ob und welche Hüllen den Infectionsstoff umgeben. Hier ist nur auf eines zu achten, und dies ist der Wassergehalt, einmal der Substanz, welche erwärmt wird, und dann des Luftraumes, in welchem sich dieselbe befindet. Denn es ist aus zahlreichen chemischen und physiologischen Erfahrungen wohlbekannt, dass feuchte Wärme bedeutend stärkere Veränderungen an den Substanzen hervorbringt als trockene Wärme vom selben Grade.

Die beiden extremen Fälle bestehen also darin, dass man einmal prüft, wie viel Wärme und in welcher Dauer genügt, um das Milzbrandcontagium in einer Flüssigkeit zu desinficiren, und dass man alsdann die gleiche Bestimmung ausführt für den Fall, dass das Contagium wie in den obigen Versuchen an Bändchen angetrocknet ist und in einer Luft von dem gewöhnlichen geringen Feuchtigkeitsgehalte sich befindet.

Zunächst wurden in ersterer Richtung Versuche angestellt, indem die Pilze des Milzbrandes, und zwar Stäbchen und Sporen in vergleichender Weise, in neutralen oder schwach alkalischen

Lösungen von 0,5% Fleischextract der Erwärmung unterworfen wurden. Dabei fand sich übrigens, dass zwischen den beiden Vegetationsformen hinsichtlich der Widerstandsfähigkeit gegen die Wärme ein wesentlicher Unterschied nicht bestand.

Eine Temperatur von 75—80° C. in der Dauer von 1½ Stunden liess die Wirksamkeit des Contagiums ungeändert[1]). Temperatur von 90° dagegen zeigte einen rasch vermindernden Einfluss auf dieselbe. Schon nach 20 Minuten langer Einwirkung derselben blieben die Impfungen mit der gleichen Menge, welche vor der Erwärmung sicher Milzbrand bewirkt hatte, ohne Erfolg. Bei einstündiger Einwirkung von 90° C. in der genannten Lösung finden sich die Pilze bereits getödtet, wie aus dem negativen Ausfall weiterer Uebertragungen derselben in frische Nährlösung hervorgeht; es ist daher begreiflich, dass zu dieser Zeit die Infectionsversuche selbst mit den grössten Pilzmengen erfolglos bleiben.

Es wurde nun zu den Infectionsversuchen mit trockener Wärme übergegangen, bei denen die früher benutzten, mit Sporen- und (Gummi-) Stäbchen- Flüssigkeit imprägnirten Bändchen zur Anwendung kamen.

Eine Reihe von Versuchen zeigte, dass man hier keineswegs, wie zum voraus befürchtet worden war, zu sehr hohen Hitzegraden und langdauernder Einwirkung greifen müsse. Vielmehr genügte schon die geringste Einwirkung, die überhaupt zur Anwendung kam, nämlich eine Erwärmung von 110° während 2½ Stunden in einem mit Ventilation versehenen Trockenkasten, vollständig, um Sporen und Stäbchen unwirksam zu machen. Auf Grund dessen liess sich hoffen, dass selbst die Temperatur des kochenden Wassers zum angestrebten Zwecke sich hinreichend erweisen würde.

Es wurde zu diesen Versuchen der im Laboratorium vorhandene grössere Dampfkessel benutzt. Dem Dampf wurde durch eine enge Oeffnung im Deckel des Kessels freier Abzug verstattet, so dass die Temperatur des kochenden Wassers (etwa 98° C. auf der Höhe von München) im Kesselraum constant erhalten blieb. Durch eine zweite Durchbohrung im Deckel wurde ein Glasrohr vertical in

1) Diese Thatsache ist bezüglich mancher Fälle von Uebertragung des Milzbrandes durch mangelhaft gekochtes Fleisch beachtenswerth.

den Kessel geschoben, welches am unteren Ende zugeschmolzen war, am oberen Ende aber, das ausserhalb des Kessels blieb, offen mündete. Diese Röhre ragte 40 ^{cm} in das Innere des Kessels, und ihr blindes Ende befand sich ganz nahe der kochenden Wasserfläche. Nach längerer Heizung des Kessels wurden nun kurze Abschnitte der (trockenen) Bändchen von aussen in die (nur 6 ^{mm} weite) Glasröhre 40 ^{cm} tief in das Innere des Kessels bis zu dem blinden Ende der Röhre eingeschoben, das äussere Ende der Röhre aber mit Watte verschlossen. Es ist sicher, dass auf diese Weise den Bändchen in kurzer Zeit die Temperatur des kochenden Wassers mitgetheilt wurde.

Nach 2, 3 und 4 Stunden wurden die Bändchen herausgenommen und Abschnitte derselben, die wiederum doppelt so lang waren als diejenigen, die vor der Ewärmung sicher Milzbrand bewirkt hatten, zu Impfungen verwendet. Das Resultat war, dass bei 2 Stunden sämmtliche Impfungen, bei 3 Stunden die Hälfte derselben, bei 4 Stunden gar keine mehr positives Resultat ergaben, d. h. Milzbrand bewirkten.

Da nun bei praktischer Durchführung eines Desinfectionsverfahrens die Temperatur des kochenden Wassers verhältnissmässig leicht hergestellt resp. den bezüglichen Effecten mitgetheilt und constant erhalten werden kann, da ferner eine 4—6 Stunden dauernde Einwirkung dieser Temperatur den Kleidern u. s. w. weniger Nachtheil bringen dürfte als eine geringere Erwärmung bei stark feuchter Luft, so erscheint mit diesen Resultaten die vorgesteckte Aufgabe, ein praktisch verwerthbares Desinfectionsverfahren für Kleider etc. ausfindig zu machen, im Principe gelöst.

Sache des Technikers ist es nun anzugeben, auf welche Weise am einfachsten einem grösseren Raume die Siedetemperatur ertheilt werden kann. Ausserdem aber müssen Versuche in grösserem Maassstabe darüber aufklären, in welcher Zeit in den einzelnen Abschnitten eines grösseren Raumes die Siedetemperatur von den Gegenständen, welche man zur Desinfection hineinbringt, erreicht wird. Erst darauf hin könnte eine praktische Anleitung zur Ausübung eines solchen Decinfectionsverfahrens entworfen werden.

Kritisches und Experimentelles über die Frage der Constanz der pathogenen Spaltpilze.

Von

Dr. Hans Buchner.

Vielleicht die wichtigste Frage, welche gegenwärtig die wissenschaftliche Medicin beschäftigt, ist diejenige nach dem Ursprung der Infectionsstoffe — oder, schärfer ausgedrückt, nach dem Herkommen der parasitären Organismen, welche die Ursache der infectiösen Vorgänge bilden. Zweierlei Möglichkeiten sind da gegeben. Entweder sind diese Organismen Wesen, unveränderlich nach Form und Wirkung unter allen möglichen äusseren Bedingungen ihrer Existenz — alsdann müssen dieselben auch ausserhalb des Körpers mit allen ihren Eigenschaften angetroffen werden, da sie ja stets von aussen in den Menschen eindringen. Oder es sind Anpassungsformen an und für sich nicht infectiöser Organismen — alsdann müssen ausserhalb des Menschen in der Natur die natürlichen Stammformen derselben angetroffen werden. Der Unterschied beider Möglichkeiten tritt deutlich hervor, wenn wir einen Augenblick annehmen, dass es ausführbar sei, alle Infectionsorganismen einer bestimmten Krankheitsform z. B. alle Cholerapilze, die in einem gegebenen Augenblick auf der Erde vorhanden sind, mit einem Male zu vernichten. Alsdann müsste nach der ersten Annahme die Cholera von da an vollständig und für immer erloschen sein, während nach der zweiten Vorstellung die Erzeugung von Cholera an den endemischen Stätten dieser Seuche nach wie vor ihren Fortgang nehmen würde.

Diese praktisch wie theoretisch gleich wichtige Frage kann durch allgemeine Erwägungen zwar geklärt, aber nicht gelöst werden. Eine endgültige Entscheidung ist vielmehr nur durch exacte Versuche im Einzelnen zu erlangen, und deshalb habe ich das Studium jener Frage an den zugänglichsten von allen infectiösen Spaltpilzen, an den Milzbrandbacterien, experimentell in Angriff genommen. Das Resultat dieser Untersuchungen ist, dass ich die Frage der Constanz für diese Pilze verneinen, dieselben vielmehr mit Bestimmtheit als die Anpassungsform eines an und für sich nicht infectiösen Spaltpilzes erklären muss.

Damit ist zum ersten Male eine thatsächliche Erkenntniss in diesem bisher so dunklen Gebiete gewonnen, welche die Lücke, die zwischen pathologischer und epidemiologischer Erfahrung und unseren positiven Kenntnissen über die infectiösen Spaltpilzformen bestand, auszufüllen im Stande ist, und welche deshalb einen wichtigen Fortschritt in sich schliesst. Um so mehr muss auf der Anerkennung dieser Thatsache bestanden werden. Gegentheilige Aeusserungen sind nun aber nicht ausgeblieben. Am weitesten geht in dieser Hinsicht die Kritik, welche Robert Koch gegen meine Untersuchungen gerichtet hat, und welche im 1. Band der „Mittheilungen aus dem Kaiserlichen Gesundheitsamte" enthalten ist[1]). Koch und seine Mitarbeiter stehen nach wie vor auf dem Standpunkt der Constanz der pathogenen Spaltpilze, und mit Entschiedenheit wird es ausgesprochen, dass an der Unveränderlichkeit derselben nach Form und Wirkung festzuhalten sei.

Diesem Einspruche, welcher sich wesentlich auf den Umstand stützt, dass die Thatsache der Umwandlung der Milzbrandbacterien in unschädliche Bacterien allerdings nicht so leicht zu demonstriren ist, wie etwa ein mikroskopisches Präparat, vermag ich eine maassgebende Bedeutung durchaus nicht zuzuerkennen, und zwar aus folgenden Gründen. Einmal hat Koch meine Versuche nicht wiederholt und nachgeprüft. Koch hat zwar einige Versuche in ähnlicher Richtung ausgeführt, aber, wie sich bei der nachfolgenden Besprechung zeigen wird, mit ganz andern Bedingungen, so dass nothwendig ein anderes Resultat erreicht werden musste. Hunderte von Versuchen und jahrelange Studien können aber nicht durch einige wenige unter anderen Bedingungen ausgeführte Experimente widerlegt werden. Koch vermöchte seine Kritik daher nur auf eine Bemängelung meiner Methoden zu begründen. Die eingehende Besprechung wird jedoch zweitens nachweisen, dass gerade Koch's Aeusserungen über die von mir angewendete Methodik der Pilzzüchtungen eine grosse Schwäche seinerseits in dieser Beziehung verrathen. Drittens aber verliert Koch's Kritik dadurch ihre Bedeutung, dass dieselbe an den wesentlichsten Punkten die von mir gemachten entscheidenden Angaben nicht berücksichtigt, sondern mit Ausserachtlassung derselben argumentirt, weshalb eine ganze Reihe seiner Einwände durch den Text meiner Untersuchung selbst bereits widerlegt ist.

Angesichts dieser Verhältnisse könnte ich mich bei der Besprechung der Koch'schen Kritik kurz fassen. Jede gründliche und sachgemässe Untersuchung über den vorliegenden Gegenstand wird die Inconstanz der Milzbrandbacterien beweisen. Wenn ich mich trotzdem entschlossen habe, die Koch'schen Einwände zum Anlass eingehender Erörterungen zu

1) S. 68—74.

nehmen, so geschah dies weniger zur Vertheidigung der angefochtenen Thatsachen, als vielmehr deshalb, weil in diesen Einwänden Dinge von Wichtigkeit für die Pilzforschung in einseitiger und unrichtiger Weise dargelegt werden. Wenn die Erforschung der pathogenen Spaltpilze über den blossen Nachweis derselben in den Geweben hinausgehen soll, wenn die näheren Eigenschaften der Pilze und insbesondere deren Wirkungsweise aufgeklärt werden sollen, dann bedürfen wir in verschiedenen Richtungen anderer Grundlagen für unsere Studien, als sie von Koch gekannt und anerkannt sind.

Zu dieser Schlussfolgerung wird die Besprechung der einzelnen Einwände, in welche hier Koch's Kritik dem Sinne nach eingetheilt wurde, mit überzeugender Deutlichkeit hinführen.

I. Einwand[1]). Der erste und zweite Einwand beschäftigen sich nicht mit dem materiellen Inhalt meiner Untersuchungen, sondern mit Fragen der Auffassung und Behandlung des Gegenstandes. Die erste Bemerkung Koch's besteht darin, dass er meine Arbeit als eine „Tendenzarbeit" bezeichnet, weil dieselbe einer „vorgefassten Meinung" zulieb unternommen worden sei.

Hierauf habe ich zu erwidern, dass der Einwand der „vorgefassten Meinung" gegen die allermeisten experimentellen Untersuchungen erhoben werden kann. Denn neue Thatsachen werden nur selten ohne bestimmte Vorstellung von dem, was zu suchen ist, sie werden nur selten zufällig gefunden. Dies liegt offenbar in der Natur der Sache, und unnöthig dürfte es sein, hierfür Belege anzuführen. Was aber im Besonderen meine Untersuchungen betrifft, so ist es sicher, dass ich ohne die Ueberzeugung von der Wahrscheinlichkeit der gemachten Voraussetzung nie zu meinen Resultaten gelangt wäre. Denn es erfordert ziemliches Vertrauen auf eine Idee, wenn trotz so mancher Misserfolge Wochen, Monate und halbe Jahre hindurch Versuchsreihen immer in der gleichen Richtung fortgeführt werden sollen. Solche fortgesetzte Versuche und fortlaufende Züchtungen waren aber durchaus nöthig, wenn ein wirklicher Beweis geliefert werden sollte, der über die blosse Wahrscheinlichkeit hinausging. Ich möchte wohl wissen, wie es Koch überhaupt für möglich hält, dass man diesen Beweis im vorliegenden Falle ohne „vorgefasste Meinung" hätte erbringen können?

Dem gegenüber wäre die Sache allerdings ausserordentlich vereinfacht worden, wenn die „vorgefasste Meinung" mich verleitet hätte, „die Dinge nicht mehr wie sie sind", sondern im Lichte eben dieser „vorgefassten Meinung" zu betrachten. Dann hätte ich nicht nöthig gehabt, so viele Vorversuche zur Orientirung zu machen und schliesslich ein halbes Jahr

1) Mittheilungen aus dem K. Gesundheitsamte S. 68.

lang zu züchten. Denn die Heubacterien, die ich erzielen wollte, waren stets zur Hand, und es bedurfte nur der ungenügenden Desinfection eines Apparates, um sie erscheinen zu lassen.

II. Einwand, betreffend die Systematik der Spaltpilze[1]). Die wichtigste Aeusserung Koch's lautet:

> „Buchner spricht in seiner Arbeit nur von Heubacillen und Milzbrandbacillen. Für ihn existiren offenbar nur diese beiden, wie er sagt, morphologisch gleichen, physiologisch aber ungleichen Bacillen. Die Heubacillen repräsentiren also die unschädlichen, die Milzbrandbacillen die pathogenen Bacillen."

Hier ist zunächst zu bemerken, dass ich genau genommen in meiner Arbeit weder von „Heubacillen" noch von „Milzbrandbacillen", sondern von „Heubacterien" und „Milzbrandbacterien" spreche, und zwar aus dem Grunde, weil ich die Aufstellung einer selbständigen Formgattung „Bacillus" gegenüber der älteren „Bacterium" nach meinen Erfahrungen über die Morphologie der Spaltpilze nicht als gerechtfertigt ansehen kann[2]). Doch dies nur beiläufig, und nur zur Erklärung dafür, dass ich stets von „Bacterien" spreche, während Koch den grössten Theil der dahin gehörigen Formen als „Bacillen" bezeichnet.

Was nun den Einwand selbst betrifft, so muss ich sagen, dass ich eine derartige Aeusserung von Koch nicht erwartet hätte. Denn es wird mir hier eine Meinung untergeschoben, die ganz und gar unmöglich und so widersinnig ist, dass sie selbst einem Anfänger in der Pilzforschung nicht verziehen werden könnte. Zu einem derartigen Verfahren habe ich durchaus keinen Anlass gegeben; im Gegentheil geht aus meiner Arbeit klar hervor, dass ich eifriger bestrebt war, die verschiedenartigen Bacterien zu trennen, als irgend einer meiner Vorgänger. Als wichtigste Angabe wurde zunächst vorangestellt, dass ich die Heubacterien „von den übrigen im Heu vorkommenden Schizomyceten" durch Kochen des Aufgusses getrennt und auf diese Weise reincultivirt habe. Alsdann wurden die Heu- und Milzbrandbacterien in morphologischer und besonders in chemischer Hinsicht auf das genaueste charakterisirt und deren unterscheidende Eigenthümlichkeiten gegenüber anderen Bacterien hervorgehoben. Insbesondere wurde gezeigt, dass die Zersetzungswirkung dieser Bacterien eine andere ist als diejenige der Fäulnissbacterien; ferner, dass dieselben den Milchzucker nicht vergären, während doch die Milchsäurebacterien und verschiedene andere Bacterien dieses Vermögen der Gärung besitzen. Dann wurde hervorgehoben, dass Heu- und Milzbrand-

1) Mittheilungen aus dem K. Gesundheitsamte S. 69.

2) Die Gründe hierfür finden sich in der vorausgehenden Mittheilung über die Morphologie der Spaltpilze.

bacterien exquisit sauerstoffbedürftige Pilze sind, während eine ganze Reihe anderer Bacterien des freien Sauerstoffs zum Leben nicht bedarf. Auf diese Eigenschaft der Sauerstoffbedürftigkeit wurde aber wiederholt hingewiesen, und sogar eine Erklärung der besonderen pathologisch-physiologischen Verhältnisse beim Milzbrand darauf begründet, durch welche derselbe gegenüber anderen Bacterienkrankheiten charakterisirt ist. Endlich wurde nachgewiesen, dass Heu- und Milzbrandbacterien von einfacheren Verbindungen z. B. von weinsaurem Ammoniak sich nicht ernähren können, was ebenfalls charakteristisch ist, da verschiedene andere Bacterien hierzu befähigt sind.

Somit muss in der That behauptet werden, dass ich, im directen Gegensatze zu Koch's Anschuldigung, Milzbrand- und Heubacterien so genau charakterisirt und deren unterscheidende Merkmale gegenüber anderen Bacterienformen so bestimmt hervorgehoben habe, wie dies bei keinem einzigen Spaltpilze bisher nur entfernt geleistet worden ist. Dem gegenüber nimmt es sich gewiss seltsam aus, wenn Koch seine Anschuldigung bloss auf den Umstand begründet, dass ich in meiner Arbeit keine andere Bacterienform mit Namen genannt habe. Man sollte glauben, dass ein Kritiker, dem es nur um die Sache zu thun ist, sich vor allem an den Sinn der gemachten Darlegungen halten werde, nicht aber an rein zufällige und äusserliche Momente.

Einen weiteren Angriff gegen meine angeblichen Vorstellungen bezüglich der verschiedenartigen Bacterien erhebt Koch dadurch, dass er mich als einen „Anhänger Nägeli's" bezeichnet. Die Stelle lautet:

> „Für denjenigen, der keine verschiedenen Arten von Bacillen anerkennt, wie es ein Anhänger Nägeli's auch gar nicht anders kann, muss obiger Satz auch in der umgekehrten Form seine Geltung haben, nämlich, dass alle nicht-pathogenen Bacillen in die Kategorie der Heubacillen und die pathogenen in die Kategorie der Milzbrandbacillen gehören."

Hierauf habe ich zu erwidern, dass nicht einzusehen ist, weshalb im Sinne der Anschauungen Nägeli's keine verschiedenen Arten von Bacterien anerkannt werden könnten. Koch scheint aus der Lektüre des Nägeli'schen Werkes eine ebenso unrichtige Vorstellung über dessen Inhalt zurückbehalten zu haben und auf Grund dieser mangelhaften Erinnerung ebenso irrthümlich zu folgern, wie er dies bei meiner Arbeit thut. Denn wenn wir die Meinung Nägeli's aus dessen „Niederen Pilzen" entnehmen, so zeigt sich, dass dieselbe eine ganz andere ist, als sie von Koch hier angenommen wird.

Einmal erklärt Nägeli an derjenigen Stelle, wo überhaupt die Systematik der niedern Pilze besprochen wird (S. 22), es ausdrücklich für unwahrscheinlich, „dass alle Spaltpilze eine einzige naturhistorische

Art darstellen". Zweitens aber, und dies ist die Hauptsache, wird von Nägeli in seinem Buche an den verschiedensten Stellen klar genug auseinandergesetzt, wie nach seiner Anschauung ein und dieselbe Species im Laufe vieler Generationen unter differenten Ernährungsverhältnissen verschiedenartige Anpassungen mit Ausbildung verschiedenartiger morphologischer und physiologischer Merkmale und mit geringerer oder grösserer Constanz derselben erlangen kann, wodurch diese Anpassungsformen selbstverständlich als morphologisch und physiologisch verschiedene Pilzformen sich darstellen.

Hieraus geht deutlich genug hervor, dass auch unter Zugrundelegung der Auffassung Nägeli's sehr wohl verschiedenartige Bacterien anerkannt werden können, da ja Nägeli selbst auseinandersetzt, auf welche Weise nach seiner Anschauung verschiedenartige Spaltpilzformen sich auszubilden vermögen.

Man könnte nun vielleicht glauben, dass Koch nicht ohne Absicht gesagt habe: „Arten von Bacillen", und dass in der Anerkennung verschiedener Arten oder Species der Kernpunkt der Frage gelegen sei. Allein dies ist ebenfalls nicht der Fall. Im Gegentheil sagt Koch ausdrücklich (einige Zeilen später): „Form, Varietät, Art — auf den Namen kommt es durchaus nicht an." Da somit auch diese Möglichkeit ausgeschlossen ist, so ergibt sich unwiderleglich, dass dieser Angriff gegen die Theorie Nägeli's ganz und gar auf einem Irrthume beruht. Denn Nägeli hält sich, wie alle wissenschaftlichen Botaniker oder Zoologen, an den Begriff, der mit jenen Namen verknüpft ist, und hat demgemäss lediglich ausgesprochen, dass seiner Anschauung nach die verschiedenen Spaltpilze, welche wir bei den verschiedenen Krankheiten und Zersetzungen antreffen, nicht ebensoviele Arten oder Species seien, sondern zum grossen Theil nur morphologisch und physiologisch verschiedenartig ausgebildete Anpassungsformen. Dieser Sachverhalt, der keinem unbefangenen Leser des Nägeli'schen Buches verborgen geblieben sein wird, ist in den neueren Publicationen Koch's vollständig verkannt worden. Einer der Mitarbeiter Koch's, Dr. Gaffky, hat es sogar unternommen, darüber eine eigentliche Polemik gegen Nägeli zu eröffnen.

Den Anlass zu dem Missverständnisse, welchem diese Polemik entspringt, scheint der Umstand gegeben zu haben, dass Nägeli ausser der Bezeichnung „keine Species" auch den Ausdruck „nicht specifisch verschieden im naturgeschichtlichen Sinne" oder bloss „nicht specifisch" gebraucht, jedoch auf der nämlichen Seite und genau im gleichen Zusammenhange, so dass bei einiger Aufmerksamkeit eine Täuschung nicht möglich gewesen wäre. Trotzdem wird aus einem Satze, in welchem Nägeli nur den Ausdruck „nicht specifisch verschieden" gebraucht, geschlossen, dass Nägeli überhaupt die Verschiedenheit der Krankheitspilze leugne. Denn „specifisch“ bedeutet im Sinne des Mediciners bekanntlich bloss so viel als überhaupt „eigenthümlich“. Um so weniger war übrigens dieser Irrthum gerechtfertigt, als Nägeli in dem von Gaffky citirten Satze sogar von „specifischer Constanz“ spricht, ein Ausdruck, der gar keinen Sinn hätte, wenn er nicht so viel besagen sollte als: Constanz, wie sie einer Species zukommt.

Worauf es uns hier ankommt, ist also die Thatsache, dass für Nägeli bei den Krankheitspilzen die Frage der Constanz der Merkmale der einzig entscheidende Gesichtspunkt war, und dass er es in dieser Beziehung als seine Anschauung aussprach, alle diese verschiedenen Pilzformen seien nicht als ebensoviele Species zu betrachten, d. h. nicht von der Beständigkeit, wie wir sie von einer „Species“ verlangen müssen — einer Beständigkeit, die sich nach der Dauer von Erdperioden bemisst. Diese eigentliche Fragestellung ist von Koch und seinem Mitarbeiter völlig missverstanden worden, da Koch im Gegentheil die Frage der Constanz der Merkmale ausdrücklich als eine irrelevante bezeichnet. Koch verlangt nur, dass überhaupt Verschiedenheiten unter den Krankheitspilzen constatirt werden. Ganz gewiss aber wird Niemand je daran gedacht haben, diese selbstverständliche Thatsache zu leugnen. Denn es müssen alle diese Organismen nothwendig von eigenthümlicher Natur sein, da sie doch alle etwas Eigenthümliches bewirken. Andernfalls würde man ja mit dem nämlichen Krankheitspilz alle möglichen Krankheiten und mit allen möglichen Infectionsorganismen dieselbe Affection erzielen können. Das ist von vorneherein klar, und darüber sollte es überhaupt keine Discussion geben.

Ob es nun nach alledem gerechtfertigt sei, wenn Koch in der gegen mich gerichteten Kritik die „Nägeli-Buchner'sche Auffassung von dem Verhältniss der verschiedenen Bacillen zu einander“ als ein „sorgfältig gewebtes System“ bezeichnet, muss ich dahingestellt lassen. Wenn es schon kaum angezeigt sein dürfte, Nägeli's Auffassung über die Speciesfrage bei den Spaltpilzen ein sorgfältig gewebtes System zu nennen, so entbehrt der Vorwurf, als ob ich an einem solchen System mich betheiligt hätte, jeder Begründung, da ich im Gegentheil noch nirgends über systematische Fragen bei den Spaltpilzen mich ausgesprochen habe. Ebenso ist dies mit der Aeusserung Koch's, die er ebenfalls in seinen neuesten Publicationen macht, dass wir „von Hallier bis Nägeli und Buchner den Bestrebungen begegnen, die in ihren Eigenschaften sehr verschiedenen Bacterien unbesehen in einen Haufen zusammenzuwerfen“. Im Gegensatze zu dieser Anschuldigung bin ich mir bewusst, durch das eingehende Studium der Heu- und Milzbrandbacterien, die ich als zusammengehörig und als eine Species im naturgeschichtlichen Sinne betrachte, und durch die genaue chemische und physiologische Charakteristik dieser Bacterien gegenüber anderen Bacterien mehr für die wissenschaftliche Erforschung der Spaltpilze gethan zu haben, als wenn ich nur im Allgemeinen über die Verschiedenartigkeit der verschiedenen Bacterien theoretisirt hätte. Die Theorie kann in diesem Gebiete, wie überall, nicht entbehrt werden. Aber ich bin überzeugt, dass dieselbe nur auf der Grundlage allgemeiner vergleichender Gesichtspunkte wesentlich gefördert werden kann, und ich glaube, dass nicht theoretische Bestrebungen zunächst uns nöthig sind. An den bisherigen theoretischen Versuchen über die Systematik der Spaltpilze besitzen wir nach meiner Ansicht für jetzt ganz genügende Schemata für die zunächst denkbaren Auffassungen über diese Frage. Das weitere Fortschreiten in der Lehre von den Krankheitspilzen aber wird, davon bin ich überzeugt, nicht durch vorläufige Debatten über die Theorie, sondern nur durch zuverlässige experimentelle Forschungen im Einzelnen gebracht werden. Und ich glaube, es wird noch vieler Arbeit bedürfen, bis mit Vortheil von neuem zu einer theoretischen Aufstellung in diesem Gebiete geschritten werden kann.

III. Einwand, betreffend die morphologischen Verhältnisse der Milzbrand- und Heubacterien[1]). Die ausserordentliche Wichtigkeit der morphologischen Verhältnisse für die Frage der genetischen Zusammengehörigkeit oder Nichtzusammengehörigkeit von Organismen veranlasst mich, diesen Einwand in besonders eingehender Weise zu behandeln.

Die wichtigste Aeusserung Koch's lautet:

> „Ich habe schon mehrfach auf die unverkennbaren morphologischen Unterschiede zwischen den Milzbrandbacillen und den gewöhnlich als Heubacillen bezeichneten Bacillen aufmerksam gemacht und verweise deswegen auf die Beschreibung eines Photogrammes dieser verschiedenartigen Bacillen in den Beiträgen zur Biologie der Pflanzen Bd. 2 Hft. 3 S. 428. Bei der Betrachtung dieser Photogramme (Taf. XVI Nr. 5 u. 6) ergeben sich so in die Augen fallende und so charakteristische Unterschiede in der Form der beiden Bacillenarten, wie man sie bei diesen an der Grenze der lebenden Wesen stehenden Organismen nur erwarten kann. Die Form der einzelnen Glieder, die Verbindung derselben unter einander ist bei beiden durchaus verschieden.“

Die Koch'schen Photogramme der Heubacterien.

Bei jeder naturgetreuen Abbildung von Spaltpilzen wünscht man zunächst zu wissen, woher die betreffenden Pilze genommen seien, da die Ernährung auf die Form von Einfluss ist. Schlägt man nun im gegen-

1) Mittheilungen aus dem K. Gesundheitsamte S. 69.

wärtigen Falle zu diesem Zweck die „Beschreibung“ des Photogramms Nr. 6 nach, welche sich auf S. 429 des Textes findet, und auf die Koch in den oben citirten Worten ausdrücklich hinweist, so ergibt sich eine höchst überraschende Thatsache. Es findet sich nämlich, dass diese in Nr. 6 abgebildeten Pilze, welche mir als der Typus der Heubacterien entgegengehalten werden — gar keine Heupilze sind, sondern Pilze aus dem Blut einer Erstickungsleiche.

Ich bemerke zunächst ausdrücklich, dass dabei von einem Druckfehler in Koch's Citaten nicht die Rede sein kann. Ich habe mir die Mühe genommen, sämmtliche 24 Photogramme, die in jener Arbeit Koch's aus dem Jahre 1877 enthalten sind, genau anzusehen und mit den dazu gehörigen Beschreibungen zu vergleichen, und habe mich überzeugt, dass keines darunter ist, mit dem eine Verwechslung in Frage kommen könnte.

Somit ist es ganz sicher, dass Koch sich wirklich auf das Photogramm Nr. 6 Taf. XVI bezieht, um die morphologischen Charaktere der Heubacterien zu demonstriren, und dass er die dort abgebildeten Pilze gegenwärtig in der That für Heubacterien hält, ja sogar für einen Typus von solchen, an dem man die Besonderheiten sehr deutlich erkennen kann. Ich lasse nun dem gegenüber die Beschreibung dieses Photogramms aus der Koch'schen Arbeit vom Jahre 1877 (S. 429) der Hauptsache nach hier folgen:

> „Fig. 6 Vergr. 700. Mit Anilinbraun gefärbt. Blut aus der Art. basilaris einer nach zwei Tagen (im Juni) secirten Erstickungsleiche. Im Pericardialserum derselben Leiche fanden sich dieselben Bacillen, theilweise zu drei- bis viermal längeren Fäden ausgewachsen und mit Sporen versehen. Wahrscheinlich gehören diese Bacillen derselben Form an, welche Billroth in seinem Werke über Coccobacteria septica auf Taf. IV Fig. 34 abgebildet und Streptobacteria gigas genannt hat. Nach meiner Erfahrung sind dies gewöhnlich die ersten Bacterien, welche im Blute von Leichen auftreten. . . .“

Daraus geht nun ebenso unwiderleglich hervor, dass Koch zu jener Zeit, wo er das Photogramm anfertigte und beschrieb, auch nicht im mindesten daran dachte, dass er möglicherweise Heubacterien vor sich habe, da er ja im Gegentheil die Pilze desselben für jene erklärte, welche gewöhnlich zuerst im Blute von Leichen auftreten. Andernfalls hätte er doch irgendwie andeuten müssen, dass er trotz des gegen Heubacterien sprechenden Fundortes die abgebildeten Pilze aus den oder jenen Gründen vermuthungsweise als zu den Heubacterien gehörig betrachten müsse. Davon findet sich jedoch keine Andeutung in jener Beschreibung, und zwar aus guten Gründen. Denn es ist nicht bloss sehr unwahrscheinlich, sondern es ist vollständig unmöglich, dass jene Pilze Heubacterien waren. Der Grund davon liegt darin, dass die Heubacterien sauerstoffbedürftige Organismen sind, die sich im Blute einer Erstickungsleiche oder im Pericardialserum einer solchen, wo keine Spur von Sauerstoff zugegen ist, nicht vermehren können.

Dieser auffällige Irrthum Koch's in Bezug auf die Deutung seines Photogrammes ist nun zwar begreiflich insofern, als die im Erstickungsblut aufgefundenen Bacterien in ihrem Aussehen mit den Heubacterien ziemlich übereinstimmen und wohl etwa für eine Abbildung derselben gelten könnten. Eine solche mikroskopische Aehnlichkeit zweier, nach ihren Lebensbedingungen total verschiedener Bacterien kann allerdings nach meinen Erfahrungen über die Spaltpilze nicht Wunder nehmen. Unvereinbar aber ist dieses Vorkommniss mit dem Standpunkte, den Koch in der Pilzforschung einnimmt. Denn Koch ist es, in dessen Arbeiten wir so oftmals die Behauptung antreffen, dass nach den Formmerkmalen alle Spaltpilze unterschieden werden können, und dass insbesondere an jeden Pilzforscher die Anforderung gestellt werden müsse, Photogramme der von ihm untersuchten Pilze zu geben, wodurch dann die Entscheidung, mit welchem Pilze derselbe zu thun gehabt habe, nicht mehr zweifelhaft sein könne.

Diese Behauptungen Koch's, mit denen sich in dieser extremen Fassung gewiss kein Pilzforscher einverstanden erklären konnte, sind nun durch ihren eigenen Autor in entscheidender Weise widerlegt, indem derselbe, bloss nach dem Photogramme urtheilend, einen Pilz für etwas hält, das er nach seinen eigenen Angaben nicht gewesen ist. Auch hier muss also Mässigung eingehalten werden, und wenn es gleich verdienstlich ist, auf die genaueste Beachtung der morphologischen Details hinzuwirken, so kann es doch für die Wissenschaft nicht förderlich erscheinen, vorzeitig allgemeine Regeln aufzustellen, die sich bei näherem Zusehen als unhaltbar erweisen.

Zunächst ist nun das zweite Photogramm zu besprechen, auf welches sich Koch beruft, um die Existenz von Geiselfäden bei den Heubacterien darzuthun. Unmittelbar anschliessend an die oben citirte Bemerkung über die Formdifferenzen zwischen Milzbrand- und Heubacterien, welche sich aus der Betrachtung des ersten Photogrammes ergeben sollen, fährt Koch fort:

> „Ausserdem kommt noch hinzu, dass die einen Geiselfäden haben, die andern nicht. Die Geiselfäden sind allerdings nicht auf diesem Photogramm [welches keine Heubacterien darstellt. D. Vf.], dagegen auf dem nach einem Trockenpräparat hergestellten Taf. XIV Nr. 5 sehr deutlich zu sehen."

Sehen wir wiederum die Beschreibung zu diesem Photogramme nach, welche sich S. 416 findet, so begegnet uns abermals die merkwürdige

Erscheinung, dass Koch selbst nicht einmal bestimmt sagen kann, ob das, was er photographirte, Heupilze waren oder nicht. Es heisst daselbst über die in Fig. 5 abgebildeten Pilze:

„Diese Bacillen haben eine schwerfällige wackelnde Bewegung. ... Sporenbildung habe ich bei diesen Bacillen nicht gesehen; vermuthlich bilden sie lange Fäden und entwickeln dann erst Sporen. Wegen der Grösse, der eigenthümlichen Bewegung und des Fehlens der Sporen in den beweglichen, noch kurzen Stäbchen halte ich es für sehr wahrscheinlich, dass diese Bacillen dem eigentlichen Bacillus subtilis angehören, der sich im Heuinfus entwickelt. Ich habe sie an der Oberfläche von faulenden Pflanzenaufgüssen oft gefunden."

Aus dieser Beschreibung geht hervor, dass beinahe alles, was Koch über diese Pilze angeben konnte, auf blosser Vermuthung beruht. Die spärlichen thatsächlichen Anhaltspunkte jedoch erlauben keineswegs den von Koch gezogenen Schluss. Im Gegentheil geht aus denselben unverkennbar hervor, dass wir es hier nicht mit Heubacterien zu thun haben. Einmal weist die Art der Bewegung nicht auf letztere, da die Heubacterien gewöhnlich eine vor- und rückwärts gehende und nicht eine „schwerfällig wackelnde" Bewegung besitzen; ferner müssten Heubacterien an der Oberfläche eines faulenden, also bereits älteren Aufgusses das Schwärmstadium schon zurückgelegt und Sporen entwickelt haben. Endlich spricht der Fundort entschieden gegen die Annahme, dass man es hier mit Heubacterien zu thun habe. Denn faulende Flüssigkeiten sind gerade diejenigen Substrate, in denen man Heubacterien am wenigsten erwarten darf, da dieselben hier der Concurrenz anderer Spaltpilzformen unterliegen.

Die Ursache hiervon ist eine zweifache: einmal wirkt für die Heupilze sehr ungünstig die beschränkte Auswahl von Nahrungsstoffen, welche zu ihrer Ernährung überhaupt tauglich sind. Die Heubacterien bilden in dieser Beziehung eine merkwürdige Ausnahme unter den Spaltpilzen, wie ich dies in meiner Arbeit über das Milzbrandcontagium dargethan habe. Während Fleischextractlösung oder Heuaufguss immer ein sehr rasches Wachsthum dieser Pilze ermöglicht, so wurde damals durch zahlreiche Versuche nachgewiesen, dass einfachere Verbindungen z. B. weinsaures Ammoniak nicht oder nur in äusserst geringem Grade ernährend wirken. Daraus folgt aber, dass solche Pilze, welche so wählerisch in Bezug auf ihre Nahrung sind und nur mit den besten Nahrungstoffen vorlieb nehmen, gegenüber anderen, minder wählerischen Spaltpilzen in der Concurrenz benachtheiligt sein müssen.

Ein zweiter Grund besteht ferner darin, dass die Heupilze kein Gärungsvermögen besitzen. In einer Flüssigkeit, welche gärungsfähige Kohlehydrate enthält, wie dies bei Pflanzenaufgüssen stets der Fall ist, sind eben deshalb gärungstüchtige Spaltpilzformen stets im Vortheil.

Dass diese Ausführungen keine blosse Theorie sind, wird dadurch bewiesen, dass in einem Heuaufguss, den man, ohne zu erhitzen, sich selbst überlässt, die Heubacterien, deren Keime doch gewiss darin sind, kaum zur Entwicklung kommen. Ein solcher Aufguss bildet bei Zimmertemperatur nach wenig Tagen allerdings eine Decke; es wäre jedoch sehr irrig zu glauben, dass dieselbe lediglich oder hauptsächlich aus Heupilzen bestehe. Im Gegentheil lässt es die mikroskopische Untersuchung als sehr fraglich erscheinen, ob überhaupt Heubacterien darin sind, und der Züchtungsversuch deutet auf das Gegentheil. Denn die Aussaat einer kleinen Menge von solcher Decke in vollkommen sterilisirten Heuaufguss bei 36° C. führt nicht zur Entwicklung der charakteristischen Heupilzdecke, wie es die Aussaat von Heubacterien stets thut, sondern zu lebhafter Gärung und zur Entwicklung von Gärungsbacterien. Ebenso erfolgt auch Gärung durch gärungstüchtige Bacterien und keine Deckenbildung durch Heubacterien, wenn man den ungekochten Heuaufguss von vorn herein nicht bei Zimmertemperatur, sondern bei 36° C. sich selbst überlässt.

Uebereinstimmend damit äussert sich auch F. Cohn (1876) dahin, dass im ungekochten Heuaufguss die Heubacterien zwar anfangs auftreten, „von ihren lebenskräftigeren Mitbewerbern jedoch bald unterdrückt werden, während im stark erhitzten Substrat ihre Sporen allein lebensfähig bleiben und daher ausschliesslich zur Entwicklung gelangen“.

Das Resultat dieser Erörterungen ist also, dass in faulenden Pflanzenaufgüssen keine Heupilze erwartet werden dürfen, und dass die von Koch in einem solchen Aufgusse gefundenen Bacterien, bezüglich deren Näheres nicht bekannt ist, für keine Heubacterien gehalten werden können. Demnach ergibt sich, dass auch das zweite Photogramm Koch's keine Heubacterien, sondern eine andere Bacterienform zur Anschauung bringt.

Die Charakteristik der Heubacterien.

Ein so merkwürdiges Vorkommniss, wie es diese Täuschungen Koch's in Bezug auf seine eigenen Photogramme sind, kann nicht vorbeigelassen werden, ohne über die Ursachen desselben einige ernsthafte Betrachtungen anzustellen. Keineswegs nämlich beruhen diese Irrthümer, wie ich schon einmal hervorgehoben habe, auf einem Versehen. Koch besitzt unter seinen sämmtlichen Photogrammen überhaupt nur ein einziges, welches man zufolge der beigegebenen Beschreibung mit einiger Wahrscheinlichkeit für eine Abbildung von Heubacterien halten kann; gewiss ist die Sache auch in diesem Falle nicht. Dieses eine Photogramm befindet sich in den Mittheilungen aus dem K. Gesundheitsamte Taf. XIII Nr. 75. Den Grund, weshalb mir Koch nicht dieses Photogramm entgegenhält, sondern jene beiden, welche gar keine Heubacterien enthalten, könnte man darin erblicken, dass dieses neuere Photogramm keine Geiseln zeigt und ausserdem die von Koch behaupteten Unterschiede der Heubacterien gegenüber den Milzbrandbacterien als sehr geringfügig erscheinen lässt. Indess darauf werden wir später zu sprechen kommen. Vorläufig ist nur zu constatiren, dass kein Versehen vorliegt, und ebensowenig ohne Zweifel eine bewusste Täuschung. Vielmehr ergibt sich der so unbegreiflich scheinende Irrthum Koch's als eine blosse Consequenz aus dessen einseitigem Standpunkt in der Pilzforschung. Wer, wie Koch, sich völlig in die Ueberzeugung hineingelebt hat, dass die blossen Formmerkmale bei den Spaltpilzen zur Charakterisirung genügen, und dass die chemischen und sonstigen Eigenschaften derselben hierbei nicht berücksichtigt werden müssen, der kann wohl auch bei seinen eigenen Photogrammen die Herkunft der abgebildeten Pilze für irrelevant halten und das Vorhandensein von Heubacterien behaupten, obwohl keine solchen vorgelegen haben. Ein solcher Irrthum beweist aber mit überzeugender Klarheit, dass nothwendig noch andere Gesichtspunkte ausser den blossen mikroskopischen Formmerkmalen berücksichtigt werden müssen.

Gerade bei den Heubacterien nun besitzt die Aufgabe einer exacten Charakteristik keine Schwierigkeit, seitdem wir durch F. Cohn (1876) wissen, dass die Sporen dieser Bacterien es sind, welche allein unter allen lebenden Keimen in ganz auffälliger Weise der Siedehitze Widerstand leisten. Seitdem war es bekannt, dass man durch Benutzung dieser Eigenthümlichkeit sich zu jeder Zeit reine Heubacterien zu verschaffen im Stande sei. In diesem Sinne also habe ich an den Eingang meiner Arbeit über den Milzbrand die wichtige Angabe gestellt, dass es diese gegen die Siedehitze resistenten Pilze seien, mit denen ich experimentirte und deren Verwandtschaft mit den Milzbrandbacterien ich nachgewiesen habe, nicht aber irgend welche andere, im Heu vorkommende Bacterien. Diese erste und wichtigste meiner Angaben, aus der unzweifelhaft hervorging, mit welcher bestimmten Pilzform meine Versuche angestellt wurden, musste von Koch vor allem berücksichtigt werden, wenn es sich darum handelte, über meine Experimente ein kritisches Urtheil zu fällen. Dass dies geschehen sei, muss jedoch sehr bezweifelt werden. Wenigstens findet sich nirgends ein Anhaltspunkt dafür, dass Koch bei seinen kritischen Bemerkungen die nämlichen Heubacterien im Auge hatte, mit denen ich experimentirt habe. Koch sagt zwar mehrmals: „Heubacillen, die sich im Heuinfus finden“ und glaubt damit diese Pilze charakterisirt zu haben. Nun haben wir aber gesehen, dass diese Pilze im nicht-gekochten Heuinfus bei Zimmertemperatur nur mangelhaft, bei erhöhter Temperatur überhaupt nicht zur Entwicklung gelangen. Koch müsste also entschieden sagen: im gekochten Heuinfus, da auf das Kochen, welches sämmtliche anderen Pilze beseitigt, hier alles ankommt. Ein anderer Umstand aber beweist deutlich, dass Koch auf eine so genaue Charakteristik sich nicht einlässt. Es ist dies die Thatsache, dass Koch in seiner Kritik mehrfach von einer „Gruppe der sogenannten Heubacillen" spricht. Da nämlich von einer derartigen „Gruppe" bisher nichts bekannt ist, so kann man sich nur vorstellen, dass Koch damit diejenigen morphologisch ähnlichen Bacterien gemeint hat, deren Keime sich meist gleichzeitig am Wiesenheu vorfinden. Es ist bekannt, dass A. Fitz seine Buttersäure-Bacterien meist aus Heu erhielt, und ebenso diejenigen Bacterien, welche das Glycerin zu Butylalkohol, und jene, welche dasselbe zu Aethylalkohol vergären. Beide letztere Formen habe ich selbst näher studirt; dieselben können jederzeit aus dem Heu erhalten werden. Es ist also keine Frage, dass im Heu verschiedene Bacterien vorkommen. Dieselben können jedoch unmöglich mit den Heubacterien, die ich bei meinen Milzbrandstudien vor Augen hatte, in eine Gruppe zusammengeworfen oder gar verwechselt werden. Die genaue Charakteristik dieser letzteren, die ich gegeben habe, schützt davor mit vollständiger Sicherheit.

Nur eine einzige Bacterienform zeigt die wesentlichen Merkmale der Heubacterien in gleicher Weise, und dies sind die Milzbrandbacterien. Dass dieser merkwürdige Umstand von vorn herein daran denken liess, es werde im Falle der Möglichkeit einer Umzüchtung der pathogenen Milzbrandbacterien zu nicht-pathogenen Pilzen diese Veränderung in der Richtung gegen die Heubacterien vor sich gehen, braucht nicht erwähnt zu werden.

Koch's Versuche über die Desinfection mit heissen Wasserdämpfen.

Einen weiteren schlagenden Beleg dafür, dass Koch nicht im Stande ist, die Heubacterien zu charakterisiren, liefern seine eigenen neueren Versuche über eine praktisch wichtige Frage, welche eben wegen dieser ungenügenden Charakterisirung ihren Werth verlieren.

Es handelt sich hierbei um die in den Mittheilungen aus dem K. Gesundheitsamte (S. 322) publicirten Versuche Koch's über die Desinfection mit heissen Wasserdämpfen. Bei diesen Versuchen war unter Anderem die Aufgabe gestellt, die Einwirkung erhitzter Wasserdämpfe auf ein Material zu studiren, welches die widerstandsfähigsten von allen organisirten Keimen enthielt. Dass diese Aufgabe nur unter Verwendung der Sporen von Bacterium subtile gelöst werden konnte, von denen es bekannt ist, dass sie eine 1—2stündige Siedehitze ohne Nachtheil überstehen, braucht nicht erwähnt zu werden. Anstatt nun aber mittels des zuverlässigen Verfahrens der Erhitzung von Heuaufguss sich solche Sporen zu verschaffen, begnügte sich Koch in dieser Beziehung mit einem ganz zufälligen Auskunftsmittel. Es wurde nämlich „Gartenerde" in Verwendung genommen, von der sich Koch überzeugt haben will, dass dieselbe die Sporen verschiedenartiger Bacterien und darunter auch diejenigen von Heubacterien enthielt. Trotzdem zeigte sich, dass diese Gartenerde schon durch Siedehitze von wenig Minuten Dauer vollständig desinficirt wurde.

So weit die Thatsachen. Anstatt nun hieraus den einzig zulässigen Schluss zu ziehen, dass jene Gartenerde unmöglich lebenskräftige Sporen von Heubacterien enthalten haben könne, folgert Koch im Gegentheile, dass dieses Versuchsergebniss die allen Pilzforschern geläufige Thatsache der hohen Widerstandsfähigkeit der Heusporen widerlege. Koch scheint keine Kenntniss davon zu haben, dass diese Thatsache längst durch exacte und vollkommen einwandsfreie Experimente bewiesen ist, so dass auch nicht der mindeste Zweifel über dieselbe bestehen kann. Aber auch abgesehen von diesen exacten Experimenten, die wir bei einer späteren Gelegenheit noch erwähnen müssen, hätte doch der Umstand Beachtung verdient, dass alle Pilzforscher (Cohn, Brefeld, Prażmowski etc.) sich der Methode des Auskochens zur Reincultivirung der Heubacterien bedienen, und dass doch kaum alle diese Forscher sich hierbei in fortwährenden Täuschungen bewegen dürften.

Dem gegenüber hätte sich Koch nothwendig fragen müssen, ob denn seine Mittel zur Constatirung des Pilzgehaltes der Gartenerde wirklich genügend seien. Diese Mittel bestanden nämlich bloss in der mikroskopischen Untersuchung der Gartenerde selbst und verschiedener, auf Nährgelatine ausgesäter Proben derselben. Dass aber hierdurch kein hinreichender Aufschluss in einer so wichtigen Angelegenheit zu erlangen sei, ist von vorneherein klar. Denn die Unterscheidung der Sporen verschiedenartiger Bacterien ist überhaupt unmöglich, und die Diagnose der Bacterien zwar möglich, aber keineswegs gesichert, wie schon die obigen Täuschungen Koch's zur Genüge zeigen. Somit besteht kein entscheidender Beweis dafür, dass die Gartenerde wirklich die Sporen von Bacterium subtile, und nicht statt dessen solche von anderen morphologisch ähnlichen Bacterien enthielt.

Indess, selbst zugegeben, die Gartenerde habe Heusporen enthalten, so ist damit das Versuchsresultat noch keineswegs gerettet. Bei Verwendung derartiger Materialien wie Heu, Staub oder Erde muss man sich nämlich stets gegenwärtig halten, dass die darin befindlichen Pilze alle Stadien zwischen völlig lebenskräftigen und völlig abgestorbenen repräsentiren. Wenn auch die Sporen der Heubacterien sehr widerstandsfähig sind, so ist es doch selbstverständlich, dass sie unter dem Einfluss der Atmosphärilien allmählich zu Grunde gehen und bis dahin alle Zwischenstufen der Abschwächung durchlaufen. Diese einfache und absolut unleugbare Thatsache scheint Koch, wie wir noch mehrmals erwähnen müssen, sich nicht klar gemacht zu haben. Es ist nun ein reiner Zufall, ob in einer kleinen Probe von Gartenerde sich noch Sporen von solcher

Lebensenergie befinden, dass sie eine stärkere Erhitzung ertragen. Beim Heu wenigstens ist dies, wie ich mich überzeugt habe, keineswegs der Fall. Solche geschwächte Pilze können aber noch ganz gut überhaupt vermehrungsfähig sein, weshalb eine Probecultur mit denselben in der hier besprochenen Beziehung gar nichts entscheidet.

Auch aus diesen letzteren Darlegungen geht also wohl zur Genüge hervor, dass die blosse mikroskopische Diagnose der verschiedenen Spaltpilze, wie sie von Koch geübt wird, nicht ausreichend sein kann. Ein Forscher aber, der keine besseren Hilfsmittel zur Orientirung in diesem schwierigen Gebiete verwendet, begibt sich damit von vorneherein der sicheren Grundlagen für seine Versuche. Er geräth in Täuschungen, welche für die Wissenschaft und für sein eigenes Ansehen nur nachtheilig sein können. Ueber diese Richtung der Koch'schen Forschungsweise würde ich mir kaum eine Bemerkung erlaubt haben, wenn Koch meine Untersuchungen nicht in einer Weise angegriffen hätte, als ob er alle Fragen, welche die Pilze betreffen, in vollständigster und allein maassgebender Weise beherrschte. Dem gegenüber muss aber die bestimmte Forderung ausgesprochen werden, dass Jemand, der die Untersuchungen Anderer vom hohen Richterstuhle der Kritik zu verurtheilen unternimmt, vor allem selbst die Garantie biete, dass er das Untersuchungsobject genau kenne und wenigstens einigermassen studirt habe. Dass dies bei Koch bezüglich der Heubacterien der Fall sei, muss aber ganz entschieden verneint werden.

Angesichts dieser Sachlage ist es begreiflich, dass den Koch'schen Angaben über die Formmerkmale der Heubacterien nur ein bedingter Werth zugeschrieben werden kann. Die Erörterung der morphologischen Frage wird aber nachweisen, dass Koch's Auffassung und Darstellung dieser Verhältnisse auch als eine principiell unrichtige bezeichnet werden muss.

Der morphologische Charakter von Milzbrand- und Heubacterien.

Wäre es richtig, wie Koch behauptet, dass zwischen Milzbrand- und Heubacterien „charakteristische“ morphologische Unterschiede bestehen, dann wäre an eine genetische Zusammengehörigkeit dieser Organismen von vorneherein nicht zu denken gewesen. Denn der morphologische Charakter entscheidet wohl am zuverlässigsten über die systematische Stellung eines Organismus, und die Eigenart der inneren Beschaffenheit wird in der Regel am vollständigsten durch den äusseren Aufbau zum Ausdruck gebracht.

Nun besteht aber die Thatsache, dass weder ich bei meinen mehrjährigen Untersuchungen über diese Bacterien, noch auch F. Cohn, der im Gegensatze zu Koch bei seinen Studien sicher Heubacterien vor sich gehabt hat, von derartigen charakteristischen Unterschieden etwas haben bemerken können. Vielmehr äusserte sich Letzterer schon 1872, dann wieder 1875 und schliesslich im Jahre 1876 ganz entschieden dahin, dass eine unverkennbare Analogie der morphologischen Verhältnisse und eine „vollständige Aehnlichkeit" bei Milzbrand- und Heubacterien existire, so dass man deren genetische Zusammengehörigkeit als möglich ins Auge fassen müsse[1]).

Hieraus geht wohl für Jedermann mit Evidenz hervor, dass Koch's Behauptung von „in die Augen fallenden" Unterschieden, die so gross seien, „wie man sie bei diesen mikroskopischen Organismen nur überhaupt erwarten kann", theils auf Irrthum (Unkenntniss der Heubacterien), theils auf gewaltiger Uebertreibung beruht. Allerdings existiren — nothwendigerweise — gewisse unwesentliche Unterschiede, von denen unten die Rede sein wird. Wenn wir aber die Hauptsache, den morphologischen Charakter der Milzbrand- und Heubacterien, in Betracht ziehen, so ist es Thatsache, dass von allen bis jetzt bekannten Bacterienformen gerade diese beiden eine auffällige Uebereinstimmung zeigen, wie sie bisher bei anderen Formen nicht bekannt ist. Die Gründe, welche dies beweisen, habe ich in der vorausgehenden morphologischen Mittheilung auseinandergesetzt. Für jetzt seien die wichtigsten Analogiepunkte nochmals kurz bezeichnet:

1. Milzbrand- und Heubacterien treten für gewöhnlich in Form von Stäbchen, sehr häufig als winklige Doppelstäbchen auf, vermögen jedoch in lange, entweder gegliederte oder anscheinend gliederlose Fäden auszuwachsen.
2. Bei beiden Bacterienformen bestehen die Stäbchen und Fäden in gleicher Weise aus kurzen Gliedern, welche durch Jodtinctur deutlich hervortreten. Die Glieder sind weder kuglig, noch lang-cylindrisch, sondern kurz-cylindrisch, d. h. zwei- bis dreimal so lang als breit.
3. Nur durch besondere Ernährungsweise können bei Milzbrand- und Heubacterien isodiametrische Glieder deutlich gemacht werden. Für gewöhnlich besitzt das kürzeste Element immer noch kurzcylindrische Gestalt, was auf eine relativ verlangsamte Ausbildung der Scheidewände gegenüber der Aussenwandung der Zellen hinweist.
4. Die Entwickelung der Sporen findet bei Milzbrand- und Heubacterien ganz genau in gleicher Weise statt; dieselbe wird ausserdem bei beiden Pilzformen durch die gleichen Bedingungen begünstigt oder verhindert.

---

1) Beiträge zur Biologie der Pflanzen Bd. 2 H. 2 (1876) S. 275.

Alle diese Punkte lassen erkennen, dass bei Milzbrand- und Heubacterien eine auffällige Uebereinstimmung im morphologischen Charakter stattfindet. Der eine oder andere der angeführten Umstände zeigt sich zwar auch bei anderen Bacterien; aber es existirt keine Bacterienform, soweit wir bis jetzt wissen, welche alle jene charakteristischen Merkmale gleichzeitig aufweisen würde.

Die morphologischen Verhältnisse berechtigten somit in der That dazu, von vorneherein einen genetischen Zusammenhang zwischen Milzbrand- und Heubacterien als wahrscheinlich ins Auge zu fassen. In diesem Sinne habe ich in meiner I. Mittheilung über das Milzbrandcontagium die Angabe der morphologischen Uebereinstimmung beider Formen vorausgeschickt, um darzuthun, wie ich dazu gekommen war, jene Wahrscheinlichkeit überhaupt als gegeben zu betrachten.

Diese Angabe ist nun aber von Koch merkwürdigerweise dahin verstanden worden, dass ich damit die völlige Identität der Formmerkmale von Milzbrand- und Heubacterien behauptet hätte, und dieser Umstand ist es, auf den Koch seinen III. Einwand gegen mich wesentlich begründet.

Eine derartige Behauptung habe ich nun nirgends aufgestellt; überhaupt habe ich gar nicht daran gedacht, dass eine derartige Idee gehegt werden könnte, da nie behauptet wurde, dass Milzbrand- und Heubacterien ein und dasselbe seien. Sonst wären Umzüchtungsversuche überhaupt gegenstandslos gewesen. Zwei Pilzformen aber, die unter ganz verschiedenen Existenzbedingungen leben, wie Milzbrand- und Heubacterien, können — auch wenn sie Varietäten desselben Organismus sind — weder in den chemischen noch morphologischen Details vollständig einander gleich sein. Alle Pflanzen variiren nach dem Standort, und so durfte ich diese Verhältnisse wohl als bekannt voraussetzen.

Uebrigens wurde der wichtigste Formunterschied zwischen beiden Bacterien, das Fehlen der Eigenbewegung bei den Milzbrandbacterien im Thierkörper, von mir ausdrücklich angegeben, womit die Annahme, als hätte man aus meiner Darstellung die Behauptung der Identität herauslesen können, direct widerlegt ist.

Gewisse Formunterschiede bestehen also jedenfalls; es ist aber ganz irrthümlich, wenn Koch glaubt, dass diese Unterschiede deshalb wesentliche seien, weil sie ihm auffällig erscheinen. Auf den höheren oder geringeren Grad der „Augenfälligkeit" kommt es auch nicht im mindesten an. Diese Bemerkung hätte sich Koch völlig ersparen können. Die einzelnen Generationszustände mycelbildender Pilze zeigen oft noch unendlich augenfälligere Verschiedenheiten, und trotzdem haben wir hier keine wesentlichen d. h. keine genetisch trennenden Unterschiede.

Der Punkt, auf den es ankommt, ist ein ganz anderer; hätte Koch dies eingesehen, so hätten seine kritischen Bemerkungen nothwendig eine andere Fassung erhalten müssen.

Constante und inconstante Formmerkmale.

Bei Verwerthung morphologischer Merkmale zur Classification handelt es sich doch ausschliesslich um den inneren Werth dieser Merkmale, der nicht etwa durch ihre Augenfälligkeit und das Gutdünken des Beobachters, sondern einzig durch die grössere oder geringere Constanz bedingt ist, mit der ein solches Merkmal unter verschiedenen Lebensbedingungen festgehalten wird. Dies ist die erste Regel wissenschaftlich morphologischer Classification. Jedes Formmerkmal muss auf seinen Werth geprüft, und constante und inconstante Merkmale müssen strenge unterschieden werden, wenn keine Verwirrung eintreten soll. Denn es gibt Fälle, wo Formmerkmale, die als constante und darum charakteristische Erscheinungen bei ganzen Gattungen, ja Ordnungen sich finden, anderseits bei Angehörigen anderer Gattungen wiederum als inconstante Erscheinung auftreten und deshalb hier znr Classificirung nicht verwendet werden können.

Koch, von dem es den Anschein hat, als ob er den morphologischen Thatsachen besondere Aufmerksamkeit zugewendet habe, scheint diese Grundsätze einer wissenschaftlichen Classification nicht anzuerkennen. Nirgends finden wir in seinen Schriften eine Andeutung, dass man bei Würdigung der Formmerkmale eines Spaltpilzes auf die besonderen Lebensbedingungen, denen derselbe unterlag, Rücksicht zu nehmen habe. Vielmehr wird jede, auch die geringste, Formverschiedenheit ohne weiteres als charakteristisch erklärt, und unbedenklich werden Spaltpilze, die unter den verschiedensten Bedingungen leben, rücksichtlich ihrer Formbeschaffenheit in Vergleich gezogen und bei geringen Abweichungen als verschiedenartige Organismen erklärt.

Dieses Verhalten aber basirt nicht etwa auf dem Resultat mühevoller Experimentaluntersuchungen. Im Gegentheil werden Experimente über diese wichtigste morphologische Frage beinahe grundsätzlich als unmöglich erklärt.

Diesen Standpunkt vertritt namentlich Koch's Mitarbeiter, Dr. Gaffky. Indem er nachzuweisen sucht, dass die Resultate von M. Wolff und Wernich, betreffend morphologische Aenderungen an Spaltpilzen unter dem Einfluss der Ernährung, auf Irrthümern beruhen, und indem er ferner sichere Experimente über diese Frage als von vorn herein unmöglich bezeichnet, gewinnt seine Darstellung mehr und mehr den Eindruck, als ob gesagt werden solle: wer überhaupt experimentell aus ein und demselben Spaltpilze durch Züchtungen abweichende Formen erzielt haben will, der liefert damit eo ipso einen genügenden Beweis, dass bei seinen Versuchen Fehler, d. h. Verunreinigungen stattgefunden haben.

Ein solcher Standpunkt hat allerdings das für sich voraus, dass er alle weitere Forschung erspart. Trotzdem vermag ich mich nicht zu demselben zu bekehren. Im Gegentheil halte ich jede Bemühung in dieser Richtung für dankenswerth, vermag mich übrigens auch keineswegs der Auffassung anzuschliessen, als ob alle neueren hierher gehörigen Beobachtungen, insbesondere jene von Neelsen und Jacksch, des thatsächlichen Hintergrundes völlig entbehrten, wie Gaffky zu glauben scheint.

Was meine eigenen Erfahrungen anbetrifft, so ist eine Anzahl derselben in der vorausgehenden morphologischen Mittheilung niedergelegt. Ich habe daselbst zunächst verschiedene Formtypen von Heubacterien abgebildet, die sämmtlich bloss durch besondere Ernährungsweise erzielt sind und sofort wieder, durch Züchtung unter den früheren Bedingungen, in die Ausgangsform zurückgeführt werden können. Wer diesen Umstand nicht beachtet, würde sehr leicht dahin kommen können, diese verschiedenen Formtypen der Heubacterien als verschiedenartige Spaltpilze aufzufassen.

Hieraus geht unzweifelhaft hervor, dass auch bei den Spaltpilzen zwischen constanten und inconstanten Merkmalen unterschieden werden muss, und dass nicht jedes beliebige Formmerkmal schon einen Schluss auf die innere Natur des Pilzes gestattet. Mit Rücksicht auf Heu- und Milzbrandbacterien ergibt sich also, dass Koch mir unmöglich die von ihm angeführten Formunterschiede als wesentlich entgegenhalten kann, und zwar aus dem einfachen Grunde, weil diese Formmerkmale — einstweilen ganz abgesehen von der Thatsache der Umwandlung — an und für sich schon als inconstante und darum nicht-charakteristische sich erweisen lassen. Diese Unterschiede sind:

1. Die Eigenbewegung. Die Eigenbewegung der Heubacterien ist kein constantes Merkmal, weil sie nur unter gewissen Bedingungen eintritt, nur dann, wenn es für die Bacterien gilt, aus den tieferen Schichten einer Flüssigkeit an die Oberfläche, in den reichlichen Genuss des Sauerstoffs zu gelangen. Ist dies erreicht, so tritt Ruhe ein; die Vermehrung aber geht lebhaft weiter. Bei Wachsthum der Heubacterien auf einer benetzten, der Luft ausgesetzten Oberfläche findet sich deshalb in keinem Abschnitt der Entwickelung Eigenbewegung. Ausserdem gibt es aber auch Ernährungsbedingungen (z. B. 1% Asparagin mit Mineralsalzen bei 25° C.), unter denen die Heubacterien an und für sich keine Eigenbewegung zeigen, sondern wie die Milzbrandbacterien in Fleischextractlösung am Grunde in zarten Wolken vegetiren.

Die Bewegungslosigkeit der Milzbrandbacterien ist ferner ebenfalls kein constantes Merkmal. Es ist eine bekannte Thatsache (A. Frisch,

Ewart), dass diese Bacterien unter Umständen langsame Eigenbewegungen zeigen. Ich habe dies bereits in meiner I. Mittheilung über das Milzbrandcontagium erwähnt. Die Erscheinung zeigt sich in verschiedenen Nährlösungen, regelmässig aber bei Züchtung in schwach alkalischer Milch.

Da die Eigenbewegung kein constantes Merkmal ist, so ist es die Existenz von Geiselfäden keinesfalls. Denn wir haben keinen Anlass, bei ruhenden Bacterien (z. B. Heubacterien) Geiseln vorauszusetzen, da sie noch niemals hier nachgewiesen wurden.

2. Die besondere Wirkung von Anilinbraun auf die dem Thierkörper entnommenen Milzbrandbacterien (schwach verdickte, abgestutzte Enden). Diese Eigenthümlichkeit der Milzbrandbacterien, welche von Koch im Jahre 1877 gefunden wurde, ist noch weniger ein constantes Merkmal derselben, da dieselbe bei jeder Züchtung der Milzbrandbacterien in künstlichen Nährlösungen sofort verschwindet.

Somit zeigt sich denn, dass diejenigen Formunterschiede, welche mir Koch entgegenhält, auf inconstanten, nicht-charakteristischen Merkmalen beruhen und deshalb keine Bedeutung besitzen. Denn diese Merkmale können verloren gehen, und sie ändern sich in der That vor unseren Augen. Die Mittelform, welche ich zwischen echten Milzbrand- und echten Heubacterien constatirt habe, zeigt regelmässig Eigenbewegung, aber bedeutend langsamer als die echten Heubacterien, wodurch die Art und Weise, wie ein solches Merkmal allmählich zu Verlust geht, deutlich genug ausgedrückt ist.

Das Resultat dieser Betrachtungen führt somit dahin, dass ein und derselbe Spaltpilz, wenn er im Thierkörper und anderseits in Heuaufguss angepasst ist, unmöglich genau die nämliche Formbeschaffenheit zeigen kann. Nur solche Pilze dürfen verglichen werden, die unter gleichen Bedingungen leben, also nur Krankheitspilze mit Krankheitspilzen z. B. Rauschbrand- und Milzbrandbacterien, wie ich das zur Verwunderung Koch's gethan habe. Wir müssen daran festhalten, dass bei den Spaltpilzen wie bei anderen Organismen Form, Lebens- und Wirkungsweise parallel gehen, und dass eine Veränderung in der einen Beziehung auch eine Veränderung in den andern Richtungen nach sich zieht. Wenn es also gelingt, den Pilz vom lebenden Thierkörper völlig zu entwöhnen und auf den sauern Heuaufguss aufzupassen, dann ist auch die Form und Wirkung diejenige der Heubacterien geworden, und wenn man die letzteren dazu bringen kann, im thierischen Körper sich reichlich zu vermehren, dann ist nicht nur die Wirkung, sondern auch die Form diejenige der Milzbrandbacterien geworden.

Wenn Koch's Bemerkungen eine Bedeutung haben sollten, dann hätte er zum mindesten darthun müssen, dass auch bei Züchtung unter den gleichen Ernährungsbedingungen, z. B. in der gleichen Fleischextractlösung, Milzbrand- und Heubacterien dennoch gewisse Verschiedenheiten zeigen und mikroskopisch nicht wohl verwechselt werden können. Denn daraus geht hervor, dass gewisse (von Koch nicht erwähnte) Formunterschiede der Milzbrandbacterien (grössere Breite der Stäbe, eigenthümliche Körnung etc.) doch ziemlich constant scheinen. Hierauf aber hätte ich entgegnet, dass die Milzbrandbacterien allerdings nicht bloss andersartig ernährte, sondern veränderte Heubacterien sind, die, wie ich stets hervorgehoben habe, nur durch eine gewisse Umänderung der inneren Natur, die man gewöhnlich als Anpassung bezeichnet, aus den Heubacterien entstehen können. Wäre dies nicht so, dann müsste man ja mit den Heubacterien ebensogut schon Infection erzielen können. Damit aber die Heubacterien im Thierkörper wachsthumsfähig werden, müssen sie erst ihre Natur in gewisser Weise verändern. Die Milzbrandbacterien sind deshalb eine Anpassungs- und keine blosse Ernährungsform; eben darum sind einige ihrer Formmerkmale anscheinend constant, solange die Veränderung ihrer Natur nicht rückgängig gemacht ist, erweisen sich jedoch als inconstant, sobald diese rückgängige Veränderung eingeleitet wird. Das Resultat meiner Untersuchungen besteht nun eben darin, dass ich die Bedingungen ausgefunden habe, unter denen jene anscheinende Constanz der Merkmale, und zwar der morphologischen so gut als der physiologischen, erlischt.

Dass Koch über diese Verhältnisse nicht genügend orientirt ist, erhellt nicht nur aus der gegen mich gerichteten Kritik, sondern überhaupt aus der Art und Weise, wie die morphologischen Fragen von diesem Forscher behandelt werden. Es ist dies ein Umstand, der im Interesse des wissenschaftlichen Werthes der Koch'schen Publicationen nur bedauert werden kann. Das blosse Suchen nach Formmerkmalen zum Zwecke der Classification, ohne dass man sich über die Bedeutung derselben eine begründete Vorstellung verschafft, führt zwar zur Ausbreitung unserer Kenntnisse, genügt aber wohl in keinem Falle zur Begründung einer tieferen morphologischen Einsicht. —

IV. Einwand, betreffend meine Umzüchtung der Milzbrandbacterien[1]). Bei Besprechung dieses Einwandes kann ich mich kurz fassen, da derselbe zu keinen Erörterungen von weitergehender Bedeutung Anlass gibt. Es sind wesentlich 2 Punkte, welche mir Koch hier entgegenhält.

1. Bei der ersten Bemerkung stellt sich Koch zu meiner Verwunderung auf den Standpunkt der Pasteur'schen Arbeiten über Abschwächung der Hühnercholera u. s. w. In diesem Sinne äussert Koch:

1) Mittheilungen aus dem K. Gesundheitsamte S. 70.

„Nach den in letzter Zeit ganz geläufig gewordenen Vorstellungen von der Abschwächung der Virulenz eines pathogenen Organismus geht dieselbe in der Weise vor sich, dass gleich grosse Impfmengen anfangs noch die ursprüngliche typische Krankheitsform, dann nach und nach eine von dieser typischen Form abweichende, weniger heftig und weniger gefährlich verlaufende Krankheit erzeugen.“

Ganz anders sei nun dies bei meiner Umzüchtung der Milzbrandbacterien gewesen, und dieser Umstand, dass die Abschwächung hier „in einer so wenig gesetzmässigen Weise“ vor sich ging, sei „allein schon genügend, um daraus auf eine stattgefundene Verunreinigung der Culturen“, auf ein Ueberwuchern der infectiösen Pilze durch andere nicht-infectiöse zu schliessen.

Es ist hier zunächst zu erwähnen, dass Koch, der von der Annahme der Constanz der pathogenen Organismen ausgeht, unmöglich, ohne sich selbst zu widerlegen, von „ganz geläufig gewordenen Vorstellungen über die Abschwächung der Virulenz“ sprechen oder gar „Gesetze“ daraus abstrahiren kann, welche gegenüber positiven Versuchsresultaten beweiskräftig wären.

Im Uebrigen bemerke ich, dass ein Gegensatz zwischen Pasteur's Resultaten und den meinigen zwar vielleicht auf den ersten Blick vorhanden scheint, in Wirklichkeit aber nicht gegeben ist. Wenn ich sage, dass von meinen abgeschwächten Milzbrandbacterien nur grössere Mengen den Milzbrand erzeugten, so geht daraus hervor, dass von einer grösseren Zahl von Impfungen mit kleinerer Quantität nur ein gewisser Procentsatz, wie bei Pasteur, den Milzbrand bewirkt hätte. Ob die negativen Fälle hierbei mit Fiebererscheinungen verknüpft waren, konnte ich bei meinem Versuchsobject (weisse Mäuse) nicht wohl constatiren. Es ist aber sehr wohl möglich, dass dies der Fall war.

Hinsichtlich der Koch'schen Annahme von „Verunreinigungen“ bei meinen Culturen sei erwähnt, dass von Störungen durch Zufälligkeiten deshalb nicht die Rede sein konnte, weil die Versuche, wie ich ausdrücklich damals sagte, oftmals von vorne begonnen wurden und stets das gleiche Resultat zeigten. Ueberhaupt genügen meine damaligen, von Koch nicht berücksichtigten Angaben völlig, um alle diese Bedenken zu widerlegen. Der entscheidende Gegenbeweis gegen die Annahme, dass die Veränderung der Milzbrandbacterien auf Mängel meines Culturverfahrens zurückzuführen sei, liegt darin, dass es nur auf die Wahl der Nährlösung und Culturbedingungen ankommt, ob die Umänderung eintreten soll oder nicht. Es gibt verschiedene Nährlösungen, in denen die Milzbrandbacterien bei beliebig lange fortgesetzter Cultur ihre infectiösen Eigenschaften bewahren. Es ist durchaus nicht einzusehen, warum nicht auch bei diesen Nährlösungen das von Koch angenommene fortwährende Ueberwuchern anderer nicht-infectiöser Pilze stattfinden sollte, wenn dieses Ereigniss so unausbleiblich wäre, wie Koch zu glauben scheint.

2. Um die Wahrscheinlichkeit einer Täuschung von meiner Seite anschaulich hervortreten zu lassen, erwähnt Koch einer Bacterienform, die er regelmässig in den oberen Bodenschichten, im Staub und im Staub von Heu angetroffen haben will, und die ein ganz ähnliches Wachsthumsverhalten zeigt wie die Milzbrandbacterien, jedoch nicht infectiös ist. Von diesen Bacterien glaubt Koch, dass dieselben in meine Culturen sich eingeschlichen haben, und dass ich sie mit den Milzbrandbacterien verwechselt hätte.

Diese von Koch hier beschriebene Bacterienform kenne ich sehr genau, da ich sogar ausgedehnte Versuche über dieselbe angestellt habe. Es sind dies geschwächte Heubacterien, die man sich jederzeit durch Behandlung der lebenskräftigen Heubacterien mit eingreifenden Agentien (Säuren oder Alkalien bei erhöhter Temperatur) verschaffen kann. Im Staub von Heu etc. finden sich stets Heubacterien, an denen die gleiche Veränderung durch den Einfluss der Atmosphärilien bedingt ist, und daher erklärt sich, dass Koch in solchem Material diese Bacterien angetroffen hat. Diesen geschwächten Heubacterien fehlt, bevor sie sich wieder erholt haben, die Eigenbewegung, weshalb sie am Grunde der Nährlösung, häufig in milzbrandartigen Wolken vegetiren, genau ebenso wie die lebenskräftigen Heubacterien unter schlechten Ernährungsverhältnissen z. B. in einer 1proc. Asparaginlösung bei 25° C. Züchtet man jedoch diese geschwächten Heubacterien ein- oder höchstens zweimal in guten Nährlösuugen, so haben sie sich wieder erholt und bilden wieder die normalen Decken. Mit den Milzbrandbacterien können dieselben ebendeshalb — abgesehen von dem Unterschied in den mikroskopischen Verhältnissen — nicht verwechselt werden, und wenn sich solche in meine Züchtungen eingeschlichen hätten, dann würde ich schon nach zwei bis drei Tagen und nicht erst nach Monaten bei den echten Heubacterien angelangt sein. —

V. Einwand, betreffend die Sterilisirung der Fleischextractlösung[1]). In diesem Einwand bestreitet Koch die Möglichkeit, Fleischextractlösung mit Sicherheit zu sterilisiren. Da die Erlangung zuverlässiger Resultate bei Pilzzüchtungen grossentheils auf der vorausgehenden sicheren Sterilisirung der Nährlösungen beruht, so besässe diese Behauptung Koch's, wenn sie begründet wäre, nicht nur für meine Versuche, sondern überhaupt für die Pilzforschung eine weittragende Bedeutung.

1) Mittheilungen aus dem K. Gesundheitsamte S. 71.

Der wahre Sachverhalt ist nun aber der, dass Koch's Behauptung mit aller Entschiedenheit als irrthümlich und als das Resultat einer ganz ungenügenden Methodik bezeichnet werden muss. Im Gegertheil gehört die Sterilisirung der Fleischextractlösung, wenn man sich des richtigen Verfahrens, der Erhitzung auf 110° C., bedient, zu den einfachsten und sichersten Proceduren, die überhaupt im experimentellen Bereiche vorkommen. Hierüber kann ich aus Erfahrung wohl sprechen, da im Laufe der Jahre weit mehr als 10000 Gefässe mit Fleischextractlösung von mir sterilisirt wurden. Niemals tritt in diesen sterilisirten Lösungen spontanes Pilzwachsthum ein, bei gewöhnlicher Temperatur ebensowenig als bei wochen- und monatelangem Verweilen im Thermostaten.

Dem gegenüber sind die mangelhaften Resultate Koch's allerdings zu begreifen, wenn man weiss, dass Koch sich zum Zwecke der Sterilisirung bisher nur des Auskochens bedient hat. Dass hierbei Misserfolge vorkommen, ist nicht zu verwundern, da schon seit lange feststeht, dass die Siedehitze zur Sterilisirung gewisser Substanzen ungenügend ist. So haben nach einer Angabe von F. Cohn schon im Jahre 1858 die Lübecker Conservenfabriken entdeckt, dass sie ihre Erbsen bei einer Hitze von 108° conserviren müssen, wenn sie des Erfolges sicher sein wollen [1]). Pasteur gab dann an, dass kurzdauerndes Kochen der Milch dieselbe noch keineswegs conservire, dass vielmehr eine Erwärmung auf 110° angewendet werden müsse, die dann aber den Zweck vollkommen erreiche. Gscheidlen zeigte, dass Mischungen von Peptonen und Traubenzucker, oder Käse und Rübendecoct durch Erhitzung auf 105—110° während 5—10 Minuten dauernd sterilisirt werden, während der gleiche Zweck von Huizinga durch blosses Kochen in der gleichen Dauer nicht erreicht werden konnte. W. Roberts endlich fand bei seinen ausgedehnten und exact angeordneten Versuchsreihen, dass verschiedene Substanzen einer sehr verschiedenen Hitzeeinwirkung zur Sterilisirung bedürfen, dass aber auch schwach alkalischer Heuaufguss, der sich weitaus am widerstandsfähigsten in dieser Richtung erwies, durch höhere Temperaturgrade leicht und sicher sterilisirt werden könne. Im Salzwasserbade bei 109° C. waren 30 Minuten, im Oelbade bei 125° C. sogar nur 5 Minuten hierzu erforderlich [2]).

Es ist also längst eine ausgemachte Sache, dass Substanzen, die durch einfaches Auskochen nur schwierig, d. h. unsicher zu sterilisiren sind, höher erwärmt werden müssen, was entweder durch Untertauchen des zugeschmolzenen Gefässes in einem erhitzten Oel- oder Salzwasserbad,

---

1) Beiträge zur Biologie der Pflanzen Bd. 2 H. 2 (1876) S. 251.

2) W. Roberts, Studies on Biogenesis. Philos. Transact. of the Royal Society of London vol. CLXIV. II. p. 474.

oder auch durch Erhitzen im Dampfkessel bei höherer Dampfspannung erreicht werden kann[1]). Da nun das letztere Verfahren ebenso sicher wirkt, jedoch viel einfacher und bequemer zu handhaben ist, so wird im Nägeli'schen Laboratorium schon seit mehr als 12 Jahren ein Dampfkessel zur Sterilisirung der verschiedensten Substanzen verwendet, und ist dieser bedeutende methodische Fortschritt jedenfalls auf Nägeli zurückzuführen.

Angesichts dieser Verhältnisse hätte Koch doch längst sein ungenügendes Verfahren mit einem besseren vertauschen sollen. Er hätte dann nicht nöthig gehabt, Argumente anzuführen wie das folgende:

> „Auch Buchner selbst kennzeichnet in einer Anmerkung zu seiner Schrift diese Schwierigkeit (nämlich der Sterilisirung) deutlich genug, indem er erwähnt, dass sich in einem Falle erst nach 18 Tagen die Verunreinigung der Fleischextractlösung bemerklich gemacht hatte. Würde man sich also in diesem Falle der 12—15 Tage klar gebliebenen Flüssigkeit zur Cultur bedient haben in dem guten Glauben, dass sie vollständig sterilisirt sei, dann würde man sich arg getäuscht haben."

Dieses Argument ist hinfällig, da aus der betreffenden Stelle in meiner Arbeit hervorgeht, dass ganz im Gegentheil jene Pilzvegetation nicht von ungenügender Sterilisirung, sondern von absichtlich zugelassenen Luftkeimen herrührte. Es handelte sich dabei um einen Versuch über den Pilzgehalt der Zimmerluft, und die Züchtungsgläser waren geöffnet worden, um den Stäubchen Eintritt zu verschaffen.

So unwesentliche Dinge würde ich nicht erwähnen, wenn sie nicht in der Ueberzeugung bestärken würden, dass Koch bei seiner Kritik mit ganz ungenügender Gründlichkeit zu Werke gegangen ist. Aber nicht nur bei den Citaten, sondern auch bei experimentellen Beweisführungen verfährt Koch mit unzureichender Sorgfalt. Aus Koch's weiteren Aeusserungen ergibt sich nämlich die überraschende Thatsache, dass von ihm sogar ein Dampfkessel zu gewissen einschlägigen Versuchen benutzt, trotzdem aber die Ansicht von der Schwierigkeit der Sterilisirung aufrecht erhalten wurde. Die Möglichkeit eines solchen Widerspruches erklärt sich nur unter der Annahme, dass Koch seinen Dampfkessel zwar zu anderen Dingen, jedoch niemals zu einem zweckmässigen Versuch über die Sterilisirung der Fleischextractlösung verwendet habe. Sonst hätte er nothwendig zu den gleichen positiven Resultaten gelangen müssen, zu denen

---

1) Aus naheliegenden Gründen müssen alle Theile des Gefässes, in welchem sich die zu sterilisirende Flüssigkeit befindet, der hohen Temperatur ausgesetzt werden, und deshalb genügt es nicht, etwa einen Kolben nur bis an den Hals in ein Oel- oder Salzwasserbad zu tauchen.

jeder mir bekannte neuere Experimentator bei Benutzung des Dampfkessels gelangt ist. In der That zeigen Koch's Angaben deutlich, dass jene Vermuthung Berechtigung besitzt. Es wird nämlich ein Versuch angeführt, bei welchem ein mit Wasser gefüllter Literkolben in den Dampfkessel gestellt, dann rasch angeheizt und die Temperatur eine halbe Stunde auf 120° C. erhalten wurde. Es stellte sich heraus, dass nach Ablauf dieser Frist die Temperatur des Wassers im Literkolben noch keineswegs 120° C. erreicht hatte.

Unmöglich könnte Jemand, der das richtige Verfahren bei Anwendung des Dampfkessels kennt, einen Versuch ausführen, der so unzweckmässig ist wie der von Koch hier beschriebene. Denn es ist eine bekannte Thatsache, dass ein Literkolben mit kaltem Wasser, der in einen bis dahin kalten Dampfkessel gestellt wird, einer gewissen Zeit zur Erwärmung bedarf, und unnöthig war es, dies erst noch durch Angabe eines speciellen Versuchsresultates zu beweisen[1]).

In der That macht es den Eindruck, als ob das hier von Koch citirte Experiment der allererste tastende Versuch gewesen sei, den Koch über die Anwendung des Dampfkessels gemacht hat. Dann ist aber nicht einzusehen, weshalb Koch nicht auch die weiteren Versuche mittheilt, welche auf dieses erste ungenügende Probiren folgen mussten. Wenn eine halbe Stunde entschieden zu kurz ist, so musste 1 oder 2 Stunden lang erhitzt werden, wobei dann ganz gewiss bessere Resultate zu Tage kamen.

Von solchen verbesserten Versuchen aber wird nichts erwähnt, und es muss angenommen werden, dass Koch diese verbesserten Versuche über die Sterilisirung bis jetzt noch nicht gemacht hat, da er ja sonst von selbst darauf gekommen wäre, wie man es angehen muss, um Fleischextractlösung sicher zu sterilisiren.

Die Vorschrift, wie man zu verfahren habe, ist seit Jahren da; vor Jahren habe ich angegeben, dass man während 1 Stunde auf 110° C. erhitzen müsse, wobei die bedeutende Zeit der Anheizung noch nicht eingerechnet sei[2]). Diese letztere Zeit festzustellen muss jedem Experimentator überlassen werden, da sich dieselbe nach der Grösse der verwendeten Züchtungsgefässe und einigen anderen speciellen Umständen bemisst. Mit Hilfe von Maximumthermometern muss festgestellt werden,

1) An demjenigen Orte, wo Koch seinen Versuch genau beschreibt (Mittheilungen aus dem K. Gesundheitsamte S. 323), findet sich bemerkt, dass der Literkolben mit kaltem Leitungswasser gefüllt wurde, und dass die Anheizung des Dampfkessels mit 5 Gasbrennern, d. h. ungemein rasch geschah, wobei nothwendig eine möglichst grosse Differenz zwischen der Dampftemperatur und derjenigen im Innern des Literkolbens zu Tage treten musste.

2) Deutsche Zeitschrift für Chirurgie Bd. 10 H. 1 S. 105.

welche Dauer der Anheizung in jedem Falle erforderlich ist, um die Nährlösungen auf 110° C. zu erwärmen. Bei meinem Dampfkessel und meinen gewöhnlichen Züchtungsgefässen genügen hierzu 1¼ Stunden, so dass die Gesammtdauer der Erhitzung 2¼ Stunden beträgt.

Hätte Koch diese Vorschrift geprüft und auf Grund von Versuchen etwa angegeben, dass für bestimmte Fälle die von mir vorgeschriebene Erhitzung noch ungenügend sei und noch erhöht werden müsse, so hätte ein solches Verfahren einen Werth gehabt; blossen Vermuthungen dagegen, wie sie von Koch geäussert werden, kann in einer experimentell so leicht zu entscheidenden Angelegenheit keine Bedeutung zugemessen werden.

Mit der Sterilisirungsfrage hängt nothwendig zusammen die Frage der Tödtungstemperatur der Sporen der Heubacterien; denn es ist klar, dass mit diesen widerstandsfähigsten von allen organisirten Keimen hauptsächlich bei der Sterilisirung gerechnet werden muss. Auch in dieser wichtigen Frage steht Koch in seinen neuesten Publicationen, wie bereits früher angedeutet wurde, auf einem Standpunkt, den ich, und gewiss keiner von den maassgebenden Sachkennern, als den richtigen betrachten kann.

Die Widerstandsfähigkeit der Sporen der Heubacterien gegen die Siedehitze.

Koch will durch seine Desinfectionsversuche mit Gartenerde „erwiesen“ haben, dass diese Sporen schon durch Siedehitze von wenig Minuten Dauer getödtet werden. Da es aber unter den Pilzforschern bisher als feststehende Thatsache gilt, dass diesen Sporen eine viel höhere und ganz ausnahmsweise Widerstandskraft zuzuschreiben sei, und da schon verschiedene Untersuchungen auf diese wichtige Eigenschaft der Sporen der Heubacterien begründet wurden (Brefeld, Praźmowski), so hätte ein solcher Einspruch, wenn er stichhaltig wäre, ziemliche Bedeutung. Folgerichtig müsste die Cohn'sche Methode der Reincultivirung der Heubacterien durch Auskochen als irrthümlich erklärt werden, das stete Erscheinen der Heubacterien im gekochten Heuaufguss als eine Wirkung des Zufalls. Höchst merkwürdig bliebe dabei nur, dass dieses zufällige Ereigniss immer nur beim Heuaufguss eintritt, dagegen nicht leicht bei anderen Nährlösungen; beim Heuaufguss aber so regelmässig, dass unter Hunderten von Versuchen nicht ein einziger missglückt. Noch wunderbarer wäre, dass die zufällig der Erhitzung entgehenden Pilze immer von ein und der nämlichen Art sind, nämlich stets Bacterium subtile.

Alle diese Räthsel lösen sich einfach dadurch, dass Koch's Behauptungen auf einem Irrthum beruhen. Die ersten exacten Experimente, bei denen sich herausstellte, dass im Heuaufguss Pilze vorkommen, welche eine länger dauernde Siedehitze unbeschadet überstehen, sind diejenigen von W. Roberts, deren wir bereits Erwähnung gethan haben. Roberts hat im Verlaufe von Jahren mehrere hundert Versuche über Sterilisirung durch Erhitzen ausgeführt, alle genau in gleicher Weise. Dabei ergab sich als constantes Resultat, dass alle Substanzen durch Siedehitze verhältnissmässig leicht sterilisirt werden konnten, mit einziger Ausnahme des schwach alkalischen Heuaufgusses, der mindestens 1—2 stündiges Erhitzen erforderte. Da nun das Verfahren in allen Fällen d. h. bei jeder Substanz das gleiche gewesen war, so geht daraus mit vollkommener Sicherheit hervor, dass im Heuaufguss sich Pilze befinden müssen, welche der Siedehitze in ganz besonderer Weise Widerstand leisten. Von diesen Experimenten hat Koch bei seiner neuerlichen Aufstellung überhaupt keine Erwähnung gethan.

Die Versuchsresultate von Roberts bestätigte dann F. Cohn, indem er zugleich nachwies, dass es eine einzige und immer die nämliche Pilzform sei, welche die hohe Resistenz gegen Siedehitze erkennen lässt[1]).

Gegen diese Versuche wendet sich nun Koch, indem er dieselben auf Fehler in der Anordnung zurückzuführen sucht[2]). Abgesehen davon, dass die bezüglichen Ausführungen Koch's auf Jedermann einen sehr wenig überzeugenden Eindruck machen werden, so hat Koch auch den wichtigsten Umstand ganz übersehen, dass nämlich Cohn ausser diesen von Koch bemängelten auch andere, völlig einwandfreie Versuche ausgeführt und am gleichen Orte[3]) publicirt hat. Bei diesen letzteren Versuchen wurden die Versuchskölbchen zugeschmolzen und im kochenden Wasser vollständig untergetaucht, so dass auch nicht der mindeste Einwand mehr übrig bleibt. Da nun bei 35 Minuten langer Eintauchung noch Heubacterien lebend blieben, und da zufolge Controlbestimmung höchstens 10 Minuten auf die Anwärmung entfallen, so ist hier über allen Zweifel bewiesen, dass 25 Minuten lange Siedehitze die Heusporen noch nicht zu tödten vermag.

Allein damit ist die Grenze der Widerstandsfähigkeit noch lange nicht erreicht. Als Beweis hierfür will ich einige meiner eigenen Versuche über die Frage anführen.

Apparate von nachstehender Form, mit je 20^{ccm} 1procentiger schwach alkalischer Fleischextractlösung, wurden zugeschmolzen und im Dampfkessel vollständig sterilisirt, um alle etwa an der Innenwandung zufällig anhaftenden trockenen Sporen zu tödten, da ich nur benetzte Sporen

1) Beiträge zur Biologie der Pflanzen Bd. 2 H. 2 (1876) S. 249.

2) Mittheilungen aus dem K. Gesundheitsamte S. 332.

3) a. a. O. S. 260.

zum Versuch verwenden wollte. Hierauf wurden die Apparate durch Abbrechen der Spitze wieder geöffnet, mit einem Tropfen Flüssigkeit inficirt, welche bloss benetzte Sporen von Bacterium subtile enthielt, und sofort wieder zugeschmolzen[1]). Hierauf wurden die Apparate in einem Kessel mit siedender 10proc. Kochsalzlösung für die Dauer von 80 Minuten vollständig untergetaucht. Der Controlversuch mit einem ganz gleichartigen, gleichzeitig eingetauchten Apparat, versehen mit 2 Maximumthermometern, zeigte, dass binnen 20 Minuten im Innern des Apparates die Temperatur von 100,5—101,0° C. erreicht war. Somit wirkte auf die Heubacterien während 60 Minuten eine Temperatur von etwas mehr als 100° C. Trotzdem zeigte sich, dass in diesen zugeschmolzenen Apparaten, die nach der Erhitzung sogleich in den Thermostat (36° C.) kamen, schon am nächsten Tage vollständig normale Decken von Heubacterien sich gebildet hatten. Es geht daraus hervor, dass die angewendete Temperatur die Heubacterien noch nicht einmal merklich geschwächt hatte.

1/4 natürl. Grösse.

Ich bemerke hierzu, dass der Unterschied zwischen meinen Versuchen und den Cohn'schen, d. h. die Ursache der anscheinend geringeren Widerstandsfähigkeit bei ersteren auf den Umstand zurückzuführen ist, dass Cohn nur eine kleine Menge von Heuaufguss in seinen Kölbchen hatte, wobei die Aussicht gering ist, ganz widerstandsfähige Sporen im Versuch zu haben. Mit grösseren Mengen von Heuaufguss hätte Cohn wohl bessere Resultate erhalten.

Beobachtungen, welche auf anderem Wege angestellt sind, beweisen ebenfalls die hohe Widerstandsfähigkeit der Sporen der Heubacterien gegen die Siedehitze. Brefeld, dessen Untersuchungen von Koch nicht berücksichtigt worden sind, hat constatirt, dass an den Sporen der Heubacterien, unmittelbar nachdem dieselben einer länger dauernden Einwirkung der Siedehitze ausgesetzt waren, direct unter dem Mikroskop (in der feuchten Kammer) das Auskeimen und Auswachsen zu Stäbchen und Fäden beobachtet werden kann[2]), so dass auch hierdurch die Sache unzweifelhaft entschieden ist.

Alle diese wichtigen Thatsachen waren Koch unbekannt, als er seine Desinfectionsversuche anstellte. Er glaubte, die Sache durch seine Ex-

1) Die Züchtung der Sporen war im Schüttelapparat vorgenommen worden, so dass die Pilze stets untergetaucht blieben und keine Decke bilden konnten.

2) Brefeld, Botanische Untersuchungen über Schimmelpilze H. 4 (Leipzig 1881) S. 51.

perimente mit „Gartenerde“ aufklären zu können. Um so unbegreiflicher erscheint diese Täuschung, als zugleich diese angebliche Aufklärung einen unlösbaren Widerspruch enthält gegenüber der anderen Behauptung Koch's von der Schwierigkeit der Sterilisirung. Offenbar ist doch nur das Eine möglich: entweder sind die widerstandsfähigsten Pilze leicht, schon durch Siedehitze von wenig Minuten zu tödten — dann ist die Sterilisirung jeder Flüssigkeit sehr einfach zu bewältigen; oder die von Koch behauptete Schwierigkeit der Sterilisirung bleibt bestehen — dann beweist dies, dass die widerstandsfähigsten Spaltpilze durch Siedehitze nicht getödtet werden.

Dieser absolute Widerspruch lässt nicht annehmen, dass Koch zu irgend welcher Klarheit bezüglich seiner eigenen Behauptungen gelangt sei. Von zwei entgegengesetzten Aufstellungen könnte doch höchstens die eine das Richtige treffen; im gegenwärtigen Falle allerdings ist die letzte Eventualität gegeben, dass nämlich beide Behauptungen der sicheren Grundlage entbehren. —

An die Sterilisirungsfrage reiht sich naturgemäss jene der Reinculturen, da die Reincultivirung als wesentliche Vorbedingung die Sterilisirung der Apparate und Lösungen voraussetzt.

Die Reincultivirung der Spaltpilze. Das Culturverfahren von Koch.

Die Reincultivirung der Spaltpilze ist die wesentliche Vorbedingung zur Erforschung ihrer näheren Eigenschaften, besonders ihrer Wirkungsweise. Koch leugnet nun geradezu die Möglichkeit der Reincultivirung in flüssigen Nährsubstraten, auf Grundlage — nicht von Experimenten — sondern von kritischen Erörterungen [1]).

So sehr diese Anschauungen Koch's den hergebrachten Vorstellungen von unsichtbaren und unfassbaren Gefahren bei der Reincultivirung entsprechen mögen, so wenig können dieselben gegenüber dem heutigen Stande der Methodik aufrecht erhalten werden. Die Thatsache, dass Spaltpilzformen reincultivirt werden können, ist zweifellos gegeben; dieselbe kann jederzeit demonstrirt und von jedem Forscher bei Einhaltung des richtigen Verfahrens selbst controlirt werden. Mit dieser Thatsache muss daher gerechnet werden, und keine theoretische Betrachtung kann dieselbe aus der Welt schaffen. Wer dieselbe leugnen wollte, würde damit nur gestehen, dass ihm die richtigen Bedingungen zur Erlangung reiner Culturen noch nicht bekannt sind, und dieser Vorwurf muss allerdings bei Koch, nach dem, was wir anlässlich der Sterilisirungsfrage sahen, in allem Ernste erhoben werden.

---

1) Mittheilungen aus dem K. Gesundheitsamte S. 21.

Unter einer Cultur von Spaltpilzen stellt man sich gewöhnlich eine trübe Flüssigkeit vor, an der mit blossem Auge nichts weiter zu erkennen ist. Es ist noch wenig bekannt, dass verschiedene Spaltpilzformen, wenn sie reincultivirt sind, die Nährlösung nicht trüben, sondern bei ganz klarer Flüssigkeit am Grunde oder an der Wandung vegetiren, so dass das Bestehen einer reinen Cultur unmittelbar, durch die blosse Betrachtung constatirt werden kann. So ist es z. B. gerade bei den Milzbrandbacterien. Bei diesen spärlich vegetirenden, die vorhandenen Nahrungsstoffe nur sehr unvollkommen ausnützenden Bacterien wäre nun bei fortgesetzter Uebertragung die beste Gelegenheit zur Eindrängung anderer Pilzformen gegeben. Thatsächlich ist dies aber nicht der Fall; die Milzbrandbacterien können fort und fort reincultivirt werden.

Das gleiche lässt sich bei den echten Heubacterien constatiren, deren Decken (bei Reincultur) nach Farbe, Consistenz und Trockenheit bei klarer Nährlösung vollkommen charakteristisch sind. Man kann jede Wette darauf eingehen, dass bei hundert fortgesetzten Uebertragungen der Heubacterien in neue, gleichartige Nährlösungen die makroskopische und mikroskopische Beschaffenheit dieser Decken keine Veränderung erleiden, die Reinheit der Cultur somit nicht gestört werden wird. Was aber bei einer Pilzform möglich ist, das ist überhaupt möglich, und Koch's Deductionen können deshalb diesen Thatsachen gegenüber keinen Werth beanspruchen. Die Ursache der abweichenden Meinung Koch's aber wird aus einer Besprechung der von ihm angeführten Argumente genügend erhellen. Fünf Punkte sind es, von denen Koch glaubt, dass sie die Unmöglichkeit der Reincultivirung beweisen.

Zwei von diesen Punkten fallen zusammen. Dieselben beziehen sich auf die Sterilisirung der Züchtungsgefässe und der Nährlösungen, welche, wie ich schon öfters hervorgehoben habe, mit einem Male bewerkstelligt werden müssen. Koch meint hierzu: „Mit welchen Schwierigkeiten und welchen Gefahren für das Gelingen des Experimentes diese Arbeit verknüpft ist, kennt Jeder, der mehrfach Gelegenheit gehabt hat, mit Heuinfus ... zu arbeiten." Wir haben bereits zur Genüge gesehen, dass diese Schwierigkeiten nur für denjenigen gegeben sind, der sich einer ungenügenden Methodik bedient. Bei Anwendung des richtigen Verfahrens dagegen gibt es keine Aufgabe, die leichter und sicherer zu erfüllen wäre als die hier gegebene.

Die dritte Bedingung der Reincultur ist nach Koch der pilzdichte Verschluss mit Watte, dessen Zuverlässigkeit, wie er glaubt, nach den Untersuchungen von Nägeli nicht als für alle Fälle gültig anzunehmen sei. Nun haben Nägeli und ich allerdings nachgewiesen, dass die Watte nicht für alle Fälle pilzdicht schliesst, nämlich dann nicht, wenn Luft mit grösserer Geschwindigkeit durch dieselbe hindurchgesaugt wird. Dagegen hat sich bei unseren Versuchen stets herausgestellt, dass die Watte vollkommen pilzdicht schliesst, wenn keine Luft hindurchgesaugt wird. Es zeigt sich daher, dass die Resultate unserer Versuche gerade das Gegentheil von dem beweisen, was Koch aus denselben entnehmen zu müssen glaubt.

Die vierte Bedingung Koch's besteht darin, dass man ein reines Ausgangsmaterial verwende. Die Frage, wie dies zu geschehen habe, ist für die Milzbrandbacterien und für die Heubacterien längst entschieden. Bei den Heubacterien insbesondere löst die Methode des Auskochens diese Aufgabe in vollständigster Weise, und wenn Koch sich derselben bedienen will, so wird er über keine Schwierigkeiten zu klagen haben. Für andere Spaltpilzformen aber, denen in dieser Weise nicht beizukommen ist, lassen sich andere Mittel ausfindig machen. Einen principiellen Weg habe ich in dieser Beziehung in der vorausgegangenen Mittheilung zur Morphologie der Spaltpilze gewiesen, wo die Reincultivirung der Glycerinäthylbacterie ausführlich erörtert ist.

Die fünfte und letzte Schwierigkeit bei der Reincultur besteht nach Koch darin, dass bei den Uebertragungen von Glas zu Glas Pilzstäubchen aus der Luft in die Nährlösungen fallen sollen. Schon früher habe ich hervorgehoben, dass diese Befürchtung immer dann auftaucht, wenn die Züchtungsgefässe und Nährlösungen nicht sicher sterilisirt wurden. Jede Verunreinigung, die dann sich zeigt, wird zufolge eines eingebürgerten Herkommens auf Luftinfection zurückgeführt. Dass aber bei richtigem Verfahren keine Rede davon sein könne, ergibt sich aus folgender Betrachtung. Man überträgt bei der Aussaat beispielsweise 10 Millionen Pilze, die vollkommen lebenskräftig sind und sogleich ihre Vermehrung beginnen; ausserdem fällt noch ein Stäubchen hinein, welches einige wenige trockene Pilze enthält. Wer jemals Versuche über solche Pilzstäubchen gemacht hat, indem er sterilisirte Nährflüssigkeiten absichtlich der Luftinfection aussetzte, weiss, dass es Tage bedarf, bis eine merkliche Vegetation aus solchen durch die Austrocknung in latentes Leben versetzten, meist sehr geschwächten Pilzen hervorgeht. Daraus ergibt sich zur Genüge, dass von den Pilzstäubchen der Luft gar keine Gefahr für die Reinheit der Cultur droht, wenn die gezüchteten Pilze nur einigermassen rasch sich vermehren.

Auch die theoretische Ueberlegung führt also keineswegs dahin, die Möglichkeit der Reincultivirung als ausgeschlossen erscheinen zu lassen. Im Gegentheil zeigt die Theorie, dass die Reincultivirung gelingen müsse, und die Praxis bestätigt dieses Resultat, verausgesetzt, dass richtige Methoden zur Anwendung kommen. Diese letztere Voraussetzung aber ist überall nöthig. Auch eine chemische Analyse kann nur von demjenigen richtig ausgeführt werden, der die Vorschriften kennt und beachtet. Wer mit ungenügenden Methoden arbeitet, wird allerdings mit der Reincultivirung nicht zurecht kommen; gewiss kann aber deshalb nicht behauptet werden, dass dieselbe überhaupt unmöglich sei.

Anschliessend an die Verwerfung des bisherigen Reinculturverfahrens hat Koch nun eine neue Methode in Vorschlag gebracht, von der er sich die grössten Vortheile für die Zukunft der Pilzforschung erwartet.

Die Eigenthümlichkeiten dieses neuen Verfahrens bestehen einmal darin, dass auf einem festen Nährboden, auf sog. Nährgelatine gezüchtet wird, wodurch eine Vermengung verschiedenartiger gleichzeitig cultivirter Pilze angeschlossen ist, und alsdann darin, dass man die Menge des Culturmaterials so sehr beschränkt, dass die ganze Cultur mit dem Mikroskop untersucht werden kann. So einleuchtend nun die principiellen Betrachtungen sind, von denen Koch hierbei ausgegangen ist, und so brauchbar dieses Züchtungsverfahren für manche Zwecke sein wird, so wenig vermag doch demselben eine Bedeutung für die tiefere Erforschung der Spaltpilze zuerkannt zu werden.

Zunächst kann dieses von Koch angegebene Verfahren überhaupt nicht als „Reinculturverfahren“ bezeichnet werden. Da nämlich die Koch'schen Gelatineculturen gegen zufällige Verunreinigungen nur sehr unvollkommen geschützt sind, so treten sehr häufig Misserfolge, d. h. Einwucherungen fremder Spaltpilzformen auf, die zwar in der Regel mit dem Mikroskop erkannt werden können, die jedoch die Reinheit der Cultur selbstverständlich vernichten. Bei einem wirklichen Reinculturverfahren, das auf diesen Namen mit Recht Anspruch erheben will, müssen derartige Vorkommnisse principiell vermieden sein; das liegt unmittelbar in der Natur der Sache. Indess, dies ist von untergeordneter Bedeutung; die entscheidende Frage liegt darin, ob das Culturverfahren von Koch diejenigen wichtigen Aufgaben zu lösen vermag, welche wir bei der Erforschung der Spaltpilze im Auge haben müssen. In dieser Beziehung darf nicht vergessen werden, dass die Erkennung und mikroskopische Unterscheidung der verschiedenen Spaltpilzformen noch nicht das Endziel der Forschung darstellen kann. Ebensowenig bezeichnet in der Physiologie der höheren Organismen der Nachweis histologischer Details den letzten Schritt für die Erkenntniss. Immer ist es das Verständniss der Wirkungsweise, der chemischen und physiologischen Eigenschaften, welches uns erst eine wahre Vorstellung über die Vorgänge ermöglicht und zu praktisch wichtigen Folgerungen zu führen vermag.

Das neue Koch'sche Culturverfahren vermag nun offenbar nur diagnostischen Zwecken zu dienen, und allenfalls dem praktischen Nebenzweck, Impfmaterial für spätere Versuche sich fortzuzüchten. Von den wichtigen Fragen dagegen, welche sich auf die innere Natur der Krankheitserreger beziehen, kann keine mit dieser Methode ordentlich in Angriff genommen werden. Unter diesen Fragen, deren Lösung bei jeder der verschiedenen pathogenen Spaltpilzformen angestrebt werden muss, sind die wesentlichen folgende:

1. Welche Nahrungsstoffe sind zur Ernährung überhaupt tauglich, insbesondere: wie verhalten sich die einfacheren krystallisirenden Verbindungen (Leucin, Asparagin, weinsaures, essigsaures Ammoniak)? Welche Verbindungen nähren am besten, welche am schlechtesten?
2. Welche Zersetzungsstoffe werden gebildet, überhaupt und bei verschiedener Ernährungsweise? Welche flüchtigen Substanzen treten dabei auf? Wie steht es mit der giftigen (toxischen) Wirkung dieser Zersetzungsstoffe?
3. Findet Ausscheidung löslicher chemischer Fermente statt, und welche Wirkung zeigen dieselben auf Cellulose, Stärke und coagulirtes Albumin?
4. Welche Beziehung besteht zum Sauerstoff? Erfolgt ohne denselben überhaupt Vermehrung, und unter welchen Bedingungen?
5. Einfluss der Temperatur.
6. Einfluss der chemischen Reaction der Nährlösung.
7. Existirt Gärungsvermögen? Welche Stoffe werden vergoren, mit welchen Producten?
8. Kommt Sporenbildung vor? Welches sind die Bedingungen derselben? Durch welche Einflüsse wird dieselbe befördert oder verhindert?
9. Einfluss verschiedener chemischer Stoffe (Desinfectionsmittel) auf Wachsthum, Gärung und Sporenbildung.

Von allen diesen fundamentalen Fragen kann mittels der Cultur auf Gelatinetröpfchen nicht eine einzige befriedigend gelöst, fünf davon können überhaupt nicht einmal in Angriff genommen werden, wie aus der Natur der Sache von selbst hervorgeht. Selbst diejenigen zwei aber, von denen man glauben möchte, dass sie am ehesten einer Beantwortung fähig wären, die 1. und 5., bieten Hindernisse, welche in der Natur der Gelatine gelegen sind. Die Temperatureinwirkung kann nämlich deshalb nicht genügend studirt werden, weil die Gelatine bei mehr als 30° C. flüssig wird. Bei der Ernährungsfrage aber sind die Schwierigkeiten noch viel grösser, da die Gelatine selbst als complicirtes stickstoffhaltiges Nahrungsmaterial immer störend einwirkt.

Somit kann dem neuen Verfahren von Koch diejenige Bedeutung für die Pilzforschung nicht zuerkannt werden, die ihm sein Erfinder zuzuschreiben geneigt ist. Allerdings gibt es gewisse Zwecke, für welche dieses Verfahren geeignet ist. Aber die tieferen Fragen der Morphologie und Physiologie der Pilze können jedenfalls nur mit Methoden behandelt werden, welche dem Experiment viel ausgiebigere Angriffspunkte bieten, als dies bei der Gelatinecultur der Fall ist. —

VII. Einwand, betreffend Koch's Nachprüfung meiner Versuche[1]). Dieser Einwand ist scheinbar der schlagendste, da Koch hier angibt, dass er die Milzbrandbacterien selbst durch viele Generationen gezüchtet und keine Umänderung an denselben bemerkt habe. Die erste Frage ist aber, welches Verfahren Koch bei der Züchtung angewendet habe, da hierauf alles ankommt. Prüfen wir diesen Umstand, so zeigt sich denn, dass Koch mit merkwürdigem Missgeschick gerade solche Methoden eingeschlagen hat, welche im Gegentheil am besten geeignet sind, die Milzbrandbacterien durch beliebig viele Züchtungen bei ihrer Natur und Wirkungsweise zu erhalten.

Während ich meine Züchtung der Milzbrandbacterien in Fleischextractlösung bei 36° C. im Schüttelapparate bewerkstelligte, züchtete Koch einerseits auf Nährgelatine, anderseits auf Scheiben von gekochten Kartoffeln. Die Gelatinezüchtung konnte nur bei 25—28° C. durchgeführt werden, da bei höherer Temperatur die Gelatine flüssig wird. Die Anwendung tieferer Temperatur ist aber gerade ein ausgezeichnetes Mittel, um durch Verlangsamung des Wachsthums die Milzbrandbacterien durch beliebig viele Züchtungen bei ihrer Natur zu erhalten. Die Kartoffelcultur ferner, von der es ungewiss ist, ob dieselbe bei 36 oder ebenfalls bei 25° C. ausgeführt wurde, bewirkte keine Umänderung in der Natur der Pilze, weil der Kartoffelsaft schwach sauer reagirt, ein Umstand, der ebenfalls das Wachsthum der Milzbrandbacterien verzögert und damit die Umwandlung ihrer Natur verhindert.

Nun konnte Koch allerdings nicht alle diese Verhältnisse überblicken. Allein die einfache Ueberlegung hätte doch sagen müssen, dass in einem noch so völlig dunklen Gebiete, wie es die Anpassungserscheinungen von Spaltpilzen sind, wo so viele Wege nach verschiedenen Richtungen offen stehen, Nachprüfungen fremder Versuchsresultate jedenfalls nur mit der gleichen Methode ausgeführt werden dürfen, welche der Vorgänger benutzte. Andernfalls wird man wenigstens nicht mit dem mindesten Anschein von Recht behaupten können, dass der negative Ausfall der Nachprüfuugen gegen die positiven Ergebnisse des ersten Experimentators irgend etwas beweise. —

VIII. Einwand, betreffend meine directe Erzeugung des Milzbrandcontagiums[2]). Gegen meine directe Erzeugung des Milzbrandes durch die Mittelform der Heubacterien erhebt Koch den Einwand, dass ich gar nicht Milzbrand, sondern irgend eine andere Affection, wahrscheinlich aber

1) Mittheilungen aus dem K. Gesundheitsamte S. 73.

2) ebd. S. 74.

die von ihm als „Pasteur'sche Septikämie" oder „malignes Oedem" bezeichnete Bacterienkrankheit erzielt hätte. Diese Behauptung erleichtert sich Koch wesentlich dadurch, dass er alle meine bezüglichen Angaben, welche das Gegentheil seiner Behauptung beweisen, einfach ignorirt. Dagegen bringt Koch selbst zwei Gründe für seine Aufstellung bei.

Erstens soll der Umstand, dass ich mit frischem arteriellem Blut gezüchtet habe, die Bacterien des malignen Oedems in den Versuch eingeführt haben[1]). Diese Behauptung ist ganz gegenstandslos, da ausdrücklich angegeben wird, dass aus dem Blut erst nochmals in Fleischextract reincultivirt wurde, um Sporen zu bilden, die nun erst zur Einspritzung kamen. Hat denn Koch jemals die Bacterien des malignen Oedems in Fleichextract gezüchtet? Im Gegentheil, er gibt an, dass dies unmöglich sei! Unmöglich ist diese Züchtung nun zwar nicht, aber ganz unmöglich allerdings, solange man noch Augen hat, die Verwechslung dieser in Fleischextract gezüchteten Oedembacterien mit der ebenda cultivirten sporenbildenden Mittelform der Heubacterien. Ausserdem verwechselt Koch das Blut einer Erstickungsleiche (worin sich in der That häufig die Oedembacterien finden) mit frischem, dem lebenden Thiere entnommenem arteriellen Blute. Koch scheint nicht zu wissen, dass im Augenblick der Erstickung die Oedembacterien noch nicht im Blute sind, sondern erst später in dasselbe einwandern[2]).

Der zweite Grund Koch's ist ein allgemeiner und lautet:

> „Was kann unter diesen Umständen [Züchtung mit Blut, d. Vf.] Jemand, für den pathogene Bacillen und Milzbrandbacillen eins und dasselbe sind, wohl anders annehmen, als dass er Milzbrand künstlich aus unschädlichen Organismen erzeugt hat."

Die thörichte Meinung, welche mir Koch selbst zugeschoben hat, wird also hier als Argument gegen mich verwendet. Mit solchen Gründen kämpft ein Kritiker, der es nicht der Mühe werth findet, den Inhalt derjenigen Arbeit, welche er bekämpft, im Einzelnen sich anzusehen. Genug also von Koch's Gründen.

Die wissenschaftlich interessante Seite der Frage besteht darin, ob Milzbrand und malignes Oedem in der That ähnliche Krankheiten sind, die leicht verwechselt werden können. Wenn man Koch's polemischen Aeusserungen Glauben schenken wollte, wäre dies allerdings der Fall. In der That aber kann davon gar keine Rede sein. Wer nicht an klein-

1) Koch erwähnt wiederholt in vorwurfsvollem Tone, dass ich mit „nicht sterilisirtem" Blut gezüchtet habe. Sollte es etwa eine Möglichkeit geben, das Blut ohne Veränderung seiner Eigenschaften zu sterilisiren?

2) Der ganze Einwand ist um so seltsamer, als Koch stets behauptet, im lebenden gesunden Körper, also auch im Blute, seien keine Bacterien zugegen.

lichen Einseitigkeiten hängt, wer auf das Wesen der Erscheinung sein Augenmerk richtet, wird zwei Affectionen niemals verwechseln können, die man geradezu als Typen zweier ganz verschiedener Reihen von Infectionskrankheiten bezeichnen muss. Der Milzbrand ist der Typus der aërobischen, das maligne Oedem jener der anaërobischen Bacterienkrankheiten. Wer meine bezüglichen Bemerkungen in der I. Mittheilung über das Milzbrandcontagium nachliest, weiss, was damit gesagt sein soll. Die erste Reihe ist charakterisirt durch das Fehlen der entzündlichen Processe in den Geweben, durch die Localisation der Pilze und damit der primären pathologischen Vorgänge im Bereiche des sauerstoffhaltigen Blutes, im Gefässsystem. Bei der zweiten Reihe ist der entzündliche Process vorherrschend, die Parenchyme sind primär afficirt und von den Pilzen durchwuchert, das Blut dagegen primär nicht betroffen. Es ist also der reine Gegensatz, den wir vor uns haben, und keineswegs irgend ein Parallelismus. Während beim Milzbrand die Entwicklung der Pilze innerhalb des Gefässsystems erfolgt, ist beim malignen Oedem das Unterhautzellgewebe der Ausgangspunkt der Affection. Hier entwickeln sich zuerst die Bacterien, durchdringen alsdann die Brust- und Bauchmusculatur, überall entzündliche Processe erregend, und gelangen schliesslich vom Peritonealraume aus in die Unterleibsorgane. Dieser Befund aber ist nicht nur bei Kaninchen, wie Koch angibt, sondern auch bei Mäusen vollkommen deutlich und nicht zu verkennen.

Wer also nicht so oberflächlich zu Werke geht, dass er überhaupt alle Bacterienkrankheiten in einen Haufen zusammenwirft, kann diese beiden, in ihrem Wesen diametral entgegengesetzten Affectionen unmöglich verwechseln. Nun kommen aber noch weitere, wichtige Unterschiede.

Wenn man Präparate von malignem Oedem untersucht, so genügt das Wahrnehmen von Eigenbewegung bei den Bacterien und die, gegenüber dem Verhalten der Milzbrandbacterien sehr auffällige Thatsache der weitergehenden Vermehrung nach dem Tode des Thieres, also in einem völlig sauerstofffreien Medium, bereits zur Unterscheidung. Absolut sicher jedoch ist der Züchtungsversuch in Fleischextractlösung, welcher bei den Milzbrandbacterien ein ganz unverkennbares Resultat liefert. Deshalb habe ich ausdrücklich angegeben, dass von meinen direct mit Heubacterien erzeugten Milzbrandfällen wiederum Reinculturen in Fleischextract gemacht und die Bacterien als Milzbrandbacterien zweifellos erkannt wurden. Diese an und für sich entscheidende Angabe hat Koch wie alles übrige Dahingehörige mit vollkommenem Schweigen abgethan.

Eine Analogie zwischen Milzbrand und malignem Oedem bleibt somit nur für denjenigen, der sich wie Koch bloss an das mikroskopische Aussehen der Bacterien hält. Denn die beiden Bacterien sehen sich in Präparaten, welche dem Thierkörper frisch entnommen sind, ziemlich ähnlich;

sie sind auch in gefärbten Schnittpräparaten, wie Koch selbst zugibt, nicht von einander zu unterscheiden. Wer also auf solche Dinge alles Gewicht legt und sonst weiter nichts beachtet, könnte hier fehlgehen. Ich glaube dargethan zu haben, dass ich mich solchen Leichtsinnes niemals schuldig gemacht, sondern im Gegentheil zuverlässigere Mittel zur Charakterisirung der verschiedenen Spaltpilzformen verwendet habe, als sie von Koch gekannt sind.

Damit dürfte es mehr als genug sein, um diese letzte Anschuldigung Koch's als vollkommen unbegründet zu erweisen. Keiner unter allen Vorwürfen Koch's hat mir so sehr wie dieser letzte den Eindruck gemacht, dass Koch bloss nach allgemeinem Gutdünken und ohne jedes Eingehen auf den eigentlichen Sinn meiner Arbeit seine Angriffe erhoben hat. Bei jeder sachlichen Discussion sollten die Gründe, welche ein Autor für seine Behauptungen anführt, vor allem gewürdigt werden; ohne diese Regel ist eine wissenschaftliche Debatte überhaupt unmöglich. Koch hat sich im Gegentheil über die wesentlichsten Angaben in meiner Schrift mit souveräner Willkür hinweggesetzt; seine Kritik verliert eben darum von vorn herein ihre Bedeutung.

Es bleiben nun noch einige hierher gehörige Gegenstände von Wichtigkeit zu besprechen.

Morphologie des Auskeimungsprocesses bei den Milzbrandsporen.

Bei Koch's Kritik muss man mit Recht fragen, weshalb der anscheinend wichtigste Einwand nicht erwähnt wurde, dass nämlich gemäss Koch's früheren Angaben die Anatomie der Milzbrandsporen und deren Auskeimungsprocess ein wesentlich anderer sein soll als der bei den Sporen der Heubacterien bekannte und vielfach constatirte. Dieser Einwand allein würde, wenn er begründet wäre, die genetische Zusammengehörigkeit von Milzbrand- und Heubacterien als unmöglich erscheinen lassen.

Auf Grund vielfacher eigener Beobachtungen beschrieb Koch im Jahre 1876 den Auskeimungsprocess der Milzbrandsporen in folgender Weise[1]:

> „Bei genauer Untersuchung mit stärkeren Vergrösserungen (z. B. Hartnack immers. 9) erscheint jede Spore von eiförmiger Gestalt und in eine kuglige glashelle Masse eingebettet, welche wie ein heller schmaler, die Sporen umgebender Ring aussieht, deren kuglige Form aber beim Rollen der Sporen nach verschiedenen Richtungen leicht zu erkennen ist. Diese Masse verliert zuerst ihre Kugelgestalt, sie verlängert sich in der Richtung der Längsachse der Sporen nach der einen Seite hin und wird langgezogen eiförmig.

1) Beiträge zur Biologie der Pflanzen von F. Cohn Bd. 2 H. 2 S. 289.

Die Spore bleibt dabei in dem einen Pol des kleinen walzenförmigen Körpers liegen. Sehr bald wird die glashelle Hülle länger und fadenförmig und zu gleicher Zeit fängt die Spore an ihren starken Glanz zu verlieren, sie wird schnell blass und kleiner, zerfällt wohl auch in mehrere Partien, bis sie schliesslich ganz verschwunden ist. In Fig. 5 ist ein solcher Sporenhaufen mit den Uebergängen zu Fäden nach einem solchen Präparate wiedergegeben.

Später ist es mir auch oft gelungen in demselben Präparat und in demselben Tropfen Humor aqueus aus den Bacillen die Sporen und sofort aus diesen wieder eine zweite Generation von sporenhaltigen Fäden zu erziehen. Wenn nämlich nur wenige Bacillen in den Tropfen gelangten, hatte sich, wie auch sonst, ungefähr nach 20 — 24 Stunden die Sporenbildung vollzogen; das Nährmaterial war aber noch nicht verbraucht und einige Stunden später wuchsen die Sporen schon wieder zu Bacillen und diese zu Fäden aus.

Namentlich in derartigen Präparaten konnte der Uebergang der Sporen zu den Bacillen mit Sicherheit beobachtet werden. . . . Aus diesen höchst einfachen Formveränderungen der Spore bei ihrer Keimung geht also hervor, dass sie aus einem stark lichtbrechenden Tröpfchen, vielleicht einem Oel, besteht, welches von einer dünnen Protoplasmaschicht eingehüllt ist. Letztere ist die eigentliche entwicklungsfähige Zellsubstanz, während ersteres vielleicht einen bei der Keimung zu verbrauchenden Reservestoff bildet.“

Trotz dieser entschiedenen Ausdrucksweise Koch's war für Jeden, der einige nähere Einsicht in die Sache besitzt, die Koch'sche Beobachtung vom ersten Augenblicke an verdächtig, da ein derartiges Vorkommniss, dass eine Hülle von Protoplasma um einen dichten ölhaltigen Kern gelagert sei, ohne alle Analogie wäre. Ueberall sind vielmehr die Sporen von einer äusseren schützenden Hülle umgeben, und nur im Innern derselben findet sich die protoplasmatische Substanz. Insbesondere musste es sehr auffallen, dass die Verhältnisse ganz anders sein sollten als bei den Sporen der Heubacterien. Denn dass hier die Auskeimung anders verlaufe, dass der Inhalt, nicht aber eine äussere Hülle, in das junge Stäbchen auswachse, dies ist durch alle Beobachter, die sich mit dem Gegenstand beschäftigt haben, übereinstimmend constatirt.

Zunächst gelangte ein englischer Forscher, Klein, zu dem bestimmten Schlusse, dass bei den Sporen der Heubacterien von dem Auswachsen einer Protoplasmahülle keine Rede sein könne, sondern dass es der Inhalt der Sporen sei, aus dem das neue Stäbchen hervorgehe. Klein macht noch insbesondere gegenüber der Koch'schen Aufstellung die ganz richtige Bemerkung, dass „a priori“ die Annahme einer Protoplasmahülle bei den Sporen wegen ihrer Widerstandsfähigkeit gegen die Hitze undenkbar sei [1]).

Des weiteren hat dann Brefeld [2]) bei den Heubacterien ganz bestimmt nachgewiesen, dass es der Inhalt der Spore ist, der zur Bildung des Keimstäbchens verbraucht wird, und ebendies bestätigte Prażmowski [3]).

Bei den Sporen der Heubacterien ist das wahre Verhalten also zweifellos festgestellt. Der principielle Gegensatz aber, in welchem sich hierzu die Sporen der Milzbrandbacterien befinden würden, beruht ausschliesslich auf unrichtigen Beobachtungen von Koch. Auch hier gibt es keineswegs eine auswachsende Protoplasmahülle, sondern der Inhalt der Spore ist es, der das junge Stäbchen liefert.

Hiervon kann man sich sehr leicht und ohne Anwendung irgend eines besonderen Apparates in folgender Weise überzeugen. Von einer Reincultur, welche nur freie Milzbrandsporen enthält, wird ein kleines Tröpfchen auf dem Deckglas angetrocknet. Auf diese angetrockneten Sporen setzt man einen kleinen Tropfen sterilisirter Nährlösung (Fleischextract, schwach alkalisch) und legt das Deckglas nun nach Anweisung der Figur

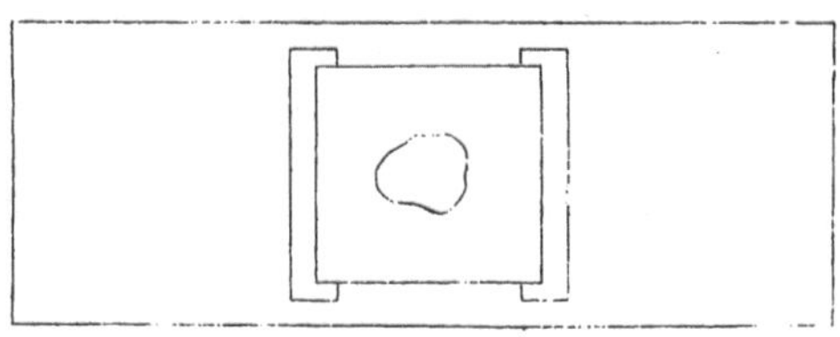

brückenartig über zwei Splitter von dünnen Deckgläschen. Nun wird ringsum mit Wachs verkittet und der Objectträger auf einem heizbaren Objecttisch bei 37° C. befestigt. Die eingeschlossene Luft ermöglicht das Auskeimen der Sporen und das Auswachsen zu Stäben, und die Beobachtung kann sehr leicht mit den besten jetzigen optischen Hilfsmitteln ausgeführt werden, da der ganz geringe verticale Durchmesser dieser feuchten Kammer die Wahrnehmung unter allen Umständen gestattet. Ich habe die Beobachtungen stets mit Immersionssystemen, in neuerer Zeit mit homogenem Immers. $^{1}/_{16}$ Seibert ausgeführt. Man betrachtet dabei nicht etwa nur eine einzige Spore, sondern stets ganze Gruppen derselben (30 — 60), indem man das Mikroskop während der ganzen

1) Quarterly Journal of Microscopical Science, April 1878 p. 176.

2) Botanische Zeitung 1878 Nr. 33. — Ferner: Botanische Untersuchungen über Schimmelpilze H. 4. 1881.

3) Untersuchungen über die Entwicklungsgeschichte einiger Bacterienarten. Leipzig 1880.

stundenlangen Beobachtungsdauer fortwährend auf dieselbe Gruppe eingestellt lässt und von Zeit zu Zeit sich Zeichnungen von derselben anfertigt. Bei der Grösse der Milzbrandsporen und der ausgezeichneten Leistung der jetzigen Objective hat diese Beobachtung auch nicht die mindeste Schwierigkeit. Die Auskeimung geschieht in folgender Weise:

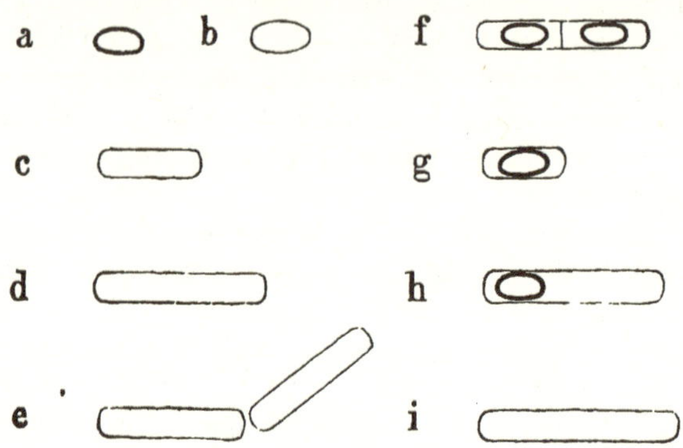

Zuerst verliert die Spore (*a*) ihren starken Lichtglanz, alsdann schwillt dieselbe etwas an (*b*), nimmt nun im Längendurchmesser zu, während der Dickendurchmesser unverändert bleibt (*c*). Dadurch entsteht zunächst ein kurzes Stäbchen, welches aber bei fortgesetzter Beobachtung sich verlängert (*d*) und alsdann Theilungsvorgänge erkennen lässt (*e*).

Hieraus geht unwiderleglich hervor, dass es, in Uebereinstimmung mit dem, was man vorn herein erwarten muss, der Inhalt der Spore ist, welcher in das junge Stäbchen auswächst. Irgend ein besonderes Verhalten der Membran kann dabei nicht constatirt werden. Die Membran ist bei den Milzbrandsporen offenbar zu schwach lichtbrechend, als dass sie sich überhaupt unter dem Mikroskop bemerklich machte. Bei den Sporen der Heupilze dagegen ist dies anders. Es würde zu weit führen, auf diesen letzteren Gegenstand, der uns hier nicht interessirt, näher einzugehen.

Zu erörtern ist nur noch die Frage, auf welche Weise Koch zu seinen irrthümlichen Vorstellungen gelangte. Hierzu müssen wir kurz die Bildungsgeschichte der Sporen berücksichtigen. Der Sachverhalt ist folgender. Bei der Sporenbildung der Milzbrandpilze entsteht im Innern jeder Zelle eine Spore, welche sich aus dem verdichteten Zellinhalt bildet, sowie dies Fig. *f* versinnlicht. Die sporenhaltigen Zellen können sich nun von einander trennen, indem der Rest der alten Zelle, welcher die Spore wie eine Hülle noch umgibt, erhalten bleibt (*g*); oder die Ueberreste der alten Zelle sind vollkommen zu Grunde gegangen, die Spore ist völlig frei (*a*). Ausserdem kommt es nun aber bei der Sporenbildung auch häufig vor, dass nicht in jeder Zelle eine Spore entsteht, sondern dass bei einem Stäbchen, welches aus zwei Zellen besteht, die eine Zelle fruchtbar ist, die andere nicht (*h*). Derartige Formen sind unter gewissen Culturbedingungen ganz ungemein häufig.

Der Irrthum Koch's besteht nun darin, dass derselbe, wie aus seinen Beschreibungen hervorgeht, den Zustand *h* für das Entwicklungsstadium einer Spore hielt und demgemäss die Zustände *g*, *h* und *i* als aufeinanderfolgende Entwicklungsphasen aufgefasst hat. Hätte sich Koch gleichmässiges Sporenmaterial verschafft, in welchem die einseitig fruchtbaren Stäbchen (*h*) fehlen, so wäre ihm dieser Irrthum erspart geblieben. Aber auch sonst hätte ihm, wenn die Beobachtung an der nämlichen Spore und Sporengruppe fortgeführt worden wäre, wie dies nöthig ist, eine solche Täuschung unmöglich passiren können.

Da nun Koch die Form *h* als ein Entwicklungsstadium ansah, so gelangte er zu der Annahme, dass die Sporen von einer Protoplasmahülle umgeben seien, welche bei *h* zu einem Stäbchen ausgewachsen sei. Eine derartige Protoplasmahülle gibt es aber nicht. Die Hüllen, welche bei den Milzbrandsporen wirklich vorkommen, bestehen keineswegs aus Protoplasma und sind keineswegs entwicklungsfähig. Es gibt nämlich zweierlei derartige Hüllen:

Einmal steckt die Spore in einem gewissen Stadium ihrer Ausbildung, wie wir sahen, noch in dem alten Zellrest (*g*), der nur allmählich zerfällt.

Zweitens ist die Spore selbst von einer eigenen Membran umgeben, welche jedoch bei den Milzbrandsporen so schwach lichtbrechend ist, dass bei scharfer Einstellung und guter Beleuchtung davon in der Regel nichts wahrgenommen werden kann, weshalb ich in der Zeichnung dieselbe nicht angedeutet habe. Bei ungenügender Beleuchtung gewinnt es allerdings sehr oft den Anschein, als ob die Sporen von einem glashellen Hofe umgeben seien. Was man sieht, ist jedoch in diesem Falle nur eine optische Erscheinung und nicht die wirkliche Membran. Dagegen äussert sich das Vorhandensein einer nicht allzudünnen Membran allerdings unzweideutig durch die Erscheinung, dass in einer Gruppe von Sporen die einzelnen Sporen beinahe niemals mit ihrer stark lichtbrechenden Contour sich unmittelbar an einander legen, sondern stets in einem gewissen Abstande verbleiben, der etwas unter dem Querdurchmesser der stark lichtbrechenden Spore zurückbleibt. Daraus muss auf ein Annäherungshinderniss, auf eine Membran geschlossen werden, deren Dicke auf etwas weniger als die Hälfte der Breite des stark lichtbrechenden Theiles zu bemessen wäre.

Bemerkungen über Koch's Photogramme von Spaltpilzen.

Aus dem Vorangehenden dürfte hervorgehen, dass bei Koch die Berücksichtigung morphologischer Details keineswegs immer eine genügende ist. Die gleiche Folgerung ergibt sich aus früheren Darlegungen; unmöglich hätte sonst Koch bis jetzt den Einfluss der Ernährungsbedingungen auf die Formausbildung vollständig übersehen können.

Ebensowenig könnte sonst Koch die photographische Darstellung der Spaltpilze als die einzig zulässige und unübertreffliche Methode erklären. Denn es ist klar, dass diese Darstellungsart, da sie nur an gefärbten, d. h. getödteten Spaltpilzen mit Vortheil zur Anwendung kommen kann, mit Bezug auf die Darstellung mancher feineren Structurverhältnisse stets eine gewisse Beschränkung auferlegen wird.

Die Anwendung von Färbemitteln bei den Spaltpilzen ist zwar in verschiedener Hinsicht von allergrösstem Werthe. Der Nachweis von Spaltpilzformen in den Geweben wird häufig nur auf diesem Wege möglich, und der Fortschritt, welchen die verbesserten Methoden von Koch und Weigert in dieser Beziehung gebracht haben, ist ein bedeutender. Mindestens ebenso wichtig aber ist die Verwendung der Färbemittel bei den Spaltpilzen als eigentliche mikrochemische Reagentien. Es steht zu erwarten, dass in dieser Beziehung noch ein grosser Gebrauch von ihnen gemacht werden wird.

Damit ist aber nicht gesagt, dass nur mit Färbemitteln behandelte Pilze abgebildet werden sollen, und dass man das Bild der lebenden Zelle vollständig entbehren könne. Im Gegentheil ist es klar, dass durch die Anwendung chemischer Reagentien stets vielerlei Details verändert oder zerstört werden müssen, welche der Inhalt, die Contour und das optische Verhalten sonst darbieten.

Diese Gesichtspunkte sind auch bei Beurtheilung des photographischen Verfahrens für die Abbildung von Spaltpilzen im Auge zu behalten. Man muss hierbei zwei Fälle unterscheiden:

1. Handelt es sich um pathologische Gewebsschnitte, in denen nur ungefähr die Form der Pilze, hauptsächlich aber deren Vertheilung demonstrirt werden soll, dann ist, falls geeignete Präparate zur Verfügung stehen, welche in einer einzigen Einstellungsebene eine deutliche Uebersicht erlauben, das photographische Verfahren mit Vortheil anwendbar.

2. Handelt es sich dagegen um Präparate aus Flüssigkeiten, bei denen somit nur die Pilze selbst in Betracht kommen, dann besitzt die photographische Abbildung nur einen eingeschränkten und relativen Werth. Die Gründe hierfür sind folgende: Einmal können, wie bereits bemerkt, nur gefärbte oder wenigstens angetrocknete Pilze photographirt werden. Die Versuche, welche Koch über die Photographie lebender Milzbrand-

bacterien im Jahre 1877 gemacht hat, und die damals publicirten Photogramme derselben sind so entschieden misslungen, dass man sich wundern muss, wie Koch diese höchst mangelhaften Abbildungen, namentlich die Nummern 3 und 4, überhaupt publiciren konnte[1]). Die Färbung und Antrocknung verändert aber beinahe immer das Aussehen der Pilze, so dass selten oder niemals das naturgetreue Bild des lebenden Pilzes erwartet werden kann. Alsdann ist es selbstverständlich, dass das photographische Bild nur dasjenige wiedergeben kann, was gerade in der Einstellungsebene liegt, während bekanntlich bei jedem einigermassen grösseren Objecte, also auch bei grösseren Spaltpilzformen, nur durch abwechselnd höhere und tiefere Einstellung eine ganz deutliche Vorstellung von den Formverhältnissen zu gewinnen ist.

Betrachten wir nach diesen Gesichtspunkten die in den Mittheilungen aus dem K. Gesundheitsamte enthaltenen Photogramme Koch's, so zeigt sich, dass unter den Schnittpräparaten pathologischer Objecte manche sind, die allen billigen Anforderungen genügen und somit als eine dankenswerthe Leistung wohl von jedem Pathologen begrüsst werden[2]). Bei einem andern Theil dieser Photogramme aber verhält sich dies anders. Bei diesen hatte Koch offenbar nicht die einzig richtige Absicht, einen deutlichen Ueberblick über die Vertheilung der Pilze im Gewebe zu geben. Denn dabei ist vorausgesetzt, dass man aus dem Bild wirklich erkenne, dass es sich um Pilze handle, und dass man nicht erst durch die Beschreibung aufmerksam gemacht werde, welche dunklen oder undeutlichen Massen und Gebilde etwa für Pilze zu halten seien. Das liegt in der natürlichen Voraussetzung einer Photographie, dass sie unmittelbar überzeugend wirke und nicht erst vermittels der durch die Beschreibung erweckten Vorstellung, dass man dies und jenes zu sehen habe: wozu braucht man sonst eine ganz getreue Abbildung der natürlichen Verhältnisse, wenn diese selbst undeutlich sind und erst der Erläuterung bedürfen? Solche Präparate sind demnach zur photographischen Darstellung ungeeignet und hätten von Koch bei Seite gelassen werden müssen.

Ebenso ist es entschieden verfehlt, wie dies z. B. im Photogramm 23 geschieht, einen Gewebsschnitt zu photographiren, um einen einzigen Pilz darauf zur Abbildung zu bringen, den man, da es ein Spirillum ist, noch dazu sehr undeutlich sieht. Die blosse Angabe, dass ein solches Spirillum inmitten einer Hirncapillare gefunden wurde, wäre gewiss für Jeden, dem es um die Sache ernst ist, ebensoviel werth, als ein derartiges Photogramm, aus dem eben auch gar nichts weiter hervorgeht,

1) Cohn's Beiträge zur Biologie der Pflanzen 1877.

2) Mittheilungen aus dem K. Gesundheitsamte Bd. 1. Angehängte photographische Tafeln.

als etwa der Triumph, dass es nunmehr sogar gelungen sei, die Spirillen im Gehirn zu photographiren. Ueberhaupt scheinen indess manche Photogramme lediglich aus dem Wunsche entsprungen, nachzuweisen, dass man auch dies und jenes schwierige Object noch, wenngleich nur in sehr mässiger und keineswegs instructiver Weise, zur Anschauung bringen könne. Von allen derartigen Photogrammen glaube ich, dass Koch dieselben viel besser weggelassen hätte; denn die photographische Methode wird dadurch keineswegs empfohlen, dass man sie auf alle Fälle anzuwenden sucht, auch dort, wo sie ihren Dienst versagt, sondern vielmehr dadurch, dass man zeigt, wie dieselbe in beschränkter Anwendung wirklich Nützliches zu leisten im Stande sei.

Darin liegt überhaupt der wesentlichste Vorwurf, der Koch hier gemacht werden muss, dass er, wie alle seine Verfahrungsarten, so auch die photographische Methode bei weitem überschätzt und durch die ausgedehnteste Anwendung auch dort, wo sie nicht passt, dieselbe schliesslich discreditirt. Denn geradezu als eine Verirrung muss es bezeichnet werden, wenn Koch, wie es ebenfalls in den Mittheilungen aus dem K. Gesundheitsamte geschieht, Photogramme von „Gartenerde" dem wissenschaftlichen Publikum vorführt. Von diesen Photogrammen soll das eine (Nr. 68) Pilzvegetationen zur Anschauung bringen, welche von den Partikelchen einer nicht-desinficirten Gartenerde ausgehen. Da jedoch nur 100malige Vergrösserung angewendet ist, so erscheint dieses Bild als ein räthselhaftes Chaos, bei dem man nur mit Hilfe der Beschreibung vermuthen kann, was etwa mit diesen unbestimmten Schatten gemeint sein solle. Auf dieses Photogramm (Nr. 68) findet somit vollständig der obige Grundsatz Anwendung, dass es keinen Sinn habe etwas zu photographiren, wenn aus der Beschreibung viel deutlicher hervorgeht, wie man sich die Sache eigentlich vorzustellen hat. Hätte Koch einfach angegeben, dass um die Erdpartikelchen so und so gestaltete Pilzvegetationen sich entwickelten, so wäre dies für Jedermann genug gewesen. Das Photogramm hätte er sich zu seinem eigenen Vortheil ersparen können.

Noch eigenthümlicher ist die Sache bei einem zweiten Photogramm (Nr. 67), welches zu dem vorigen hinzugehört. Dieses zweite Photogramm zeigt desinficirte Gartenerde, von der somit keine Pilzvegetationen ausgehen, also wirklich bloss „Gartenerde" (!), ebenfalls bei 100maliger Vergrösserung. Koch gibt, wie er sagt, das erste Präparat als Controle zu diesem zweiten, welches somit das eigentlich beweisende sein soll. Was damit bewiesen werden solle, ist jedoch völlig unklar; denn Gartenerde an und für sich kann bei dieser Vergrösserung kein Interesse bieten, und die Thatsache, dass keine Pilzvegetationen sich einstellten, wird man Koch wohl aufs Wort glauben. Andernfalls aber, wenn man sonst Grund hätte daran zu zweifeln, so wäre gewiss die Photographie noch kein objectiver Beweis für die Thatsache der völligen Sterilisirung, da ja noch andere Bedingungen in Frage kommen.

Aus diesen Beispielen geht, glaube ich, für jeden ernsthaft Urtheilenden zur Genüge hervor, dass Koch keine klare Einsicht darüber besitzt, welche Objecte sich zur photographischen Darstellung eignen, und welche dazu ungeeignet sind, und dass somit Koch keineswegs berechtigt sein kann, in so kategorischer Weise, wie er dies thut, von jedem Pilzforscher photographische Abbildungen zu verlangen. Im Gegentheil ist das Gebiet der photographischen Darstellung in der Pilzforschung ein ziemlich beschränktes, und gerade die meisten Beobachtungen über feinere Formverhältnisse bei den Spaltpilzen werden ganz gewiss nicht durch Vermittlung der Photographie, sondern auf dem bisherigen Wege zur Mittheilung an grössere Kreise gelangen müssen.

Die Anschauungen Koch's über die Aetiologie des Milzbrandes.

Die neueren Darlegungen über diesen Gegenstand in den Mittheilungen aus dem K. Gesundheitsamte beginnt Koch mit einer Darstellung seiner Forschungsresultate aus dem Jahre 1876 und recapitulirt dabei einen damals gethanen, ziemlich selbstbewust klingenden Ausspruch über die Bedeutung dieser Forschungsresultate in folgenden Worten [1]:

> „In ihren allgemeinen Umrissen war die Milzbrandätiologie durch meine Untersuchungen festgestellt, und es blieb nur noch übrig, einige Lücken innerhalb derselben auszufüllen.“

Dem gegenüber ist es von Interesse, einen anderen Ausspruch Koch's zu citiren, der sich ebenfalls in den Mittheilungen aus dem K. Gesundheitsamte einige Seiten später findet, und der ganz wesentlich anders lautet. Es heisst da [2]:

> „Im Ganzen genommen ist also durch die neueren Milzbrandarbeiten unsere Kenntniss von der Milzbrandätiologie sehr wenig gefördert, und wir sind weit davon entfernt, mit Pasteur ausrufen zu können: ‚Die Aetiologie des Milzbrandes ist gefunden und zugleich mit ihr die Prophylaxis dieser Krankheit‘.“

Wie nun zwei so ganz widersprechende Aeusserungen in ein und derselben Abhandlung möglich sind, dies zu erklären dürfte wohl schwierig sein. Jedenfalls ist einleuchtend: wenn auch wirklich alle neueren Arbeiten die Aetiologie des Milzbrandes nicht gefördert haben sollten, so könnten sie doch unmöglich frühere positive Leistungen Koch's in dieser Richtung wieder annulliren. Daraus, dass Koch selbst gegenwärtig erklärt, wir seien „noch weit davon entfernt, die Aetiologie des Milzbrandes

---

1) Mittheilungen aus dem K. Gesundheitsamte Bd. 1 S. 51.

2) a. a. O. S. 75.

gefunden zu haben", geht also klar hervor, dass seine früheren Untersuchungen in dieser Beziehung das damals behauptete weittragende Resultat nicht gehabt haben können.

Und dies ist auch in der That der Fall. Im Gegentheil musste man es von jeher bedauern, dass die damaligen so anerkennenswerthen positiven Resultate Koch's durch die angehängten Hypothesen über die Aetiologie des Milzbrandes verunziert wurden. Denn diese Hypothesen schienen weniger von ruhiger Ueberlegung als vielmehr von der sanguinischen Hoffnung eingegeben, dass an jeden Fund bezüglich der Pilze sich nothwendig die unmittelbarsten praktischen Consequenzen anschliessen müssten.

Diese damaligen ätiologischen Hypothesen Koch's über den Milzbrand bewegten sich aber in folgender Richtung. Da Koch die Sporenbildung der Milzbrandbacterien gefunden und die Resistenz der Sporen gegen die Austrocknung erkannt hatte, so schien es ihm selbstverständlich und keines weiteren Beweises bedürftig, dass „die eigentliche Masse der Erkrankungen nur durch die Einwanderung von Sporen des Bacillus Anthracis in den Thierkörper verursacht werden kann"[1]. Das Herkommen dieser Sporen aber dachte sich Koch in folgender Weise[2]:

> „Ein einziger Cadaver, welcher unzweckmässig behandelt wird, kann fast unzählige Sporen liefern. . . ."

Ferner[3]:

> „Es muss offenbar das Eingraben der Cadaver in den feuchten Erdboden die Bildung von Sporen und damit die Fortpflanzung des Contagiums eher fördern als dieselbe verhindern."

Folgerichtig war die Abhilfe darin zu suchen, dass man die Entwickelung der Sporen unmöglich zu machen trachtete. Hierüber nun meinte Koch[4]:

> „Da die Bacillen, wie wir gesehen haben, zur Sporenbildung Luftzufuhr, Feuchtigkeit und eine höhere Temperatur als ungefähr 15° C. nöthig haben, so muss es genügen, ihnen eine dieser Bedingungen zu nehmen, um sie an der Weiterentwicklung zu hindern. Die schnelle Austrocknung grosser Cadaver würde besondere Apparate erfordern und selbst grössere Schwierigkeiten machen als das Verbrennen. Dagegen könnte man ohne erhebliche Mühe und Kosten die Milzbrandcadaver längere Zeit, auch selbst im

1) Beiträge zur Biologie der Pflanzen von F. Cohn Bd. 2 H. 2 (1876) S. 277.
2) a. a. O. S. 303.
3) a. a. O. S. 304.
4) a. a. O. S. 305.

Sommer, unter 15° C. abkühlen, ihnen gleichzeitig den Sauerstoffzutritt beschränken und auf diese Weise die Bacillen zum Absterben bringen. Wenn man nämlich bedenkt, dass im mittleren Europa, also namentlich in Deutschland, in einer Bodentiefe von 8—10^{m} eine fast constante Temperatur herrscht, welche dem Jahresmittel sehr nahe kommt, also auf jeden Fall unter 15° C. bleibt, so brauchte man nur geräumige Brunnen oder Gruben von dieser Tiefe anzulegen und die Milzbrandcadaver darin zu versenken, um die Bacillen zu vernichten und die Cadaver dadurch unschädlich zu machen."

So leicht sich diese Sätze lesen, namentlich für den Praktiker, der die Resultate exacter Forschungen zu kennen und zu nützen wünscht, ebensosehr sind dieselben doch verfehlt, und zwar aus dem einfachen Grunde, weil von einer Sporenbildung im Innern des Cadavers überhaupt und unter gar keinen Umständen die Rede sein kann, wegen Mangels des hierzu absolut nöthigen Sauerstoffs; ferner weil die Temperatur im Boden für einen Process, wie die Sporenbildung der Milzbrandbacterien, der bei 15° C. überhaupt kaum mehr möglich ist, bereits zu niedrig sein muss.

Diesen Irrthum hat nun Koch seitdem bemerkt und gelangt nunmehr in seinem neuesten Beitrag zur Aetiologie des Milzbrandes unter Anführung einer Tabelle über die Bodentemperatur zu folgenden entgegengesetzten Schlüssen[1]:

„Dass die Sporenbildung im mittleren Deutschland selbst in einer mässigen Tiefe nur an vereinzelten Stellen und nur während einer kurzen Zeit im Jahre stattfinden kann, geht aus der obigen Tabelle zur Evidenz hervor. . . . Uebrigens haben auch die wenigen Versuche, welche ich in der Literatur auffinden konnte, . . . ein negatives Resultat ergeben und können als Beweis für meine Behauptung dienen, dass verscharrte Milzbrandcadaver nur in Ausnahmefällen Veranlassung zur Entstehung von Sporen geben können."

Einen grösseren Widerspruch, als er zwischen diesen Sätzen und den früheren besteht, kann man sich nicht wohl denken, insbesondere wenn man weiss, dass der frühere Satz: „Es muss offenbar das Eingraben die Bildung von Sporen eher fördern" damals durch gesperrte Schrift als besonders wichtig hervorgehoben worden war. Nun ist es allerdings richtig, dass Jedermann sich täuschen kann. Allein anderseits ist zu bedenken, dass gerade praktische Folgerungen mit der grössten Vorsicht und mit klarer Ueberlegung ausgesprochen werden müssen. Jene damaligen Aeusserungen Koch's aber machten vollkommen den Eindruck, als ob bei praktisch-

1) Mittheilungen aus dem K. Gesundheitsamte S. 63.

ätiologischen Fragen nähere Ueberlegung nicht nöthig sei, sondern der Phantasie ein unbegrenzter Spielraum gelassen werden dürfe.

Für unsere jetzige Untersuchung ist es nun wichtig, dass auch Koch neuerdings auf dem einzig richtigen Standpunkte angelangt ist, die von den vergrabenen Cadavern angeblich drohende Gefahr als nicht vorhanden oder wenigstens als sehr geringfügig zu erklären. Nebenbei bemerkt kann hieran die Pasteur'sche Regenwürmertheorie nicht das mindeste ändern, da dieselbe ebenfalls von dem früheren Koch'schen Irrthum ausgeht, dass in und an den vergrabenen Cadavern überhaupt Sporen in irgend grösserer Menge zur Entwicklung kommen könnten. Da nun diese Anschauung falsch ist, so besitzt die Pasteur'sche Regenwürmertheorie ebendarum überhaupt keinen Boden.

Gelegenheit zur Sporenbildung ist nur an der Oberfläche der Erde gegeben, wenn Milzbrandflüssigkeiten verspritzt werden und eine höhere Temperatur zur Einwirkung gelangt. Da aber auch diese Vorkommnisse sich auf gewisse Oertlichkeiten, namentlich die Verscharrungsplätze, beschränken, und da anderseits die Milbrandepizootien einen durch klimatische Einflüsse bedingten, von dem Witterungscharakter der verschiedenen Jahrgänge abhängigen Verlauf zeigen, so ist es klar, dass eine andere Ursache wirksam sein muss als die von früheren Verscharrungen herrührenden Sporen. Denn eine solche endogene Erzeugungsweise kann unmöglich mit der Thatsache vereinbart werden, dass sehr häufig unmittelbar auf die schlimmsten Jahrgänge die günstigsten und umgekehrt auf die geringsten Milzbrandjahre direct die heftigsten Epizootien folgen. Diese Thatsache kann nur durch eine ektogene oder, wie man sonst sagt, spontane oder miasmatische Entstehungsweise (im Gegensatz zum verschleppten Contagium) genügend erklärt werden.

Auf diesen allein richtigen Standpunkt ist nun auch Koch gelangt, und ich begrüsse es mit Freuden, dass er seine frühere Meinung, durch Auffindung der Milzbrandsporen die Milzbrandätiologie bereits festgestellt zu haben, nunmehr definitiv wieder verlassen hat. Das grösste Verdienst an diesem Umschwunge der Ueberzeugung möchte ich allerdings Pasteur zuschreiben, da es offenbar die kritische Betrachtung der Arbeiten dieses Forschers war, welche Koch zu einer genaueren Ueberlegung der eigenen bezüglichen Aufstellungen mit Nothwendigkeit hinführte.

Die Forschung muss also noch weiter geführt werden, denn es handelt sich nun um die Frage: Worin haben wir die ektogene Milzbrandursache zu suchen? Dass es nur ein Spaltpilz sein könne, ist von vorn herein klar, nicht minder auch, dass es bei Koch angesichts seiner Theorie von der Constanz der pathogenen Spaltpilze nur die Milzbrandbacterien selbst sein können. In dieser Richtung glaubt denn auch Koch die Lösung der Frage suchen zu sollen, und bringt neuestens eine Anzahl von Belegen, welche in diesem Sinne allmählich zur Herstellung des Beweismateriales führen sollen. Hierauf aber kann ich Koch schon im vorhinein sagen, dass es ihm mit dieser neuen Theorie über die Aetiologie des Milzbrandes gerade ebenso ergehen wird, wie mit seiner älteren, und dass er in einiger Zeit gezwungen sein wird dieselbe wieder aufzugeben, so wie er die frühere nunmehr verlassen hat. Denn es ist unmöglich, die Milzbrandbacterien als ektogene Milzbrandursache überhaupt ins Auge zu fassen, einfach deshalb, weil diese Bacterien ihrer ganzen Natur nach absolut unfähig sind, ausserhalb des lebenden thierischen Organismus unter natürlichen Bedingungen zu vegetiren.

Koch meint allerdings Anhaltspunkte dafür zu besitzen, dass die Milzbrandbacterien auch unabhängig vom thierischen Organismus leben und ihren Entwicklungsgang vollenden können. Zuerst erwähnt er in dieser Beziehung unter Anführung zahlreicher Belege die bekannte und oben bereits erwähnte Thatsache, dass der Milzbrand keineswegs bloss auf diejenigen Oertlichkeiten beschränkt ist, an denen etwa Cadaver vergraben sind oder von denen man sonst nur im geringsten annehmen könnte, dass eine Ablagerung von Milzbrandstoffen durch kranke Thiere daselbst stattgefunden habe. „Wie waren nun“, so frägt Koch, „die Milzbrandkeime an diese Stellen gelangt?“ [1]) Da keine Möglichkeit hierzu zu ersehen ist, so glaubt Koch schliessen zu dürfen, dass nothwendig die Milzbrandsporen oder Bacterien an jenen Orten unter der dortigen Pilzvegetation vorkommen müssen. Koch bemerkt nicht, dass dies eine Petitio principii, ein Cirkelschluss ist, welcher gar nichts beweist. Der Punkt, um den es sich eigentlich handelt, ist eben die nähere Natur der ektogenen Milzbrandursache; diesen eigentlichen Fragepunkt aber hat Koch einfach, als in seinem Sinne bereits erledigt, als Voraussetzung in die Conclusion eingeführt.

Zweitens erwähnt Koch die Erscheinung, dass Milzbrandbacterieu in Aufgüssen verschiedener pflanzlicher Substanzen sich vermehren und Sporen entwickeln können, vorausgesetzt, dass man die häufig vorhandene saure Reaction (z. B. Heuaufguss) durch Alkalien abstumpfe. Da derartige Züchtungsversuche in flüssigen Medien nur bei vollständiger Sterilisirung, d. h. bei Ausschluss aller anderen Pilzformen möglich sind, so könnte man wohl mit vollem Rechte zweifeln, ob Koch, der die Sterilisirung solcher Flüssigkeiten für sehr schwierig, ja beinahe unmöglich hält, sich bei diesen Versuchen nicht getäuscht habe. Indess, dieser Zweifel ist hier irrelevant. Alle diejenigen Lösungen ernähren, wie ich früher auf Grund zahlreicher Versuche mit den verschiedensten Substanzen angab,

1) Mittheilungen aus dem K. Gesundheitsamte S. 75.

in denen eiweiss- oder peptonartige Verbindungen vorkommen und in denen zugleich keine schädlich wirkenden Stoffe zugegen sind. Trotzdem aber kann gar nicht daran gedacht werden, dass die Milzbrandbacterien in der Natur ausserhalb des Thierkörpers vegetiren könnten.

Der Grund hiervon findet sich einmal in den Temperaturverhältnissen. Die unterste Grenze des Wachsthums für Milzbrandbacterien bei guter Nahrung liegt, wie Koch selbst zuerst nachgewiesen hat und wie ich nach meinen Erfahrungen bestätigen kann, etwa bei 15° C., d. h. von 20° C. abwärts wird das Wachsthum immer langsamer und kümmerlicher und erlischt bei 15° C. vollständig. Daraus allein geht schon hervor, dass die Milzbrandbacterien ausserhalb des Organismus nicht leben können. Denn auf vielen Milzbrandlocalitäten — ich erinnere z. B. an die Milzbrandweiden im Alpengebiete — sind die Tage und Stunden im Jahre gezählt, in denen sich die Temperatur der obersten Bodenschichte auf mehr als 20° C. erhebt; ja ich bezweifle, dass überhaupt solche Temperaturen vorkommen. Denn es handelt sich nicht um die Lufttemperatur, sondern um jene der Gewässer an der Bodenoberfläche, da an trockenen Stellen überhaupt keine Spaltpilze gedeihen. In diesen kurzen Zeiträumen, die sich höchstens auf den Mittag erstrecken, müssten die Milzbrandsporen auskeimen, sich vermehren und ausserdem sofort wieder Sporen entwickeln, da die Bacterien beim Eintreten tieferer Temperatur in krankhafte Erscheinungen verfallen und zu Grunde gehen. Man sieht, dass von einem derartigen Verhalten keine Rede sein kann.

Der zweite Grund ist aber noch entscheidender. Koch hat nämlich übersehen, dass in der Natur die Bedingungen ganz andere sind als im sterilisirten Züchtungsglase, und zwar deshalb, weil jeder pflanzliche oder thierische Organismus in der Natur der Concurrenz anderer Lebewesen unterliegt, welche ihm die Existenz streitig machen. Zu dieser Concurrenz aber sind die Milzbrandbacterien absolut unfähig, wie sich aus allen Versuchen mit gemischter Cultur, bei denen die Concurrenz anderer Spaltpilzformen nicht ausgeschlossen ist, mit Evidenz ergibt. Es existirt keine Nährlösung und keine Nährsubstanz, und es gibt gar keine Culturbedingungen, unter denen die Milzbrandbacterien die Concurrenz mit den gewöhnlichen Fäulnissbacterien oder auch nur mit den Heubacterien erfolgreich zu bestehen vermöchten. Im Gegentheil genügt stets die geringste Spur von diesen letzteren Pilzformen, um in einer bis dahin bestehenden Reincultur von Milzbrandbacterien in kürzester Frist die Milzbrandbacterien, die anfangs an Zahl billionenmal überwiegen können, vom Schauplatz verschwinden zu machen.

Ich habe diese Verhältnisse in meiner I. Mittheilung über das Milzbrandcontagium ausführlich erörtert und habe ausdrücklich auf die höchst merkwürdige Thatsache aufmerksam gemacht, dass die Milzbrandbacterien, die innerhalb des Thierkörpers so ausserordentlich lebenskräftig sind, ausserhalb des Thierkörpers jedem nicht-infectiösen Spaltpilze in der Concurrenz unterliegen. Die Gründe dieser Erscheinung aber liegen darin, dass die Milzbrandbacterien nur die besten Nahrungsstoffe, nur Eiweiss und Pepton zu ihrer Ernährung verwenden, weshalb sie aus allen Extracten (z. B. Fleischextract, Heuaufguss etc.) nur einen äusserst geringen Antheil der überhaupt vorhandenen Nahrungsstoffe herausnehmen. Eine solche Lösung bildet deshalb nach Ablauf der Vegetation der Milzbrandbacterien noch ein gutes und anscheinend kaum verändertes Nahrungsmaterial für andere Spaltpilzformen.

Einen zweiten Grund für die Unfähigkeit zur Concurrenz bildet die hochgradige Empfindlichkeit der Milzbrandbacterien gegen alle chemischen Einwirkungen, z. B. schwach saure Reaction, worin diese Bacterien gegen andere Spaltpilzformen bei weitem im Nachtheil sind.

Dies sind die Gründe, aus denen sich die Thatsache der Concurrenzunfähigkeit der Milzbrandbacterien im Züchtungsglase erklärt. In der Natur aber kommt hierzu als wichtigster Umstand noch die Wirkung der Temperatur. Da die Milzbrandbacterien bei jeder tieferen Temperatur als 15° C. zum absoluten Stillstand ihrer Lebensthätigkeit verdammt sind, so ist es klar, dass während dieser Zeit die übrigen Pilzformen die etwa vorhandenen vorzüglichen Nahrungsstoffe nicht unbenutzt lassen; vielmehr werden sie sich derselben bemächtigen, und wenn dann einmal ein warmer Tag eintritt, an dem die Milzbrandsporen auskeimen könnten, so werden sie sicherlich das nöthige vorzügliche Nahrungsmaterial nicht zur Stelle antreffen.

Aus diesen Darlegungen geht also mit einer jeden Zweifel ausschliessenden Gewissheit hervor, dass die Milzbrandbacterien, die ersichtlich auf die Bedingungen des lebenden thierischen Organismus angepasst sind, ausserhalb desselben in der Natur keine Möglichkeit der Existenz besitzen. Da somit die Milzbrandbacterien die ektogene Milzbrandursache unmöglich sein können, so ist es wohl nicht mehr zu verwundern, wenn ich behaupte, dass es die Heubacterien sein müssen, deren genetische Beziehung zu den Milzbrandbacterien ich nachgewiesen habe. In dieser Ueberzeugung kann mich auch die Aeusserung Gaffky's nicht erschüttern, wenn er meint [1]):

> „Was für Erfolge könnten wir uns von der Bekämpfung des Milzbrandes versprechen, wenn, wie Buchner will, die Milzbrandbacillen ohne weiteres aus den überall in unzähliger Menge verbreiteten Heupilzen hervorgehen könnten?"

---

1) Mittheilungen aus dem K. Gesundheitsamte S. 133.

Beinahe lautet dieser Satz so, als ob meine Forschungen wirklich zur Folge haben könnten, dass „ohne weiteres die Milzbrandbacterien aus den überall in unzähliger Menge verbreiteten Heupilzen nun hervorgehen" und somit überall Milzbrandepizootien erzeugen. In diesem Falle wären meine Untersuchungen gefährlich und müssten verboten werden. Andernfalls aber, und wenn das nicht gemeint sein soll, so ist es, praktisch genommen, offenbar gleichgültig, ob wir Heubacterien oder, wie Koch will, ektogene Milzbrandbacterien zu bekämpfen haben. Denn aus den thatsächlichen Verhältnissen geht eben zur Genüge hervor, dass weder „ohne weiteres" der Uebergang zu Milzbrandbacterien stattfinden kann, noch auch aus den „überall verbreiteten" Heupilzen, sondern dass unsere Bemühungen sich jedenfalls nur auf diejenigen Localitäten zu richten haben, auf welche auch Koch dieselben richten würde, nämlich auf die Milzbrandlocalitäten.

Dass nicht die echten Heubacterien, so wie man sie mit der Methode des Auskochens von Heuaufguss rein erhält, den Milzbrand erzeugen, dies geht aus meinen zahlzeichen Versuchen über diesen Punkt für Jeden, der sich davon informiren will, zur Genüge hervor. Experiment und epidemiologische Erfahrung beweisen, dass dies unmöglich ist. Ausser den echten Heubacterien existirt nun aber in der Natur, in ebenso weiter Verbreitung wie jene, eine Varietät der Heubacterien, welche in allen Kennzeichen der von mir aufgestellten Mittelform zwischen Milzbrand- und Heubacterien entspricht. Auch bei dieser ist es jedoch unmöglich, dass sie für gewöhnlich zur Entstehung des Milzbrandes Anlass gebe, da die Erfahrung dem widerspricht. Unter den Uebergangsformen aber, welche zwischen dieser Mittelform und den echten Milzbrandbacterien gelegen sind, kann diejenige Modification sich finden, welche auf den Milzbrandweiden vorkommt und die zum Uebergang in Milzbrand im Innern des Thierkörpers geeignet ist. Diese Annahme ist der experimentellen Prüfung zugänglich. Ihre Beantwortung wäre nicht ohne hohes Interesse, wenn auch praktisch daraus unmittelbar wohl kaum eine Consequenz zu ziehen wäre. Praktisch genommen ist die ätiologische Frage beim Milzbrand so gut als erledigt, nachdem man zu der Ueberzeugung gekommen, dass die Gefahr nicht in erster Linie oder gar ausschliesslich von den vergrabenen Cadavern droht, nachdem das Vorhandensein einer ektogenen Milzbrandursache anerkannt ist. Folgerichtig bleibt als wirksame Abhilfe vorläufig nichts übrig als Bodenmelioration, d. h. Trockenlegung, die auch in der That überall, wo sie zur Anwendung kam, vom besten Erfolge begleitet gewesen ist.

Schlussbemerkung.

Zum Schlusse habe ich nur weniges noch hinzuzufügen. Die Stellungnahme Nägeli's in der Pilzforschung, welche von den segensreichsten Folgen gewesen ist und von noch grösseren für die Zukunft sein wird, hat bei Manchen, häufig in Folge missverständlicher Auffassung, Anstoss erregt. Als nun eine Thatsache gefunden wurde, welche die Anschauung Nägeli's über die Abstammung der Contagienpilze von nicht-contagiösen Spaltpilzen in glänzender Weise bestätigte, suchte man diese Thatsache als eine auf tendenziöser Voreingenommenheit beruhende ziemlich platte Täuschung hinzustellen. Die Einwände Koch's bewegen sich demgemäss durchweg in elementaren Dingen. Indem jedoch Koch darthun wollte, dass ich in diesen Anfangsgründen der Forschung nicht bewandert sei, hat er nur das bewirkt, dass die Discussion auf ein wissenschaftlich wenig förderliches Niveau herabgedrückt wurde, ein Umstand, der allerdings zu bedauern ist.

Die Pilzforschung stellt uns noch andere Aufgaben als den blossen Nachweis der Pilze und die Constatirung ihrer Ansteckungstüchtigkeit. Dass mit der Auffindung eines bestimmten Krankheitspilzes praktisch irgend etwas erledigt sei, davon kann im Ernste ja nicht die Rede sein. Die praktischen Fragen bilden aber offenbar das wichtige letzte Ziel der Pilzforschung. Diese tieferen Fragen verlangen nothwendig physiologische Betrachtungsweise und physiologische Methoden, so gut als dies bei Erforschung der höheren Organismen der Fall ist. Die vollendetste Technik vermag zwar vieles zu leisten, für sich allein jedoch in diesem wichtigsten Punkte keineswegs zu genügen.

www.ingramcontent.com/pod-product-compliance
Lightning Source LLC
LaVergne TN
LVHW042234300926
849161LV00003B/347
* 9 7 8 3 4 8 6 7 2 4 3 4 9 *